广东省本科高校动画、数字媒体专业教学指导委员会立项项目
高等学校动画与数字媒体专业“全媒体”创意创新规划教材

创意程序设计

基于C/VC++

贺继钢 彭华明 编著

電子工業出版社
Publishing House of Electronics Industry
北京 • BEIJING

内 容 简 介

本书包含C语言、C++语言和Visual C++三部分内容。C语言部分介绍了程序设计的基本概念、结构化程序设计的方法、用函数实现模块化程序设计的方法，以及复杂数据类型和文件操作。C++语言部分介绍了C++程序设计的基础知识，主要是面向对象程序设计的基本思想和方法。Visual C++部分重点介绍了基于MFC的应用程序设计，包括Visual C++绘图程序设计和对话框程序设计，还详细介绍了一个游戏开发的全过程。

本书主要通过实例来介绍程序设计的概念和方法，实例以创建图形图案和游戏为主，其中大部分实例配有流程图。本书是为高等院校数字媒体、动画、艺术类专业程序设计课程而编写的教材，也可作为中学生和非计算机专业大学生学习程序设计的参考书，还可供自学者作为入门读物使用。

图书在版编目（CIP）数据

创意程序设计：基于 C/VC++ / 贺继钢，彭华明编著. —北京：电子工业出版社，2021.3

ISBN 978-7-121-40636-2

Ⅰ. ①创… Ⅱ. ①贺… ②彭… Ⅲ. ①C 语言－程序设计 Ⅳ. ①TP312.8

中国版本图书馆 CIP 数据核字（2021）第 034511 号

责任编辑：章海涛
文字编辑：张　鑫
印　　刷：保定市中画美凯印刷有限公司
装　　订：保定市中画美凯印刷有限公司
出版发行：电子工业出版社
　　　　　北京市海淀区万寿路 173 信箱　邮编：100036
开　　本：787×1 092　1/16　印张：15　字数：420 千字
版　　次：2021 年 3 月第 1 版
印　　次：2021 年10月第 2 次印刷
定　　价：49.00 元

凡所购买电子工业出版社图书有缺损问题，请向购买书店调换。若书店售缺，请与本社发行部联系，联系及邮购电话：（010）88254888，88258888。

质量投诉请发邮件至 zlts@phei.com.cn，盗版侵权举报请发邮件至 dbqq@phei.com.cn。

本书咨询联系方式：zhangxinbook@126.com。

在信息化时代，几乎所有的艺术都建构于科学技术的基础上，科技与艺术的融合已成为创新的重要途径和方法。这里的创新，不仅包括艺术形态的创新，还包括科技产品的创新。目前，艺术生学习程序设计的必要性和重要性已无须多言，其中问题的关键是如何学，此时一本适合的教材对学好程序设计来说至关重要。

与工科生相比，艺术生的数学基础稍显薄弱，二者思维方式也不尽相同。因此，为艺术生编写的程序设计教材，在内容的选择和编排上都必须进行调整。这种适应性的调整也就形成了本书的特色，具体如下所述。

首先，选择C语言作为基本的程序设计语言。

从诞生之日开始，C语言就是最受程序员欢迎的程序设计语言之一。C语言既是编写应用程序的重要工具，又是设计计算机系统软件的重要工具，同时还是 C++语言和 Visual C++的基础。C语言只有很少的关键字和控制语句，用C语言编写的程序具有结构简单、层次清晰的特点，易于被初学者理解。学习 C 程序设计，可以比较深入地了解程序设计的基本原理和结构化程序设计的基本方法，并为学习 C++和 Visual C++程序设计打下基础。

其次，写得好理解一点、有趣一点，让初学者容易上手、愿意学。

一个人不可能一口吃成一个胖子，学习也是如此。本书选取程序设计的要点，由浅入深、一点一点地将其介绍给读者，避免一下子将大量的新知识堆积到读者面前。例如，在第1章介绍数据类型时，只介绍基本整型、字符型和浮点型，方便初学者理解和消化吸收。如果学习伊始就“消化不良”，初学者很可能会因为畏难而失去学习的兴趣，而兴趣是最好的老师。

如果板着面孔告诫读者不可急于求成，无异于拒许多原本有兴趣学习的人于知识的大门之外。在学习上花了大量的时间和精力，却没有明显的学习效果，除了“励志哥”，谁都会觉得郁闷，甚至打退堂鼓。电子游戏之所以能吸引许多年轻人，是因为它的娱乐性和挑战性。电子游戏不过是一种程序。学会了编程，不仅能知其然，还能知其所以然，读者自己也能编写出游戏程序。本书强调人性化“设计”，尽可能满足读者的成就感。读者每完成一章的学习，都会有明显的收获和提高，在学习中享受“过五关、斩六将”的胜利喜悦。

最后，贯通 C、C++语言和 Visual C++，保证学有所成、学有所用。

C语言是面向过程的程序设计语言。C程序的基本组成单元是具有特定功能的函数

(过程)。虽然 C 语言的功能十分强大，但使用 C 语言编写程序需要按照功能需求一步一步设计好程序的执行方式和步骤，工作量非常大。

C++语言又称为带类的 C 语言。它既可以像 C 语言一样进行面向过程的程序设计，又可以进行面向对象的程序设计，是混合式编程语言。本书只介绍 C++语言的基本概念，重点是类的继承。运用类的继承机制，可以实现代码重用，从而减少编程的工作量。然而，使用 C++语言设计界面美观、功能相对完整的程序，不仅需要熟练掌握 C++语言本身的所有特性，还需要掌握数据结构等知识。通常，艺术生仅通过几十学时的学习是难以完成这样的学习任务的。

Microsoft Visual C++（简称 Visual C++）是微软公司的软件产品之一，是一个 Windows 应用程序集成开发环境，可用来编写 C 和 C++程序，并进行编译和调试。很多院校、培训机构、企业都使用 Visual C++进行软件开发。本书后两章主要介绍基于 MFC 的 Visual C++绘图程序设计和对话框程序设计，还详细介绍了一个游戏开发的全过程。

MFC（Microsoft Foundation Classes）是微软基础类库的简称，以 C++类的形式封装了 Windows 应用程序接口（API)，并且包含一个应用程序框架。如果不站在 MFC 这个巨人的肩膀上，初学者难以在较短的时间内设计出功能相对完整的游戏。

本书介绍的 Visual C++为 6.0 版。虽然 Visual C++ 6.0 是一个早期的版本，但这个经典的版本能提供书中全部实例所需的功能，而且比新版本更加简捷。设计界有一句耳熟能详的金句——少即多，够用就好。本书选择 Visual C++ 6.0 版，正是基于这一理念。

本书是为高等院校数字媒体、动画、艺术类专业程序设计课程而编写的教材。目录中加星号的章节所包含的内容难度稍大，如果课时少于 40 学时，可以不讲授这部分内容。而且，去掉加星号的章节，书中的内容也自成体系。自学者也可以先跳过加星号的章节，学习完后面的章节后再回过头来学习这部分内容。

编写本书的目的，不仅是帮助读者编写出简单实用的程序，还希望能够帮助读者掌握现代信息技术蕴含的科学思想，如结构化程序设计思想、面向对象程序设计思想。这些思想可以拓展开来，运用到科学研究、艺术设计、工程管理和企业营销等工作中。

着手编写本书时，想起多年前编写的计算机绘图教材。本书的编排采用了相同的方式，即主要通过实例来介绍程序设计的概念和方法。编写教材的方法有很多种，作者还是喜欢并坚持这种方式，如孔子所言：“吾道一以贯之。”

由于编写时间仓促，错漏之处在所难免，望读者不吝赐教，以便作者拾遗补漏、更正错误。

贺继钢
2021 年春于广州五山

目录

CONTENTS

第 6 章 创意图形的可视化程序设计 / 141

第 7 章 常用控件和游戏编程 / 179

第 1 章 C 语言基础

C 语言是一门面向过程的通用程序设计语言，数据处理和数据表现能力都非常强大，既能用于开发系统程序，又能用于开发应用软件。用户可按照模块的方式编写 C 程序，模块化的程序，调试起来非常方便。

学习目标

- 了解程序设计语言发展简史和二进制的基本知识。
- 掌握 Visual C++ 6.0 的基本操作方法。
- 理解 C 语言的数据类型。
- 掌握运算符和表达式的使用方法。
- 掌握标准输入/输出函数的使用方法。

1.1 程序设计概述

本节对程序设计进行概括性的介绍，如程序和程序设计的概念、二进制数的表示、二进制数与其他进制数的转换方法，以及程序设计语言的发展简史。

1.1.1 程序与程序设计

程序是一组计算机能识别和执行的指令。

计算机软件是指计算机系统中的程序及各种辅助性文件。计算机中通常都预先安装了许多软件，如 Windows 操作系统、浏览器和文字处理软件等。软件的核心就是程序。在程序运行时，计算机会自动地、有条不紊地进行工作。计算机的一切操作都是由程序控制的。计算机离开了程序，犹如人类失去了思维能力，什么事也做不了。

程序设计是指为了解决某个问题而使用某种计算机语言编写程序。计算机语言又称为程序设计语言。

常用的程序设计语言有 C、C++、C#、Java、Python 等，这些都是高级语言。高级语言是为了便于编写、阅读和维护程序而开发的一种工具，是参照数学语言设计的计算机语言。高级语言中的命令名大多采用意思相同或相近的英语单词，如“if”，在英语中是“如果”的意思；在 C 语言中，“if”用于条件判断，即“如果”。因此，在一定程度上，计算机高级语言与人类的日常用语相似。

然而计算机不能直接解读、运行使用高级语言编写的程序。使用高级语言编写的程序代码，即源代码，还要通过编译器翻译成机器代码，计算机才能理解和执行。

*1.1.2 二进制和十六进制

计算机（computer）俗称电脑。电脑与人脑都有一个“脑”字，然而两者有本质上的区别。计算机是机器，它的结构与人脑迥然不同。在计算机上安装的程序，以及存储的数字、文字、音频、图形、图像、视频，都是采用二进制数的形式。也就是说，不论是用哪种语言编写的程序，是中文诗、英文小说，还是银行里的存款数字、手机拍摄的照片，在计算机中都是一串串的“0”和“1”。总之，计算机采用二进制数来存储和处理所有的数据。

1．二进制

二进制是以 2 为基数的记数系统，用 0 和 1 两个数字表示。

日常生活中采用的十进制是以 10 为基数的记数系统，逢 10 进 1。二进制则逢 2 进 1。

例如：十进制数的 1，用二进制数表示是 1；
　　　十进制数的 2，用二进制数表示是 10；
　　　十进制数的 3，用二进制数表示是 11；
　　　十进制数的 4，用二进制数表示是 100。

2．十六进制

我国古代还采用过十六进制，即以 16 为基数，逢 16 进 1 的记数系统。成语“半斤八两”即源自十六进制，因为旧制的一斤是十六两。现代一般用数字 0～9 和字母 A～F 来表示十六进制数，A～F 分别表示 10～15。

例如：十进制数的 9，用十六进制数表示是 9；
　　　十进制数的 10，用十六进制数表示是 A；
　　　十进制数的 15，用十六进制数表示是 F；
　　　十进制数的 16，用十六进制数表示是 10。

3．不同进制的对比

在未加说明的情况下，本书中的数都是十进制数；当采用二进制数和十六进制数表示时，会有说明，或用下标 2 和 16 标注，如十进制数 15，采用二进制数和十六进制数表示可分别写成$(F)_{16}$和$(1111)_2$。

表 1-1 所示为二进制数、十六进制数与十进制数的对比。

采用二进制数表示的优点是简单，缺点是位数多，写起来麻烦，读起来也不习惯。分析表 1-1，可以发现，二进制数与十六进制数的对应关系非常有规律，而且这个规律非常简单；而十六进制数又与十进制数比较接近，容易理解。于是在计算机中，经常用十六进制数代替二制数来显示那一长串的“0”和“1”。当然，计算机存储数据的方式都是采用二进制，用十六进制或十进制显示出来的数，是通过专门的软件进行了转换。

表 1-1 二进制数、十进制数与十六进制数的对比

二进制数	十进制数	十六进制数	二进制数	十进制数	十六进制数	二进制数	十进制数	十六进制数	二进制数	十进制数	十六进制数
0	0	0	100	4	4	1000	8	8	1100	12	C
1	1	1	101	5	5	1001	9	9	1101	13	D
10	2	2	110	6	6	1010	10	A	1110	14	E
11	3	3	111	7	7	1011	11	B	1111	15	F

4．十六进制数和二进制数转换成十进制数

在介绍不同进制数的转换方法之前，先看看十进制数的另一种表达方式。

因为

$1 = 10^0$　　　　$8 = 8\times10^0$

$10 = 10^1$　　　　$20 = 2\times10^1$

$100 = 10^2$　　　　$600 = 6\times10^2$

所以

$628 = 6\times10^2 + 2\times10^1 + 8\times10^0$

同理

$1024 = 1\times10^2 + 0\times10^2 + 2\times10^1 + 4\times10^0$

上述等式的左边是常用的表达方式，右边是“按权展开求和”方式。“按权展开求和”是指先将个位数、十位数和百位数写成加权系数展开式，再根据十进制数的加法法则进行求和。推而广之，采用这种方法将十六进制数和二进制数转换成十进制数，只需要将基数 10 换成相应的 16 和 2 即可。

（1）十六进制数转换为十进制数。

因为

$(1)_{16} = 16^0$　　　　$(8)_{16} = 8\times10^0$

$(10)_{16} = 16^1$　　　　$(F0)_{16} = 15\times16^1$

$(100)_{16} = 16^2$　　　　$(200)_{16} = 2\times16^2$

$(1000)_{16} = 16^3$　　　　$(A000)_{16} = 10\times16^3$

所以

$$(A2F8)_{16} = 10\times16^3 + 2\times16^2 + 15\times16^1 + 8\times16^0$$
$$= 41720$$

同理

$$(0400)_{16} = 0\times16^3 + 4\times16^2 + 0\times16^1 + 0\times16^0$$
$$= 1024$$

（2）二进制数转换为十进制数。

因为

$(1)_2 = 2^0$　　　　$(1)_2 = 1\times2^0$

$(10)_2 = 2^1$　　　　$(10)_2 = 1\times2^1$

$(100)_2 = 2^2$　　　　$(100)_2 = 1\times2^2$

$(1000)_{16} = 2^3$　　　　$(1000)_2 = 1\times2^3$

所以

$(1111)_2 = 1\times2^3 + 1\times2^2 + 1\times2^1 + 1\times2^0$

同理

$$\begin{aligned}(0100\ 0000\ 0000)_2 &= 0\times2^{11} + 1\times2^{10} + 0\times2^9 + 0\times2^8 + \\ &\quad 0\times2^7 + 0\times2^6 + 0\times2^5 + 0\times2^4 + \\ &\quad 0\times2^3 + 0\times2^2 + 0\times2^1 + 0\times2^0 \\ &= 1024\end{aligned}$$

注意

① 为便于看清位数，每 4 位加一个空格；

② 最高的 4 位不够 4 位时，用零补齐。

5．十六进制数与二进制数的转换

十六进制数，每一位所表示的数的最大值为 15；二进制数，每 4 位所表示的数的最大值也为 15；因此，可以将十六进制数的每 1 位分别对应二进制数的每 4 位进行转换。

例如：$(0010)_{16} = (0000\ 0000\ 0001\ 0000)_2$

$= (16)_{10}$

$(0020)_{16} = (0000\ 0000\ 0010\ 0000)_2$

$= (32)_{10}$

$(0040)_{16} = (0000\ 0000\ 0100\ 0000)_2$

$= (64)_{10}$

$(0080)_{16} = (0000\ 0000\ 1000\ 0000)_2$

$= (128)_{10}$

$(0100)_{16} = (0000\ 0001\ 0000\ 0000)_2$

$= (256)_{10}$

$(0400)_{16} = (0000\ 0100\ 0000\ 0000)_2$

$= (1024)_{10}$

$(A2F8)_{16} = (1010\ 0010\ 1111\ 1000)_2$

$= (41720)_{10}$

在计算机系统中，经常出现 16、32、64、128、256 和 1024 等数，如目前常用的计算机配置了 16GB 内存，安装了 32 位或 64 位的操作系统等。之所以如此，正是因为计算机采用二进制计数。

1.1.3 程序设计语言的发展简史

1946 年 2 月 14 日，世界上第一台电子计算机 ENIAC（Electronic Numerical And Calculator，电子数字积分计算机）在美国宾夕法尼亚大学问世了。从这台计算机的名字可知，它是一台专用设备，主要用来进行科学计算。现在常用的计算机大多是通用设备，可以进行科学计算，也可以用来玩游戏、看电影。

当时使用机器语言编写程序，数据和指令都是由一串串的“0”和“1”组成的二进制代码。输入/输出设备主要使用穿孔纸带，如图 1-1 所示。纸带有孔为 1，无孔为 0，经过光电扫描输入计算机。机器语言是针对特定型号计算机的专用语言，由于机器语言程序可以由计算机直接执行，所以可读性和移植性差，但运算效率极高。

图 1-1

为了提高可读性，人们在编程中使用一些英文符号来表示特定的指令。例如，ADD 表示加法，MOV 表示数据传递。采用助记符 ADD 和 MOV 的编程语言称为汇编语言。汇编语言比机器语言容易识读和记忆，从而提高了编写和修改程序的效率。然而，计算机不能直接执行汇编语言程序。于是，人们设计了一种程序，专门用于将汇编语言程序翻译成二进制的机器代码。

汇编语言保持了机器语言效率高的优点，在一定程度上改善了可读性，但移植性差的缺点仍然突出。由于能发挥计算机硬件的功能和特长，程序精练且质量高，所以汇编语言至今仍是专业人员常用的软件开发工具之一。

1954 年，第一个通用性、完全意义的高级语言 FORTRAN 诞生了。FORTRAN 是英文“Formula Translation”的缩写，意为“公式翻译”。顾名思义，FORTRAN 语言的最大特性是接近数学公式的自然描述，因而主要应用于科学和工程计算领域。

按层次划分，程序设计语言可分为 3 类：机器语言、汇编语言和高级语言。其中，高级语言最接近人们习惯的自然语言和数学语言，因此易学且通用性强，是大多数程序员采用的编程语言。在几十年时间内，产生了数以百计的高级语言。

1958 年，计算机科学家研发了一种通用性更强的编程语言。这种语言先被命名为国际代数语言（International Algebraic Language，IAL），后来定名为 ALGOL。ALGOL 是一种适合数值计算的编程语言，经过进一步的优化，1960 年产生了经典版本 ALGOL60。

1963 年，英国剑桥大学推出了 CPL（Combined Programming Language），意为“组合编程语言”。CPL 在 ALGOL60 的基础上更接近计算机硬件，便于编写系统程序，但规模比较大，难以实现。

1967 年，剑桥大学的 Matin Richards 对 CPL 进行了简化，推出了 BCPL（Basic Combined Programming Language）。BCPL 也是最早使用库函数封装基本输入/输出的语言之一，从而增强了跨平台的可移植性。

1970 年，美国 AT&T 公司贝尔实验室（AT&T Bell Laboratory）的研究员 Ken Thompson 闲来无事，想玩一个他自己编写的模拟在太阳系航行的电子游戏 Space Travel。他找了一台空闲的机器 PDP-7，但这台机器没有操作系统，而游戏必须使用操作系统的一些功能，于是他着手为 PDP-7 开发操作系统。Thompson 在 BCPL 的基础上进行简化设计，设计出很简单且很接近硬件的 B 语言（取 BCPL 的第一个字母）。然后，Thompson 用 B 语言写出了第一个 UNIX 操作系统，但 B 语言过于简单，功能有限。

1971 年，同样酷爱 Space Travel 的 D. M. Ritchie 为了能早点玩上游戏，加入了 Thompson 的开发项目，合作开发 UNIX。他的主要工作是改造 B 语言，使其更加成熟。

1972～1973 年，Ritchie 在 B 语言的基础上设计出了一种新的语言，他取了 BCPL 的第二个字母作为这种语言的名字，这就是 C 语言。C 语言既保持了 B 语言精练、接近计算机硬件的优点，又克服了它过于简单的缺点。

1973 年初，C 语言的主体完成。Thompson 和 Ritchie 用它完全重写了 UNIX。此时，编程的乐趣使他们已经完全忘记了 Space Travel，一门心思地投入了 UNIX 和 C 语言的开发中。随着 UNIX 的发展，C 语言自身也在不断地完善。直到 2020 年，各种版本的 UNIX 内核和周边工具仍然使用 C 语言作为最主要的开发语言。

此后，美国国家标准协会（ANSI）和国际标准化组织（International Standard Organization，ISO）相继制定或修订并公布了 C 语言的标准，如 C89、C99 等。

本书前 4 章将介绍基于 C89 标准的 C 程序设计。

1.2　C 程序设计及上机操作

本节介绍两个简单的 C 程序，以及 Visual C++ 6.0 集成编译器的操作方法。

Visual C++ 6.0（简称 VC++ 6.0）是微软于 1998 年推出的一款 C++编译器。由于 C++是由 C 语言发展起来的，所以 VC++ 6.0 也支持 C 语言的编译。虽然 VC++ 6.0 是一款老产品，但是非常经典，使用面也非常广，与新操作系统的兼容性问题可以通过安装补丁文件来解决。

1.2.1　最简单的 C 程序

【例 1-1】在屏幕上显示“I love C!”。

程序代码：

```
#include <stdio.h>                          //（1）预处理
int main()                                  //（2）定义主函数首部
{                                           //（3）函数开始的标志
    printf("I love C!\n");                  //（4）输出指定的信息
    return 0;                               //（5）函数执行完毕，返回函数值 0
}                                           //（6）函数结束的标志
```

程序说明：

程序名为“c1-01.cpp”。程序中，行末的文字是对程序的注释。注释是对代码的解释和说明，对程序运行不起作用。C 语言中的注释标记是//。

（1）预处理。

在 C 语言中，预处理命令#include<>的作用是将<>内指定的头文件嵌入源文件中。在 C 语言中，扩展名为“.h”的文件称为头文件。

较大的程序通常分为若干程序块，每一个程序块（模块）实现一个特定的功能。通常将一些常用的功能模块编写成函数，放在函数库中供选用，以减少重复工作。这些公用的函数称为库函数。"stdio"是"standard input & output"（标准输入/输出）的缩写。头文件 stdio.h 中封装了 20 几个常用的输入/输出函数。

因为本程序使用了 stdio.h 中的格式化输出函数 printf()，所以在程序的开头要用预处理命令调入头文件 stdio.h。

（2）定义主函数。

main 函数为主函数，是程序执行的起点。程序由一个主函数和若干函数构成。由主函数调用其他函数，其他函数也可以互相调用。

定义的函数包含一个函数首部（又称为函数头）和一个函数体。函数首部指定了函数的名称、返回值的类型及参数的类型和名称（如果有参数的话）。函数块中的语句明确了该函数要做的事。函数定义的一般格式如下：

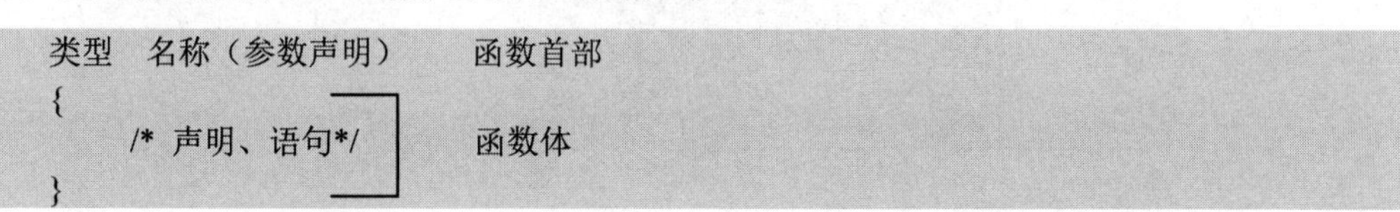

```
类型  名称（参数声明）        函数首部
{
      /* 声明、语句*/         函数体
}
```

本程序中，主函数的类型是 int，表示返回值是整数类型；主函数没有参数。

（3）函数开始的标志。

所有函数的函数块都是以左花括号"{"作为开始的标志的。

（4）输出指定的信息。

调用格式化输出函数 printf()将双引号内的文字"I love C!"输出到屏幕上，即在屏幕上显示"I love C!"。

"\n"是格式符，不显示在屏幕上，其作用是换行。

注意

① 双引号为英文符号；除了双引号内的文字和注释部分，所有的符号都是英文符号。

② 分号表示一个意义完整的语句的结束；预处理、定义主函数、函数开始和结束的标志都不属于完整的语句，因此没有分号。

（5）函数执行完毕，返回函数值 0。

一个函数执行完毕要返回运算的结果，如计算存款利息的函数，要返回计算出的利息金额。本程序中，主函数的首部定义了函数的数据类型是 int，返回 0 表示程序正常结束。

（6）函数结束的标志。

所有函数的函数块都是以右花括号"}"作为结束的标志的。

1.2.2 C 程序的上机操作步骤

使用 C 语言编写的程序，可以在不同的编译器上调试、运行。本书以例 1-1 的程序为例，介绍使用 VC++ 6.0 集成编译器进行上机操作的方法和步骤。

操作步骤：

（1）安装软件（此处略）。

（2）启动 VC++ 6.0。

双击桌面的“Visual C++ 6.0”图标，启动 VC++ 6.0，打开主界面，如图 1-2 所示。

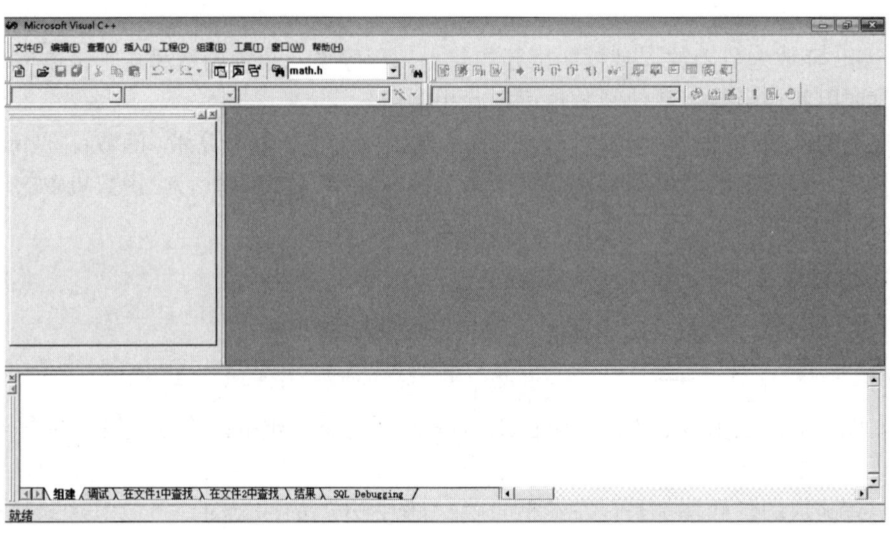

图 1-2

（3）新建 C 或 C++源程序。

单击主菜单“文件”→“新建”命令，如图 1-3 所示。

（4）打开“新建”对话框，如图 1-4 所示。

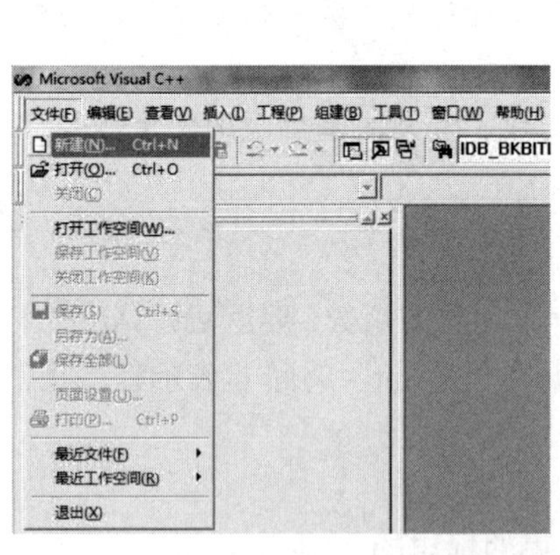

图 1-3

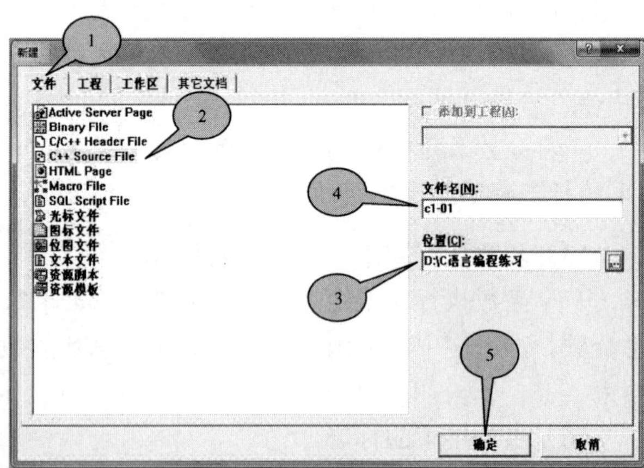

图 1-4

① 选择“新建”对话框中的“文件”选项卡。

② 选择“C++ Source File”选项。

③ 在“位置”文本框中输入或单击其后的按钮选择文件夹以保存程序，本程序保存在“D:\C 语言编程练习”文件夹中。

④ 在“文件名”文本框中输入程序名，本程序名为“c1-01”，系统自动将文件名

后缀设为“.cpp”，该程序保存为 C++源程序，文件名为“c1-01.cpp”；如果输入“c1-01.c”，系统将该程序保存为 C 源程序。本书前 4 章中的例题和习题，都是 C 程序，即使保存为 C++源程序，本质上仍然是 C 程序。在某种意义上，C 语言可以看成 C++语言的子集。

⑤ 单击“确定”按钮，进入源程序编辑界面，如图 1-5 所示。

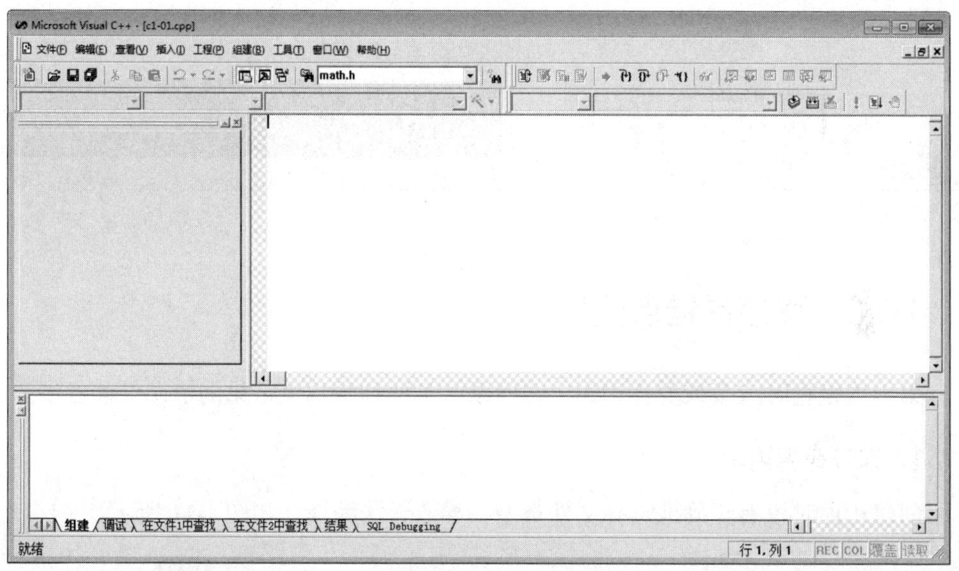

图 1-5

（5）编辑、保存源程序。

源程序编辑界面的白色区域就是编辑窗口，在窗口中输入例 1-1 的程序代码，如图 1-6 所示。

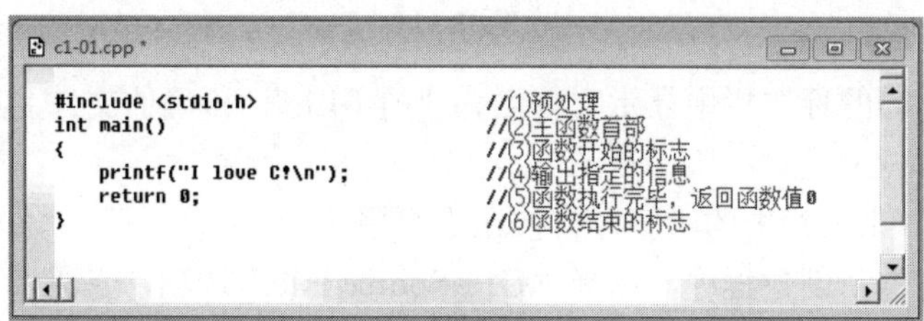

图 1-6

输入完成后，单击主菜单“文件”→“保存”命令，保存此程序。

（6）编译程序。

单击“组建”工具栏中的“编译”按钮，如图 1-7 所示，系统自动将源程序编译成二进制目标文件。编译完成后，系统在输出窗口中显示编译信息，如图 1-8 所示。如果输入的程序代码准确无误，系统就显示 0 个错误和 0 个警告（即 0 error(s), 0 warning(s)）。

（7）运行程序。

单击“组建”工具栏中的“执行”按钮，如图 1-9 所示，系统运行程序，弹出一个黑色背景的运行窗口，显示运行结果和提示信息（Press any key to continue），如图 1-10 所示。按任意键可关闭运行窗口，返回编辑窗口。

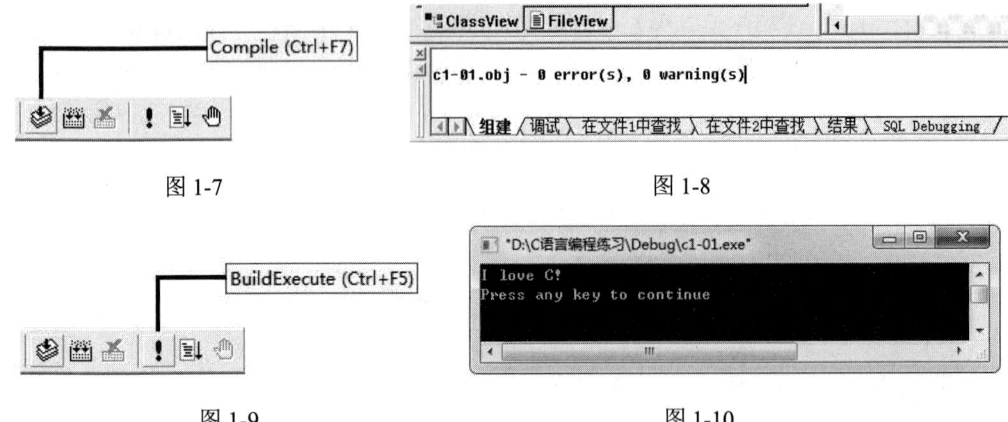

图 1-7　　图 1-8

图 1-9　　图 1-10

1.2.3 程序易错点分析

第一次编程时或多或少会遇到一些问题。下面列举几个常见的错误供读者参考。

1. 文件类型错误

创建程序时没有正确地选择文件类型，导致无法编译，如图 1-11 所示。

图 1-11

（1）系统窗口的标题栏中显示文件名为“c1-01.h”，正确的文件名应为“c1-01.c”或“c1-01.cpp”。

（2）“组建”工具栏中的“编译”按钮不可用。

解决方法是重新创建程序，选择“C++ Source File”选项，参见图 1-4。

2. 拼写错误

命令名或文件名拼写错误，导致编译出错，如图 1-12 所示。

（1）系统显示有 1 个错误，0 个警告。

（2）拖动输出窗口右侧的滚动条，显示更多的编译信息。

（3）双击第一条错误信息，光标自动跳到编辑窗口中代码出错的那一行。

（4）代码出错行。

（5）仔细检查代码，发现头文件名中的英文字母“o”，被误输入成数字“0”。

解决方法是，将“stdi0”修改为“stdio”后，重新编译。

拼写错误是初学者最常见的错误，如将“include”误输入成“includ”或“includo”；将“main”误输入成“mein”；将“printf”误输入成“print”或“Printf”等。

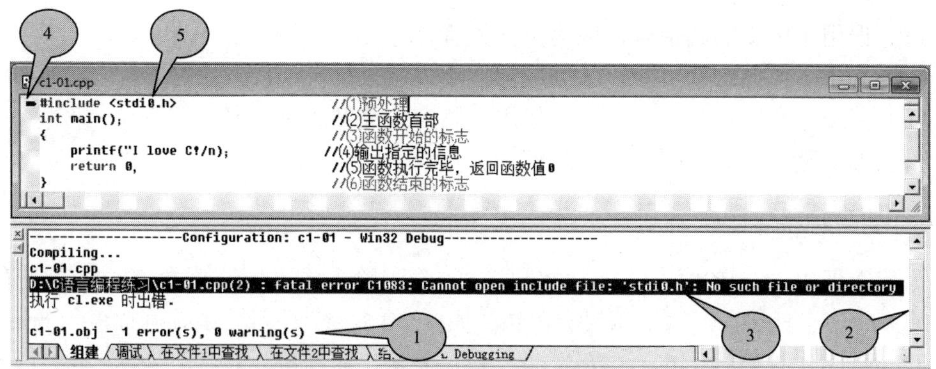

图 1-12

注意

C 语言区别英文字母大小写，“printf”与“Printf”是不同的标识符。

3. 误用逗号和分号

误用逗号和分号，导致编译出错，如图 1-13 所示。

（1）函数的首部，不能加分号或逗号。

（2）误用了中文的分号，应为英文的分号。

（3）误用了逗号，应为分号。

解决方法是，修改错误后，重新编译。

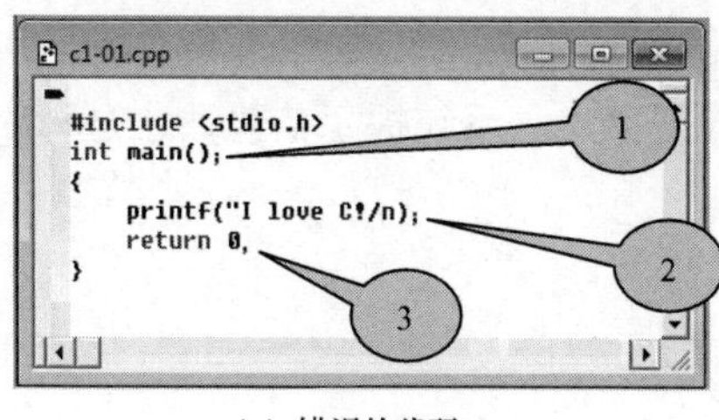

（a）错误的代码

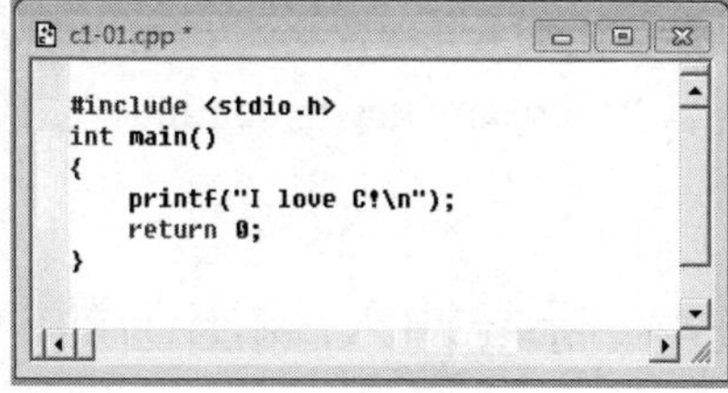

（b）正确的代码

图 1-13

4. 误用括号和引号

误用括号和引号，导致编译出错，如图 1-14 所示。

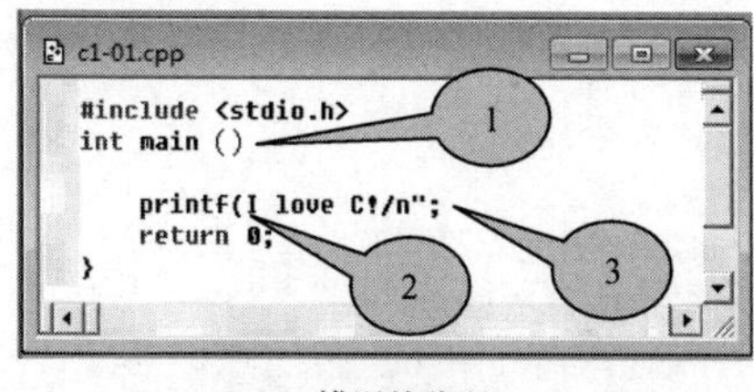

（a）错误的代码

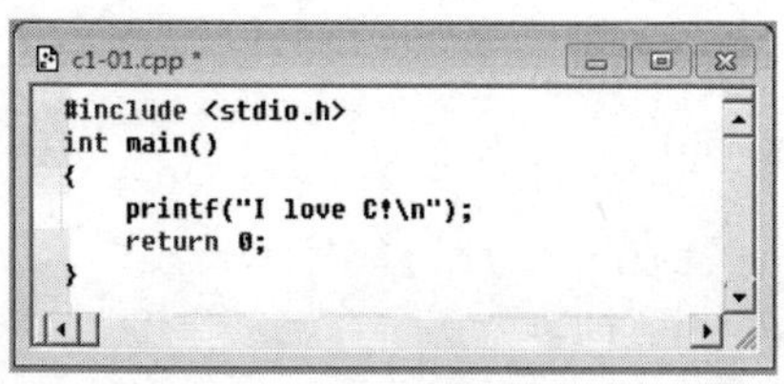

（b）正确的代码

图 1-14

（1）误用了中文的圆括号，应为英文的圆括号。

（2）漏掉了前面的双引号，必须成对使用，且应为英文的双引号。

（3）漏掉了在圆括号，必须成对使用，且应为英文的圆括号。

解决方法是，修改错误后，重新编译。

5. 另一种拼写错误

如果在调用 printf()时，将换行控制符“\n”误输入成“/n”，虽然在语法上没有错误，编译时不会报错，但输出结果会出错，如图 1-15（a）所示。系统执行语句 printf("I love C!/n");时，输出“I love C!/n”后，紧接着输出系统提示信息“Press any key to continue”。预期的效果是，换行后才显示系统提示信息，如图 1-15（b）所示。

（a）错误的结果

（b）预期的效果

图 1-15

在 C 语言中，反斜杠“\”加某个或某些字母用来表示特定的意义，如“\n”表示换行。因为这些字母不再表示它本来的意义，所以被称为转义字符。“\n”就是转义字符，而“/n”是普通字符。

系统执行语句 printf("I love C!\n");时，输出“I love C!”后，会换一行，再显示系统提示信息“Press any key to continue”。换行后再显示系统提示信息，才是程序设计预期的结果。

1.2.4 标准输入/输出函数

例 1-1 中的 printf()函数是 C 语言的标准输出函数，是 C 程序中最常使用的输入/输出函数之一。另一个常用的输入/输出函数是标准输入函数 scanf()。下面通过实例介绍这两个函数的用法。

【例 1-2】在屏幕上显示提示信息，输入两个整数，然后输出这两个整数之和。

程序代码：

```
#include <stdio.h>
int main( )
{
    int a,b,c;                          //（1）定义变量 a、b 和 c
    printf("input a,b: ");              //输出提示信息“input a,b:”
    scanf("%d,%d",&a,&b);               //（2）输入变量 a 和 b 的值
    c=a+b;                              //（3）将 a+b 的值赋给 c
    printf("a+b=%d\n",c);               //（4）输出“a+b=”及 c 的值
    return 0;
}
```

运行结果：

显示提示信息“input a,b:”

输入：12,8　（回车）

输出结果如图 1-16 所示。

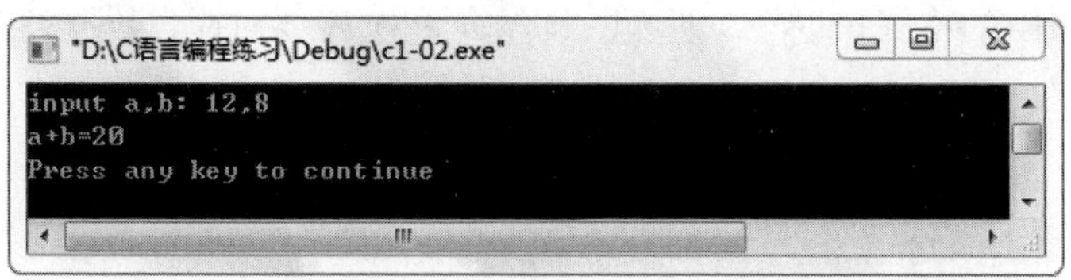

图 1-16

程序说明：

程序名为“c1-02.c”，没有注释的部分参考例 1-1 的程序说明。

（1）定义变量 a、b 和 c。

定义变量 a、b 和 c 为整数，运行程序时，计算机系统将在内存中为变量 a、b 和 c 分配空间。通常，对不同的数据类型，系统会分配不同大小的内存空间。在使用变量前，必须先定义变量。定义变量也称声明变量。

（2）输入变量 a 和 b 的值

库函数 scanf()是格式输入函数。“%d”是格式化说明符，声明输入的数据是 int 型（即整型）。“&”是取地址符，“&a”是取变量 a 的地址。本行代码的执行结果是将输入的两个整数分别存入变量 a 和变量 b 的内存空间。

（3）将 a+b 的值赋给 c。

运算符是说明特定操作的符号。“+”是加法运算符，“=”是赋值运算符。编写 C 程序，需要熟悉各种运算符。本语句的作用是将变量 a 和变量 b 相加后的结果赋给变量 c。如果 a 等于 12，b 等于 8，则执行完这条语句后，c 等于 20。

（4）输出“a+b=”及 c 的值。

调用格式输出函数 printf()将双引号内的文字“a+b=”及 c 的值输出到屏幕上。如果 c=20，则在屏幕上显示“a+b=20”。

注意

C 语言本身不提供输入/输出语句，输入和输出操作是由 C 标准函数库中的函数来实现的。printf 和 scanf 不是 C 语言的关键字，只是库函数的名字，这两个函数定义在文件 stdio.h 中。若要使用输入/输出函数，则必须在程序的开头编写代码“#include <stdio.h>”，作为预处理命令。

下面以程序 c1-02 为基础，介绍 printf()函数和 scanf()函数的使用方法。可以用下面介绍的语句替换程序 c1-02 中相应的语句，编译并运行该程序来验证输出结果。

1．标准输入函数 scanf()

调用格式：

```
scanf(格式化字符串，变量地址表)
```

格式化字符串是用双引号引起来的一个字符串，包括格式化说明符和普通字符。格式化说明符以%开始，后跟一个或几个规定的格式字符。

变量地址即变量的值存储在内存中的地址；&是取地址符；地址表中的变量地址应与格式化字符串中的格式声明一一匹配，即数量和顺序要对应，数据类型也要一致，否则将会出现错误。

（1）格式一。

```
scanf("%d,%d",&a,&b);
```

运行程序输入数据时，输入 a 的值，输入逗号，输入 b 的值，回车。例如：

```
12,8  （回车）
```

输出结果：a+b=20

（2）格式二。

```
scanf("a=%d,b=%d",&a,&b);
```

运行程序输入数据时，输入“a=”，输入 a 的值，输入逗号，输入“b=”，输入 b 的值，回车。例如：

```
a=12,b=8  （回车）
```

输出结果：a+b=20

（3）格式三。

```
scanf("%d%d",&a,&b);
```

运行程序输入数据时，输入 a 的值，输入空格，输入 b 的值，回车。例如：

```
12 8  （回车）
```

输出结果：a+b=20

（4）格式四。

```
scanf("%X%X",&a,&b);
```

运行程序输入数据时，输入 a 的值，输入空格，输入 b 的值，回车。例如：

```
f 10  （回车）
```

输出结果：a+b=31（十进制数）或 a+b=1f（十六进制数）

控制符“%x”或“%X”，是指输入无符号的十六进制整数，因此输入 f 和 10，相当于输入十进制数的 15 和 16。如果输出时采用十进制数，则输出 31；如果输出时采用十六进制数，则输出 1f。

2．标准输出函数 printf()

调用格式：

```
printf(格式化字符串，输出表列)
```

格式化字符串是用双引号引起来的一个字符串，包括格式化说明符和普通字符。格式化说明符由“%”和格式字符组成，作用是将输出的数据转换为指定的格式后输出。普通字符是输出时按原样输出的字符。

输出表列（或参量表）是程序需要输出的数据，可以是常量、变量或表达式。

（1）格式一。

```
printf("a+b=%d\n", a+b);
```

若 a=12,b=8，则输出结果：a+b=20。

（2）格式二。

```
printf("a+b=%X\n", a+b);
```

若 a=12,b=8，则输出结果：a+b=14。

控制符“%x”或“%X”表示输出无符号的十六进制整数。表达式 a+b 的计算结果等于 20，20 转换成十六进制数是 14。

（3）格式三。

```
printf("0.1+a+b=%f\n", 0.1+a+b);
```

若 a=12,b=8，则输出结果：0.1+a+b=20.100000。

控制符“%f”表示输出实数，整数部分全部输出，小数部分输出 6 位。

（4）格式四。

```
printf("a/b=%f\n", a/b);
```

若 a=12,b=8，则输出结果：a/b=0.000000。

产生这样的输出结果有一个前提，即 a 和 b 都是整型数据。对于初学者，这个结果有些出乎意料。下面介绍数据类型的相关知识。

1.3　数据类型

数学中的数值是不分类型的，如 12 除以 8 等于 1.5。虽然 12 和 8 是整数，1.5 是实数，但人脑在做除法运算时并不会考虑这些数的类型。人们称计算机为电脑，其实并不恰当。本质上，它只是一个运算速度特别快的机器。在编写程序时，必须先声明数据类型，然后才能正确使用，否则就会出现各种各样的错误。

1.3.1　常用的数据类型

C 语言中常用的数据类型如图 1-17 所示。

在计算机中，数据都是以二进制数形式存储的。二进制数的每一位可以由 2 个数字表示，即 0 或 1。1 位也称为 1 比特，即英文 bit（位）的音译。8 比特（bit）称为 1 字节（Byte）。1 字节包含 8 位的二进制数。字节是计算机系统中最小的可操作单元。

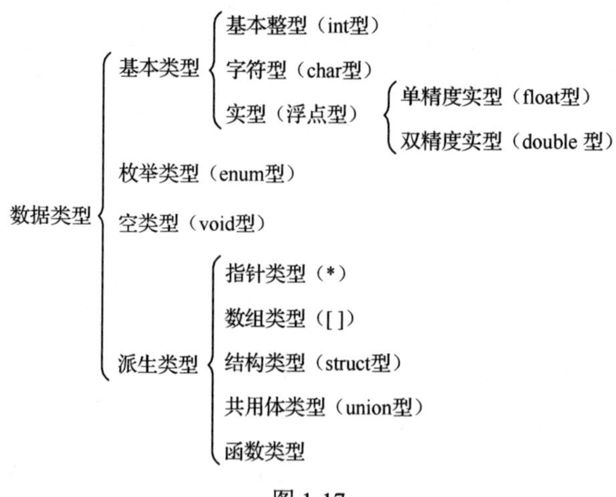

图 1-17

数字、文字、符号、图形等数据都是以二进制数形式存储的。内存中的二进制数 0100 0001，可以理解为整数 65，也可以理解为字符 A，也可能表示某种颜色或某个音频。它具体表示什么，需要根据程序中的声明来确定。

程序中声明数据类型，一是明确存储单元的大小，即需要占多少字节；二是明确存储形式，即如何把可能带有正负号或小数点的数据保存为一串二进制数字。

1.3.2 整型数据

整型分为基本整型（int 型）、短整型（short int 型）和长整型（long int 型）。基本整型（int 型）为常用数据类型。

有的编译系统给基本整型（int 型）分配 2 字节的存储空间，有的分配 4 字节。VC++ 6.0 分配 4 字节。为了便于表述，下面假设系统给整型分配 2 字节。

整型数据在内存中以补码形式存储。

一个正的整型数据的补码就是它的二进制数形式，例如：

6 的补码　　　　　　0000 0000 0000 0110

一个负的整型数据的补码是将此数绝对值的二进制数形式按位取反再加 1 后所得到的二进制数形式。例如：

6 的补码　　　　　　0000 0000 0000 0110

按位取反　　　　　　1111 1111 1111 1001

再加 1，得-6 的补码　　1111 1111 1111 1010

最左边的一位用来表示正负，0 表示正数，1 表示负数。

如果系统给整型数据分配 2 字节，则能存储的最大正整数为 0111 1111 1111 111，此数是（2^{15}-1），即十进制数 32 767；能存储的最小的负整数为 1000 0000 0000 0000，此数是-2^{16}，即十进制数-32 768。

如果分配 4 字节，则能存储的最大正整数为（2^{31}-1），即十进制数 2 147 483 647；能存储的最小的负整数为-2^{32}，即十进制数-2 147 483 648。

不同数据类型的存储单元的大小（即字节数）和存储形式有所不同，因此，在程序中一定要声明所使用数据的类型。如果不声明或声时不当，就会出现错误。例如，将一个大于（2^{31}-1）的整数赋值给一个基本整型变量，因为这个变量的存储空间无法保存这么大的数，所以会出现数值的“溢出”，当用到这个变量时就不能获得正确的数据。

1.3.3 浮点型数据

浮点型数据用来表示实数，所以也称实型数据。浮点型主要包括单精度实型（float 型）、双精度实型（double 型）。浮点型数据有十进制和指数两种表示形式。十进制形式由整数和小数两部分组成，如 6.18、0.51、.25、3.、12.0 等。

系统给 float 型数据分配 4 字节的内存空间。因为浮点型数据有小数点，其存储形式比整型数据要复杂。具体的存储形式所涉及的知识超出了本书范围，如果想进一步了解，可参考有关计算机原理的书籍。

多个数据在内存中是连续存储的，彼此之间没有明显的界限。如果不明确声明数据类型，计算机就不知道数据的长度和存储形式，也不可能正确保存和读取数据。例如，int 型数据和 float 型数据虽然都是 4 字节，但存储形式不同，所以不能混用。

在 1.2 节介绍标准输出函数 printf()时，格式三与格式四可做如下解释。

```
格式三    printf("0.1+a+b=%f\n", 0.1+a+b);
```

输出结果正确，因为运算表达式 0.1+a+b 中有 float 型数据，所以运算结果是 float 型数据，可以按 float 型数据形式（%f）输出正确的结果。

```
格式四    printf("a/b=%f\n", a/b);
```

因为 a 和 b 都是 int 型数据，所以 a/b 的运算结果不是 1.5，而是 int 型数据 1，若按 float 型格式输出 int 型数据，则输出结果错误。

想一想

编写一个包含下列代码的程序，输出结果是什么？为什么？

```
float a=6,b=4;
printf("%d\n",a/b);
printf("%d\n",6/4);
printf("%d\n",6.0/4);
printf("%f\n",a/b);
printf("%f\n",6/4+0.5);
printf("%f\n",6.0/4+0.5);
```

1.3.4 字符型数据

字符型（char 型）数据是 ASCII 字符集中的字符，包括英文字母、阿拉伯数字等字符。ASCII 是 American Standard Code for Information Interchange（美国信息交换标准代码）的缩写，是最基本、最通用的计算机编码格式。

系统给 char 型数据分配 1 字节的内存空间，以 int 型数据形式（字符的 ASCII 代码）存储在内存单元中。

例如，大写字母 A 的 ASCII 代码是 65，二进制数形式为 0100 0001。而正整数 65 存储在内存单元中的形式是 0000 0000 0100 0001（以 2 字节为例；如果是 4 字节，则前面还有 16 个 0）。

在计算机系统中，通常可以把 ASCII 代码 1～127 对应的字符等同于 1～127 的正整数。

附录 A 是常用字符与 ASCII 代码对照表，其中：

数字 0～9 的 ASCII 代码是 48～57；

大写字母 A～Z 的 ASCII 代码是 65～90；

小写字母 a～z 的 ASCII 代码是 97～122。

在标准输入/输出函数中，输入/输出字符的控制符是“%c”。

【例 1-3】在屏幕上显示提示信息，输入两个字符，输出字符及其 ASCII 代码。

程序代码：

```
#include <stdio.h>
int main( )
{
    char a,b,c;                                    //（1）定义变量 a、b 和 c
    printf("input a,b: ");
    scanf("%c,%c",&a,&b);
    c=b+7;                                         //（2）将 b+7 的值赋给 c
    printf("a=%c, %c 的 ASCII 代码=%d\n",a,a,a);   //（3）输出字符及其 ASCII 代码
    printf("b=%c, %c 的 ASCII 代码=%d\n",b,b,b);
    printf("c=%c, %c 的 ASCII 代码=%d\n",c,c,c);
    return 0;
}
```

运行结果：

显示提示信息“input a,b:”

输入：3,d （回车）

输出结果如图 1-18 所示。

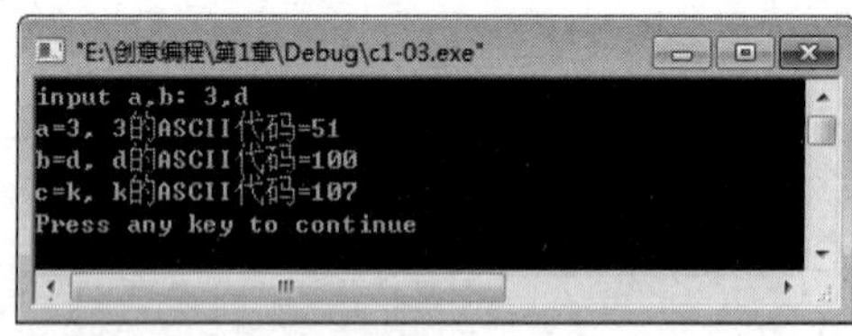

图 1-18

程序分析：

（1）定义变量 a、b 和 c。

本语句定义 a、b 和 c 为 char 型变量。

（2）将 b+7 的值赋给 c。

字符型变量以正整数形式保存，如果 b 的值是字符'd'，则变量 b 的值以'd'的 ASCII 代码形式保存在内存中。

因为'd'的 ASCII 代码是 100，所以 b+7 的结果是 107。c=b+7 是指将 107 赋给 c。

（3）输出字符及其 ASCII 代码。

输出变量 a 的值，以及 a 的值对应的 ASCII 代码。

如果 a='3'，控制符“%c”表示以字符型格式输出变量 a 的值即字符'3'，控制符“%d”表示以整型格式输出字符'3'的 ASCII 代码 51。

如果在执行程序时输入：36,d（回车），则会出错，因为 char 型数据只能保存一个字符。上述的输入将字符'3'赋给了变量 a，但当系统接收用于分隔的逗号时，接收的却是字符'6'，因此出错。

思考一下，如果用 c=b−a 代替程序中的 c=b+7，运行时仍然输入 3,d（回车），会输出什么结果？为什么？

注意

如果用 scanf("%c%c",&a,&b)代替程序中的 scanf("%c,%c",&a,&b)，运行时正确的输入方法是 3d（回车）。如果输入 3 d（回车），则字符'3'赋给 a，空白字符赋给 b。这一点与输入整型数据和浮点型数据不同，可参见 1.2 节标准输入函数 scanf()中的格式三。

1.4　常量与变量

在 C 语言中，数据有两种表现形式：常量和变量。在程序运行过程中，其值不能被改变的量称为常量，其值可以被改变的量称为变量。变量有变量名；而常量可以有名字，也可以没有名字。例如，程序 c1-03 中的语句“c=b+7”，c 和 b 是变量，7 是常量。

1.4.1　常量

常量可分为以下几种不同的类型：

- 整型常量，如 3，100，0xFF；
- 实型常量，如 3.14，1.23E2；
- 字符型常量，如 'a'，'3'；
- 字符串型常量，如 "abc"，"A123"，"56287"；
- 符号常量，如 #define PI 3.1416；

说明：

（1）0xFF 是十六进制整数 FF，即 255。

（2）1.23E2 是用科学记数法表示的实数，其指数形式是 1.23×10^{2}，即 123.0。

（3）整型常量 3 就是数学中的常数 3。字符型常量'3'是一个字符，它可以表示数学中的常数 51，因为字符'3'的 ASCII 代码是 51。3 + '3'的值是 54。

（4）符号常量是用来表示一个常量的标识符。符号常量在使用前必须定义，其一般形式为

```
#define 标识符 常量
```

其功能是把该标识符定义为其后的常量值。符号常量一经定义，如：

```
#define PI 3.1416
```

以后在程序中所有出现标识符 PI 的地方均被代之以常量值 3.1416。

#define 是一条预处理命令，称为宏定义命令。预处理命令都以#开头。

1.4.2 变量

变量的本质是内存中的具有特殊属性的存储单元。变量可以用来存储数据，也可以将其中的数据读取出来。

如果把内存比为仓库，一个存储单元就像一间库房。有的库房用来存放新鲜蔬菜，有的用来存放冷冻食品，有的用来存放活禽。假设制订了一个货品入库的计划，将“冻猪肉A”存放到“冷库 12”中，“红辣椒 B”存放到“库房 9”中。制订计划相当于程序中的定义变量，“冻猪肉 A”和“红辣椒 B”是变量名，“冷库 12”和“库房 9”是内存地址，货品入库相当于给变量赋值。给变量赋的值与变量的类型要一致，不能把活禽送去冷冻，也不能把新鲜蔬菜送到存放活禽的库房。货品正常入库后，既可以通过变量名“冻猪肉 A”找到并取出这批冻猪肉，也可以通过内存地址“冷库 12”找到并取出这批冻猪肉。

比喻只可能部分相似，难以完全吻合。下面以程序 c1-03 为例说明变量的相关概念。

```
char a,b,c;
```

说明：定义 a、b、c 是字符型变量，系统分别给 a、b、c 分配 1 字节的存储空间。系统自动记录这三处存储空间的地址。

```
scanf("%c,%c",&a,&b);
```

说明：&是取地址符，&a 就是获取变量 a 的地址。%c 是格式化说明符，声明输入的数据是 char 型数据。

```
输入：3,d  （回车）
```

说明：把字符'3'赋给变量 a，把字符'd'赋给变量 b。也可以输入 3,3（回车），给变量 a 和 b 赋同样的值。计算机数据都是“孙悟空”，分身有术，字符'3'可以给多个字符型变量赋值。

```
printf("a=%c, %c 的 ASCII 代码=%d\n",a,a,a);
```

说明：字符型数据是以整型数据形式存储的，因此既可以按字符型格式（%c）输出该字符，也可以按整型格式（%d）输出该字符的 ASCII 代码。

1.4.3 标识符

标识符是变量、常量、函数的名字。前面用到的变量名 a、b、c，函数名 scanf、printf 都是标识符。

C 语言中的标识符可分为三类：关键字、预定义标识符和用户标识符。

1. 关键字

C 语言的关键字又称为保留字，是 C 语言中最基本的“词汇”。在 ANSI C 标准 C 语言中，共有 32 个关键字，如表 1-2 所示。

表 1-2 C 语言的关键字

auto	break	case	char	const	continue	default	do
double	else	Enum	extern	float	for	goto	if
int	long	register	return	short	Signed	sizeof	static
struct	switch	typedef	union	unsigned	void	volatile	while

在前面介绍的程序中，曾使用 int、char 和 float 等关键字来定义变量的数据类型。第 2 章还将介绍有关控制语句的关键字 if、else、for、do、while 等。

2. 预定义标识符

预定义标识符是 C 语言中系统预先定义的标识符，如系统类库名、系统常量名、系统函数名。例如，标准输入/输出函数 scanf 和 printf 就是预定义标识符。

3. 用户标识符

用户标识符是用户根据需要自己定义的标识符。

标识符通常由字母、数字和下画线组成，且第 1 个字符必须为字母或下画线。例如，abc、x1、y1、prog_sum、_123 都是正确的标识符。

注意

（1）不能把 C 语言关键字（如 int、float、if、for 等）作为用户标识符，否则编译时会出错。

（2）如果把预定义标识符作为用户标识符，编译时不会出错，但可能会导致结果出错，因此预定义标识符一般不作为用户标识符。

（3）标识符对英文字母大小写敏感，即严格区分英文字母大小写。例如，sum、Sum 和 SUM 是三个不同的标识符。通常，变量名用英文字母小写。

（4）变量的名字应尽量反映变量在程序中的作用与含义，以提高可读性。例如，将表示长度的变量命名为 length，求和的函数命名为 sum 等。

1.5 运算符和表达式

计算机的主要功能是计算，即运算。要进行运算就需要运算符。C 语言的运算符是说明运算方法的符号，如执行加法运算的运算符“+”。按 C 语言的规则，用运算符把运算对象连接起来就构成了表达式。

本节介绍 C 语言最基本的两类运算符和表达式。

1.5.1 算术运算符和算术表达式

基本的算术运算符如表 1-3 所示。

表 1-3 基本的算术运算符

运 算 符	含 义	举 例	结 果
+	正号运算符	+a	a 的值
-	负号运算符	-a	a 的算术负值
*	乘法运算符	a*b	a 与 b 的乘积
/	除法运算符	a/b	a 除以 b 的商
%	求余运算符	a%b	a 除以 b 的余数
+	加法运算符	a+b	a 与 b 的和
-	减法运算符	a-b	a 与 b 的差

算术表达式是由算术运算符、常量、变量及圆括号组成的式子。例如：

```
printf("5/2=%d, 5%%2=%d \n",5/2,5%2);
printf("2+5.2/2=%f, 2.1+5%%2=%f\n",2+5.2/2,2.1+5%2);
```

上面两行代码的输出结果：

```
5/2=2, 5%2=1
2+5.2/2=4.600000, 2.1+5%2=3.100000
```

说明：

（1）%%是输出%的控制符；5%2 是求 5 除以 2 的余数，计算结果是 1。

（2）按 float 型数据输出，表达式的值（即运算结果）应是 float 型数据，故表达式中至少有一个运算对象是实数。表达式 2+5.2/2 和表达式 2.1+5%2 中都有实数，故运算的结果是实数。

注意

5.2%2 是错误的表达式，因为只有整数才可以进行求余运算，实数不可以进行求余运算。

1.5.2 赋值运算符和赋值表达式

赋值运算符是“=”，其作用是将表达式的值赋给变量。“=”的右边是表达式，常量和变量也属于表达式。“=”的左边只能是变量。

附录 B 给出了运算符优先级与结合方向。赋值运算符的优先级仅高于逗号运算符。

【例 1-4】赋值运算符的应用。

程序代码：

```
#include <stdio.h>
int main()
{
    char c1='a',c2;                                    //定义字符变量 c1 和 c2，并且给 c1 赋值
    float n1,n2;                                       //定义单精度浮点型变量 n1 和 n2
    c2=c1-32;                                          //（1）把表达式 c1-32 的值赋给变量 c2
    n1=c2/3;                                           //（2）把表达式 c2/3 的值赋给变量 n1
    n2=(float)c2/3;                                    //（3）把表达式(float)c2/3 的值赋给变量 n2
    printf("c1=%c, %c=%d\n",c1,c1,c1);
    printf("c2=%c, %c=%d\n",c2,c2,c2);
    printf("n1=%f, c2/3=%f\n",n1, c2/3);              //（4）输出 n1、c2/3
    printf("n2=%f, n2=%7.2f\n",n2, (float)c2/3);      //（5）输出 n2、(float)c2/3
    return 0;
}
```

输出结果如图 1-19 所示。

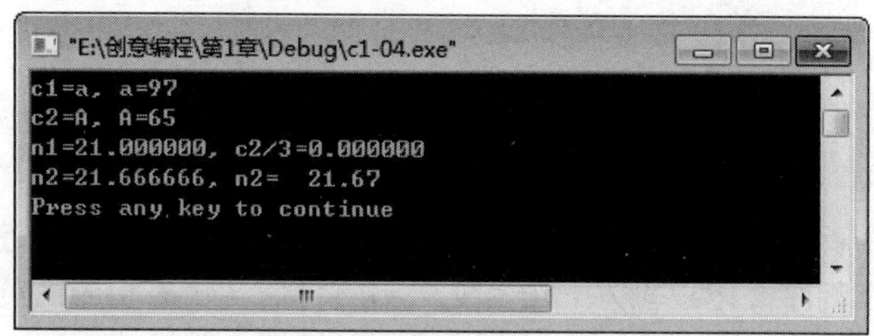

图 1-19

程序说明：

（1）把表达式 c1-32 的值赋给变量 c2。

字符型数据是以其对应的 ASCII 代码参与算术运算的。变量 c1 的值为'a'，其 ASCII 代码为 97，因此运算表达式 c1-32 的值为 65。ASCII 代码 65 对应的字符是'A'，因此结果是将'A'赋给变量 c2。

利用这个赋值语句可以将小写字母转换为大写字母。

（2）把表达式 c2/3 的值赋给变量 n1。

变量 c2 的值为'A'，其 ASCII 代码为 65。因为 65 和 3 都是整型数据，所以表达式的运算结果仍是整数，即 65/3 得 21。将整型数据 21 赋给 float 型变量 n1 时，整型数据 21 自动转换为 float 类型并保存到变量 n1 的内存空间中。

（3）把表达式(float)c2/3 的值赋给变量 n2。

(float)的作用是进行强制数据类型转换，(float)c2/3 是将 c2 的值强制转换为 float 类型再除以 3，所以运算的结果是 float 型数据。

强制类型转换运算优先于算术运算，因此在进行除法运算前，整型数据已经转换成 float 型数据。当实型数据与整型数据进行运算时，整型数据自动转换成实型数据，所以最终的运算结果为 float 型数据。强制类型转换只影响运算中的数据，并不会改变变量原有的数据类型。也就是说，c2 仍然还是 char 型变量，它的值也还是原来的值。

（4）输出 n1、c2/3。

因为 n1 已经是 float 类型数据，所以可以按 float 型输出；c2/3 的值是整型数据，按 float 型输出时会出错。

（5）输出 n2、(float)c2/3。

按%f 格式输出时，小数点后保留 6 位；按%7.2f 格式输出时，总位数为 7，不够时前面添加空格，小数点后保留 2 位，最后一位要四舍五入。

1.6 习题

1．简述关键字 int、float、char 分别表示的数据类型，它们的长度（占用内存空间的字节数）是多少？

2．什么是转义字符，\n 表示什么含义？

3．编写一个程序，输出如下图案。

```
**********
*******
****
*
```

4．编写一个程序，用户输入一个十进制数后，输出相应的十六进制数。

5．编写一个程序，用户输入一个英文大写字母后，输出相应的英文小写字母。

第 2 章 结构化程序设计

结构化程序设计采用自顶向下、逐步求精的设计方法，使用三种基本结构构造程序，任何程序都可由顺序、选择、循环三种基本结构构造，所有控制结构只有一个入口和一个出口。通常采用程序流程图详细描述程序的处理过程。

- 了解结构化程序设计的基本思想。
- 理解结构化程序设计三种基本结构（顺序、选择和循环结构）的特点。
- 掌握程序流程图的画法及选择语句和循环语句的使用。

2.1　结构化程序设计的算法描述

计算机科学家尼古拉斯 • 沃斯（Niklaus Wirth）曾提出了一个著名的公式：

算法 + 数据结构 = 程序

程序是计算机指令的组合，实现一定的功能，完成某种任务。算法是程序的逻辑抽象，是解决问题的数学过程。数据结构是对数据的描述，即程序中用到哪些数据，以及这些数据的类型和数据的组织形式。第 1 章已经介绍了几种基本的数据类型。第 4 章将介绍几种复杂的数据类型，如数组、结构体等。

2.1.1 算法

广义地说，为解决一个问题而采取的方法和步骤称为“算法”。

计算机算法是指对解题方案的准确而完整的描述，是一系列解决问题的清晰指令。

对同一个问题，可以有不同的解题方法和步骤。设计算法不仅需要保证算法正确，还要考虑算法的效率。如果视频解码的算法效率很低，即使能够还原画面，但画面不流畅，这样的算法也没有实用价值。

一个算法应具有以下 5 个重要的特征。

1．有穷性（Finiteness）

有穷性也称有限性，是指算法必须能在执行有限个步骤内完成任务。

2．确切性（Definiteness）

确切性又称明确性，是指算法的描述必须无歧义，以保证算法的实际执行结果精确地符合设计要求。

3．输入项（Input）

一个算法必须有零个或多个输入项。

4．输出项（Output）

一个算法有一个或多个输出项，输出项是算法计算的结果。

5．可行性（Effectiveness）

可行性又称有效性，是指算法中描述的操作都可以在有限的时间内通过已经实现的基本运算执行有限次来完成。

2.1.2 算法描述

算法描述是指对设计出的算法，用某种方法进行详细的描述，以便与他人交流。

算法描述的方法有多种，常用的有自然语言、流程图、N-S 流程图、伪代码和 PAD 图等。在众多的算法描述方法中，最普遍使用的是流程图。

程序流程图是以特定的几何图形加上说明文字和符号来表示算法的图，程序流程图又称程序框图。

程序流程图中通常用一些特定的几何图形来表示特定性质的操作：圆角矩形表示算法的开始与结束；矩形表示一般性的处理；平行四边形表示输入/输出；菱形表示判断；箭头代表算法的执行方向；圆形表示各个模块的流程图之间的连接位置；虚线和实线组合框表示注释，如图 2-1 所示。

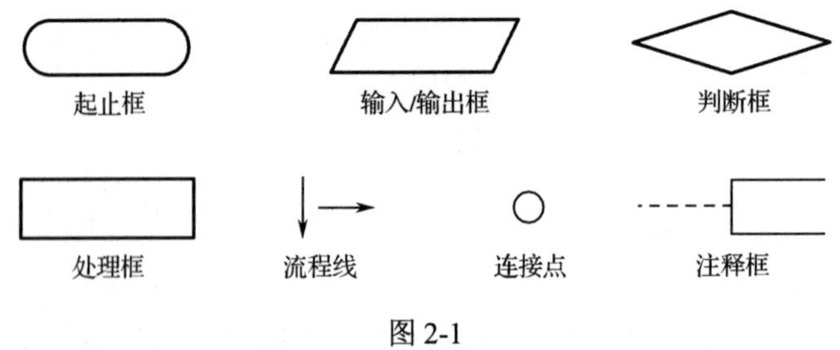

图 2-1

2.1.3 结构化程序设计的三种基本结构

结构化程序设计方法规定：流程图由顺序、选择和循环三种基本结构组合、嵌套构成，且只有一个入口和一个出口。

1．顺序结构

顺序结构表示程序中的操作按照先后顺序进行，执行完 A 操作，再执行 B 操作，如图 2-2 所示。

2．选择结构

选择结构又称分支结构，包含一个条件判断，当条件成立时，执行 A 操作；当条件不成立时，执行 B 操作，如图 2-3 所示。

A 和 B 两个框中可以有一个是空的，即条件不成立时不执行任何操作，如图 2-4 所示。

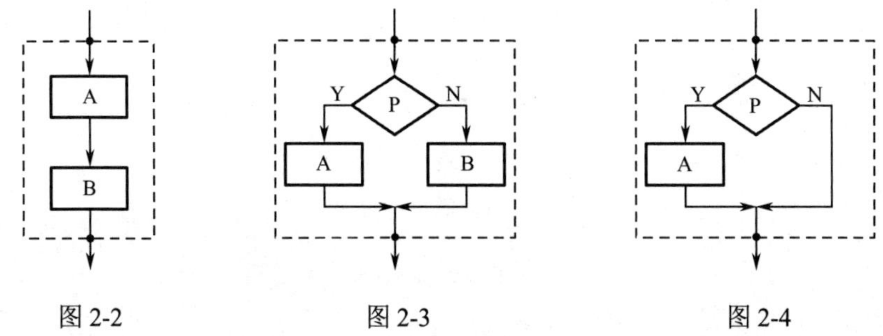

图 2-2　　　图 2-3　　　图 2-4

3．循环结构

循环结构表示程序反复执行某一操作。循环结构的基本形式有两种：当型循环结构和直到型循环结构。

（1）当型循环结构：先判断条件，当条件 P 成立时执行循环体 A 操作，执行完 A 后，再判断条件 P 是否成立，如果成立，再执行 A，循环往复，直到条件 P 不成立，此时，不执行 A，直接退出循环，如图 2-5 所示。

（2）直到型循环结构：先执行循环体 A 操作，执行完 A 后，再判断条件 P 是否成立，如果不成立，再执行 A，循环往复，直到条件 P 成立，此时，不执行 A，直接退出循环，如图 2-6 所示。

使用当型循环结构，有可能一次都不执行 A；使用直到型循环结构，则至少执行一次 A。

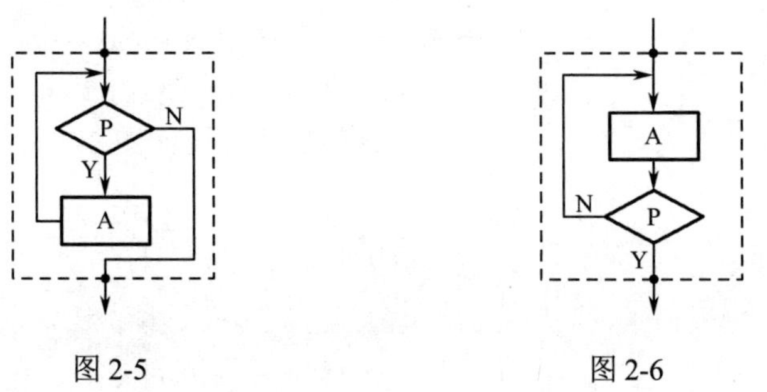

图 2-5　　　图 2-6

2.2 选择结构

第1章介绍的程序都采用顺序结构，程序中的语句按自顶而下的顺序执行。这些程序属于最简单的C程序。稍微复杂一点的程序除了顺序结构，还包含选择结构，程序会有选择地执行代码。C语言有两种选择结构，一种使用if语句实现两个分支的选择，另一种使用switch语句实现多分支的选择。

2.2.1 if语句

C语言提供了两种形式的if语句。

形式一：

```
if（表达式P）
    语句A
else
    语句B
```

形式二：

```
if（表达式P）
    语句A
```

形式一的流程图如图2-3所示，形式二的流程图如图2-4所示。

【例2-1】输入两个实数，输出其中较大的数。

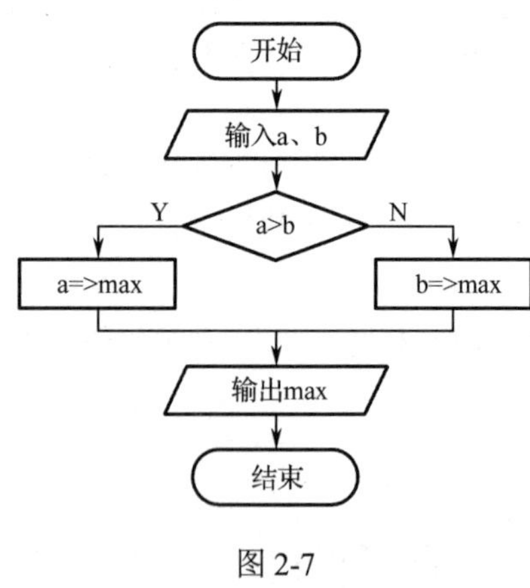

图2-7

解题思路：

作为第一个具有选择结构的程序，先用自然语言对程序的算法进行描述。

① 用a、b表示输入的两个实数，用max表示两个实数中较大的数。

② 输入a、b的值。

③ 如果a>b成立，将a的值赋给max，在流程图中表示为a=>max；否则，将b的值赋给max，在流程图中表示为b=>max。

④ 输出max的值。

本程序的流程图如图2-7所示。

程序代码：

```
#include <stdio.h>                          //预处理
int main( )                                 //定义主函数
{                                           //主函数体开始
    float a,b,max;                          //定义变量a、b和max
    scanf("%f,%f",&a,&b);                   //输入变量a和b的值
    if (a>b)                                //注意if()后无“;”
        max = a;                            //若a>b成立，将a的值赋给变量max
```

```
    else                                //注意：else 后无“;”
        max = b;                        //否则（即 a>b 不成立），将 b 的值赋给变量 max
    printf("max=%f\n",max);             //输出 max 的值
    return 0;                           //返回函数值 0
}                                       //主函数体结束
```

运行结果：

```
15.6,20.1
max=20.100000
Press any key to continue
```

本程序的功能也可以采用 if 语句的形式二来实现，而且更加简捷。

【例 2-2】 输入两个实数，输出其中较大的数。用 if 语句的形式二来实现。

解题思路：

采用 if 语句的形式二，流程图如图 2-8 所示。

程序代码：

```
#include <stdio.h>
int main( )
{
    float a,b;
    scanf("%f,%f",&a,&b);
    if (a>b)
        b = a;                      //如果 a>b 成立，将 a 的值赋给 b
    printf("max=%f\n",b);
    return 0;
}
```

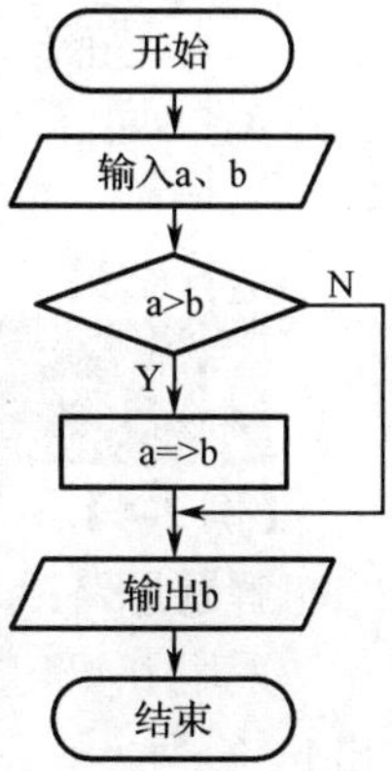

开始
输入a、b
a>b
N
Y
a=>b
输出b
结束

图 2-8

本程序的执行、输入数据的方式与例 2-1 中的程序完全相同，输出结果也相同。从这两个例题看出，可以采用不同的方法实现相同的功能。

【例 2-3】 输入两个整数，按由小到大的顺序输出这两个数。

解题思路：

采用 if 语句的形式二。给变量 a、b 赋值，如果 a>b 成立，则将 a 和 b 的值互换，再输出 a、b；否则，直接输出 a、b。为了实现 a 和 b 的值互换，必须借助于第三个变量 c。

交换数据的步骤：①给 a、b 赋值；②如果 a>b 成立，将 a 的值赋给 c；③将 b 的值赋给 a；④将 c 的值赋给 b，如图 2-9 所示。

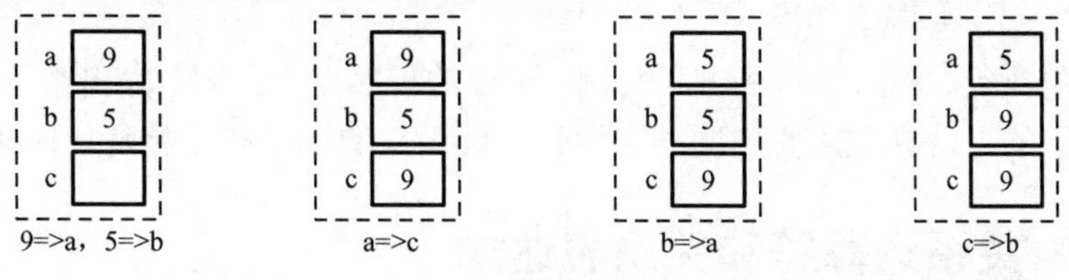

图 2-9

流程图如图 2-10 所示。

程序代码：

```
#include <stdio.h>
int main()
{
    int a,b,c;
    scanf("%d,%d",&a,&b);           //给变量 a、b 赋值
    if(a>b)
    {                               //如果 a>b 成立，将 a 和 b 的值互换
        c=a;                        //将 a 的值赋给 c
        a=b;                        //将 b 的值赋给 a
        b=c;                        //将 c 的值赋给 b
    }
    printf("%d,%d\n",a,b);
    return 0;
}
```

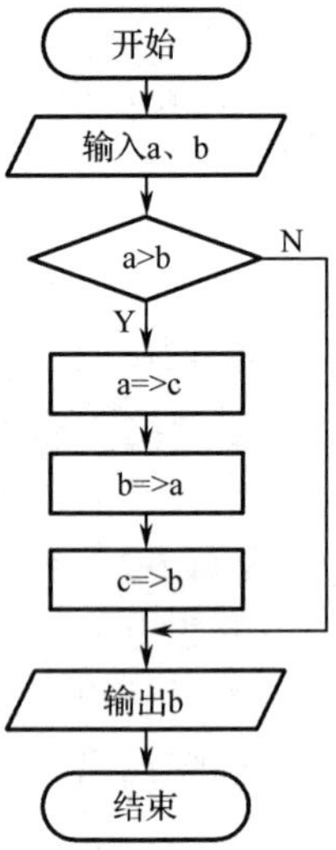
开始
输入a、b
a>b
N
Y
a=>c
b=>a
c=>b
输出b
结束
图 2-10

运行结果：

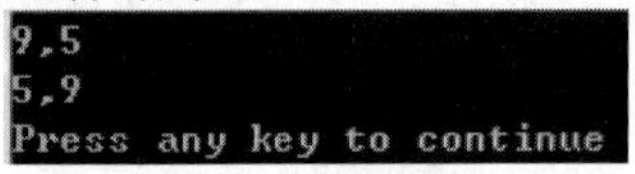
9,5
5,9
Press any key to continue

【例 2-4】两个整数按由小到大的顺序输出的另一种实现方法。

解题思路：

采用 if 语句的形式一。给变量 a、b 赋值，如果 a<b 成立，则输出 a、b；否则，输出 b、a。

流程图与图 2-7 类似，此处略。

程序代码：

```
#include <stdio.h>
int main()
{
    int a,b;
    scanf("%d,%d",&a,&b);               //给变量 a、b 赋值
    if(a<b)
        printf("%d,%d\n",a,b);          //如果 a<b 成立，输出 a、b
    else
        printf("%d,%d\n",b,a);          //否则，输出 b、a
    return 0;
}
```

本程序的执行、输入数据的方式与例 2-3 中的程序完全相同，输出结果也相同。虽然采用了不同的方法完成来完成同一个题目，但用户的操作和体验是一样的。

2.2.2 关系运算符和关系表达式

在 if 语句中，“表达式”可以是关系表达式、逻辑表达式，甚至是数值表达式。

数值表达式通常是由变量、常量和运算符组成的表示式，如 a+b、2*a+3、2+3 等，其中 a、b 是整型或实型变量。

关系表达式是两个数值或数值表达式进行比较的式子，在例 2.3 的程序中，a>b 就是一个关系表达式。这个关系表达式中的“>”是一个关系运算符。关系运算符又称比较运算符，用来比较 a、b 两个变量的大小。

1. 关系运算符

C 语言提供 6 种关系运算符，如表 2-1 所示。

表 2-1　关系运算符

运 算 符	名　称	示　例	说　明	优 先 级
<	小于	a<b	a 小于 b 时返回真；否则返回假	优先级相等 高
<=	小于等于	a<=b	a 小于等于 b 时返回真；否则返回假	
>	大于	a>b	a 大于 b 时返回真；否则返回假	
>=	大于等于	a>=b	a 大于等于 b 时返回真；否则返回回	
==	等于	a==b	a 等于 b 时返回真；否则返回回假	优先级相等 低
!=	不等于	a!=b	a 不等于 b 时返回真；否则返回回假	

关系运算的结果只有两种：1 和 0。

当关系表达式成立时，表达式的值为 1，否则为 0。

注意

在 C 语言中，不仅是 1，所有非 0 的数都表示“真”，即表达式成立；只有 0 表示“假”，即表达式不成立。关系表达式只是表达式中的一种。

例如，if(5.1)、if(-2)、if(a-3)、if(1)等价于 if(3>2)；if(6-2*3)、if(a-2)、if(2/3)、if(0)等价于 if(3<2)，其中 a 的值为 2。

思考

if(2.0/3)是否等价于 if(3<2)？

2. 关系表达式

用关系运算符连接起来的式子称为关系表达式。在 if 语句、for 语句、while 语句中都要用到关系表达式。表 2-1 中的示例就是最简单的关系表达式。可以编写一个简单的程序，在其中加入下列代码来验证关系表达式的结果。

```
int a=10,b=20; printf("例 1: %d",a>b);              //例 1: 0
int a=10,b=20; printf("例 2: %d",a<b);              //例 2: 1
int a=10,b=20; printf("例 3: %d",a==b);             //例 3: 0
int a=10,b=20,c=0; printf("例 4: %d",c==a>b);       //例 4: 1
int a=10,b=20; printf("例 5: %d",a=a+b);            //例 5: 30
```

上述代码中的注释为输出结果，冒号后的数值即表达式的值。

第 4 行代码中，因为“>”的优先级高于“==”，所以“c==a>b”等价于“c==(a>b)”，即“0==(10>20)”。因为“10>20”的值为 0；所以“0==0”的值为 1。

前 4 行代码中的表达式都是关系表达式，第 5 行是赋值表达式。赋值表达式将“=”右边的值赋给“=”左边的变量，“=”右边的值也是表达式返回的值，因此表达式返回的值为 10+30 的运算结果。

思考

如果 int a=10,b=20;，则 if(a=b-2*a)会得到什么结果。

2.2.3 逻辑运算符和逻辑表达式

用逻辑运算符将关系表达式或其他逻辑量连接起来的式子称为逻辑表达式。在 C 语言中，与关系表达式相同，逻辑表达式的值也是一个逻辑值，用数值 1 表示“真”，用数值 0 表示“假”。

1. 逻辑运算符

C 语言提供了 3 种逻辑运算符，如表 2-2 所示。

表 2-2 逻辑运算符

运算符	含义	示例	说明	优先级
!	逻辑非	!a	如果 a 为 0，结果为 1；如果 a 为 1，结果为 0	高 ↑ 低
&&	逻辑与	a&&b	如果 a 和 b 都为 1，结果为 1；否则为 0	
||	逻辑或	a||b	如果 a 和 b 都为 0，结果为 0；否则为 1	

“!”是单目运算符，只有一个运算对象。

“&&”和“||”是双目运算符，有两个运算对象。

基本逻辑运算的真值表如表 2-3 所示。

表 2-3 基本逻辑运算的真值表

a	b	!a	!b	a&&b	a||b
1	1	0	0	1	1
1	0	0	1	0	1
0	1	1	0	0	1
0	0	1	1	0	0

2. 逻辑表达式

逻辑运算的结果只有两种：1 和 0。逻辑值可以赋给整型变量或字符型变量。可以编写一个简单的程序，在其中加入下列代码来验证表达式的结果。

```
int a=10; printf("例 1: %d",!a);                    //例 1: 0
int a=0; printf("例 2: %d",!a);                     //例 2: 1
int a=10,b=20; printf("例 3: %d",a<=b&&!a);         //例 3: 0
```

```
int a=0,b=20; printf("例 4: %d",!a&&a<b);                    //例 4: 1
int a=10,b=20; printf("例 5: %d",a<=b||!a);                  //例 5: 1
int a=10,b=20,c; printf("例 6: %d,c=%d ",c=a>=b||!a,c);      //例 6: 0,c=???
printf("\n 例 6: c=%d",c);                                   //例 6: c=0
```

第 3 行代码中，因为“<=”和“!”的优先级高于“&&”，所以“a<=b&&!a”等价于“(a<=b)&&(!a)”，即“(10<=20)&&(!20)”。因为“10<=20”的值为 1，“!20”为 0，所以“1&&0”的值为 0。

第 4 行代码中，因为“!”和“<”的优先级高于“&&”，所以“!a&&a<b”等价于“(!a)&&(a<b)”，即“(!0)&&(0<20)”。因为“!0”的值为 1，“0<20”的值也为 1，所以“1&&1”的值为 1。

第 5 行代码中，因为“<=”和“!”的优先级高于“||”，所以“a<=b||!a”等价于“(a<=b)||(!a)”，即“(10<=20)||(!10)”。因为“10<=20”的值为 1，“!10”的值为 0，所以“1||0”的值为 1。

第 6 行代码中的表达式是赋值表达式。在“=”右边的表达式“a>=b||!a”中，因为“>=”和“!”的优先级高于“||”，所以“a>=b||!a”等价于“(a>=b)||(!a)”，即“(10>=20)||(!10)”。因为“10>=20”的值为 0，“!10”的值为 0，所以“0||0”的值为 0。

“=”右边的值 0 返回给 printf()函数输出，输出结果是 0；在输出之后，“=”右边的值 0 才赋给变量 c，所以第一个 printf()函数输出的 c 值是无意义的数，下一行的 printf()函数输出的 c 值才是 0。

思考

int a=10,b=20; float c; c=!b/a; printf(" %f,%f ",c, b/a); 的输出结果是什么？

2.2.4 switch 语句

在程序设计中，经常需要把同一个变量（或表达式）与很多不同的值进行比较，并根据它等于哪个值来执行不同的代码。这时就要用到 switch 语句。

switch 语句是多分支选择语句，又称为开关语句。switch 常和 case、break、default 等关键字一起使用，其一般形式如下：

```
switch (表达式)
{
   case 常量 1: 语句 1; [break;]
   case 常量 2: 语句 2; [break;]
   case 常量 3: 语句 3; [break;]
   …
   case 常量 n: 语句 n; [break;]
   default : 语句 n+1;
}
```

当表达式的值与某个 case 语句中的常量相符时，就执行此 case 语句后面的语句，遇到 break 语句时，流程转到 switch 语句的末尾。如果表达式的值与所有 case 语句中的常量都不相符，就执行 default 语句后面的语句。

注意

[break;]表示 break 语句是可选项，语句 1、语句 2 等语句也可以是空语句。

如果语句 2 后面有 break 语句，则执行完语句 2 后，流程转到 switch 语句的末尾。如果语句 2 后面没有 break 语句，则执行完语句 2 后，接着执行语句 3。

【例 2-5】用键盘输入成绩的等级，在屏幕上显示对应的百分制成绩。等级 A 为 90～100 分；等级 B 为 80～89 分；等级 C 为 70～79 分；等级 D 为 60～69 分；等级 E 为小于 60 分。

解题思路：

使用 switch 语句解决本问题，流程图如图 2-11 所示。

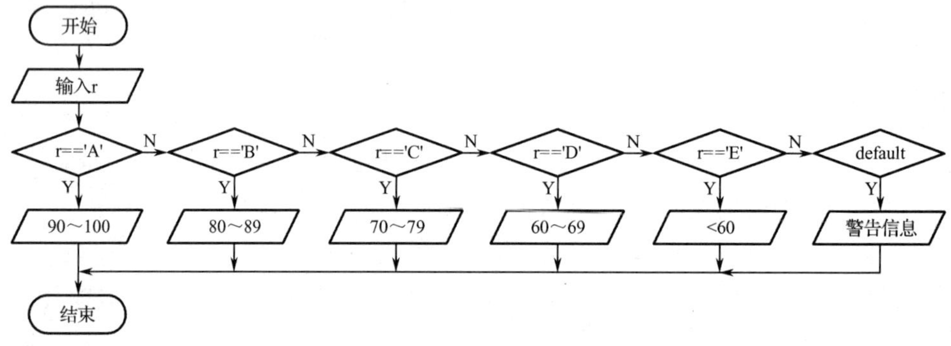

图 2-11

程序代码：

```
#include<stdio.h>
int main()
{
    char rank;                              //rank 对应流程图中的 r
    printf("请输入成绩等级：(A、B、C、D、E)\n");
    scanf("%c",&rank);
switch(rank)                                //switch 语句还没结束，无“;”
    {
      case'A': printf("等级  A，相当于  90～100 分。\n");
          break;
      case'B': printf("等级  B，相当于  80～89 分。\n");
          break;
      case'C': printf("等级  C，相当于  70～79 分。\n");
          break;
      case'D': printf("等级  D，相当于  60～69 分。\n");
          break;
      case'E': printf("等级  E，相当于  <60 分。\n");
          break;
      default: printf("输入数据有错!\n");
```

```
    }
}
```

运行结果：

```
请输入分数等级：(A、B、C、D、E)
A
等级 A，相当于 90~100分。
Press any key to continue
```

【例 2-6】用键盘输入百分制分数，在屏幕上显示成绩的等级。90～100 分为优秀；80～89 分为良好；70～79 分为中等；60～69 分为及格；60 分以下为不及格。

解题思路：

switch 的参数类型只能是整型，如 int 型和 char 型。因为对 char 型常量，系统会自动将其转换成相应的 ASCII 代码。成绩通常会出现小数，如 92.5 分等，因此保存成绩的变量必须定义为浮点型。使用 switch 时，用成绩 92.5 除以 10 得 9.25，再用“(int)”进行强制数据类型转换以去掉小数，得整数 9，这样就可以满足 switch 对数据类型的要求。当输入的成绩超出 0～100 范围时，视其为“输入数据有错”；而 0～100 之间的实数将被转换成 0～10 之间的整数。流程图如图 2-12 所示。

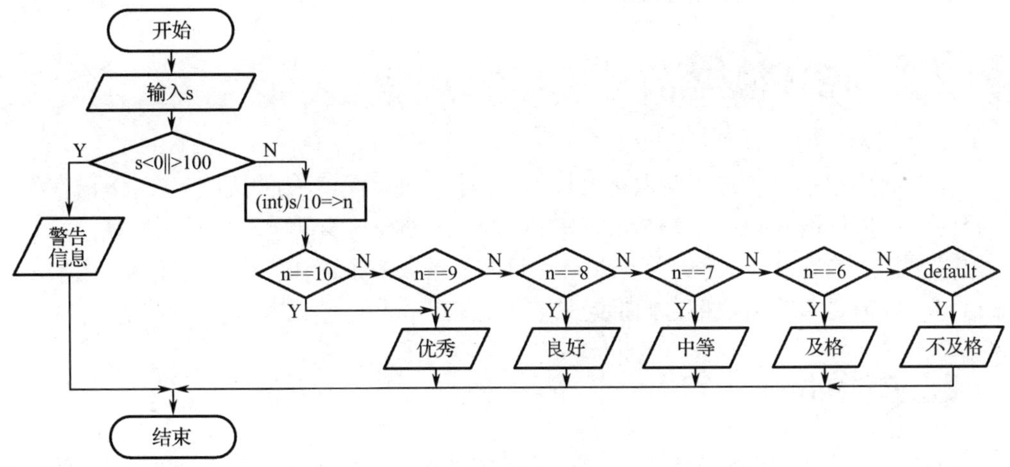

图 2-12

程序代码：

```
#include<stdio.h>
int main()
{
    double score;                           //定义成绩 score 为双精度浮点型变量
    printf("请输入分数(0~100)：");
    scanf("%lf",&score);
    if(score<0 || score>100)
        printf("输入数据有错!\n");          //输入的成绩超出 0～100 范围，输出警告信息
    else
    {
```

```
        switch((int)score/10)                //将 0～100 之间的实数转换成 0～10 之间的整数
        {
        case 10:                             //90～100 分的成绩都属于“优秀”
        case 9:printf("成绩：优秀\n");
            break;
        case 8:printf("成绩：良好\n");
            break;
        case 7:printf("成绩：中等\n");
            break;
        case 6:printf("成绩：及格\n");
            break;
        default:   printf("成绩：不及格\n");
        }
    }
}
```

运行结果：

```
请输入分数(0~100): 100
成绩: 优秀
Press any key to continue
```

2.3 循环结构

在实际应用中，经常需要重复执行某一操作，如输入学生的成绩。在 C 语言程序设计中，可以使用 while、do…while 和 for 语句来处理这类问题。重复执行某一操作在 C 程序中就是重复执行一条或多条语句，这“一条或多条语句”称为循环体。如果是多条语句，则需要用花括号将它们括起来。

2.3.1 while 语句

只要循环条件的值为 1（真），while 循环就会反复地执行语句。while 语句的一般形式如下：

```
while(表达式)
    语句
```

其中，表达式是循环条件，或称循环条件表达式；语句是循环体。如果表达式的值为真（即为非 0 值），就执行循环体，然后再次计算表达式；如果表达式的值为假（即 0 值），程序就跳过循环体，执行循环体后面的语句，其流程图如图 2-5 所示。

【例 2-7】求 1+2+3+…+100 的值。

解题思路：

这是一个累加求和的问题，需要将 100 个数相加，可以使用 while 语句重复执行 100 次加法运算。因为本题中所加的数是一个等差数列，可以设变量 i 的初值为 1，sum 的初值为 0，每循环 1 次，就将 i 的值加入变量 sum 中，即 sum=sum+i；同时，将 i 的值增加 1，即 i=i+1，新的 i 即为数列中的下一项，循环 100 次，即得所求。程序的流程图如图 2-13 所示。

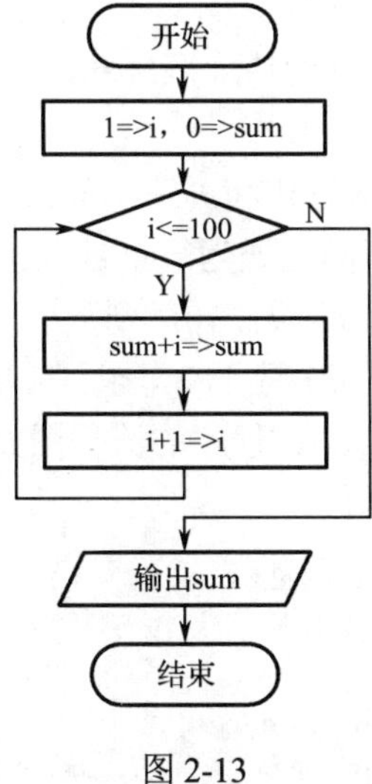

图 2-13

程序代码：

```
#include<stdio.h>
int main()
{
    int i=1,sum=0;              //初始化变量 i 的值为 1，sum 的值为 0
    while(i<=100)               //当 i>100 成立时，条件表达式的值为 0，循环结束
    {                           //循环体开始
        sum=sum+i;              //第 1 次累加后，sum 的值为 1；第 2 次为 3，以此类推
        i++;                    //i++相当于 i=i+1，i 的值加 1 后即为数列的下一项
    }                           //循环体结束
    printf("sum=%d\n",sum);     //输出 sum 的值，即 1+2+3+…+100
    return 0;
}
```

运行结果：

```
sum=5050
Press any key to continue
```

2.3.2 do…while 语句

与 while 循环不同，do…while 循环先无条件地执行循环体，然后判断循环条件是否成立。do…while 语句的一般形式如下：

```
do
    语句
while（表达式）
```

其中，表达式是循环条件，语句是循环体。

首先执行一次循环体语句，再判断表达式的值是否为真（即为非 0 值）。如果表达式的值为真，就执行下一次循环，然后再次计算表达式；如果表达式的值为假（即 0 值），程序就跳过循环体，执行循环体后面的语句，其流程如图 2-6 所示。

【例 2-8】 求数列 1, 2, 3, …, 10 的后 n 项之和。

解题思路：

为了进行比较，分别用 while 语句和 do…while 语句编写程序。本题与例 2-7 有些相似，不同之处为一个是求整个数列之和，一个是求后 n 项之和。如果 n 等于 10，则从 i 等于 1，求到 i 等于 10；如果 n 等于 9，则从 i 等于 2，求到 i 等于 10；以此类推。不难得知，i 等于 11 减 n。程序的流程图如图 2-14 所示。

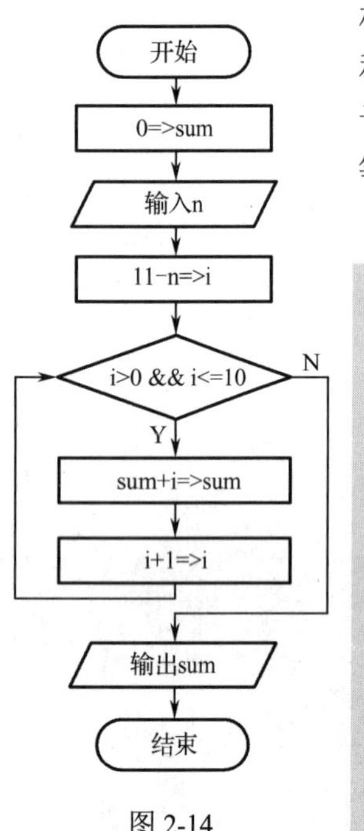

图 2-14

程序代码：

```
#include <stdio.h>
int main()
{
    int n,i,sum=0;
    printf("输入 n 的值,n=");
    scanf("%d",&n);
    i=11-n;
    while(i>0 && i<=10)          //while 语句还没结束，无“;”
    {
        sum=sum+i;
        i++;
    }
    printf("sum=%d\n",sum);
    return 0;
}
```

执行程序，输入 10（回车）。

运行结果：

```
输入n的值,n=10
sum=55
Press any key to continue
```

执行程序，输入 2（回车）。

运行结果：

```
输入n的值,n=2
sum=19
Press any key to continue
```

执行程序，输入 12（回车）。

运行结果：

```
输入n的值,n=12
sum=0
Press any key to continue
```

当输入的 n 不在 1～10 之间时，不进入循环体，只输出 sum 的初值。

使用 do…while 语句编写程序的流程图如图 2-15 所示。

程序代码：

```
#include <stdio.h>
int main()
{
    int n,i,sum=0;
    printf("输入 n 的值,n=");
    scanf("%d",&n);
    i=11-n;
    do                              //do…while 语句还没结束，无“;”
    {
        sum=sum+i;
        i++;
    } while(i>0 && i<=10);          //do…while 语句结束，有“;”
    printf("sum=%d\n",sum);
    return 0;
}
```

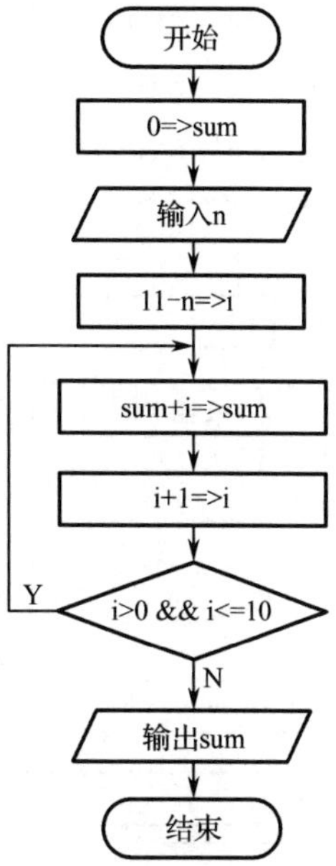

图 2-15

执行程序，输入 12（回车）。

运行结果：

```
输入n的值,n=12
sum=-1
Press any key to continue
```

如果 n 大于等于 0 且小于等于 10 时，使用 while 语句和 do…while 语句来实现，运行结果完全相同。当 n 小于 0 或大于 10 时，则结果不同。因为使用 do…while 语句时，先执行循环体的操作，然后判断循环条件是否成立。由此可以看出，使用 do…while 语句比使用 while 语句需要考虑更多的因素。如果一个问题使用这两种语句都能解决，尽量选择相对简单的 while 语句。

2.3.3 for 语句

与 while 一样，for 循环也是先判断条件表达式，然后执行循环体语句。for 语句的一般形式如下：

```
for (表达式 1;表达式 2;表达式 3)
    语句
```

其中，表达式 1 用于设置初始条件，只执行一次（如 i=1 或 i=11−n）。表达式 2 是循环条件表达式（如 i<=100 或 i<=10）。表达式 3 是循环的调整（如 i++）。

【例 2-9】 输入循环增量 n，当 n=1 时，求数列 1, 2, 3, …, 10 的所有项之和；当 n=2 时，求数列中 2, 4, 6, …, 10 之和；当 n=3 时，求数列 3, 6, 9 之和；以此类推。

解题思路：

表达式 1 为 i=0，表达式 2 为 i<=10，表达式 3 为 i=i+n。

当 n=1 时，i 从 0 递增到 10，增量为 1，循环 11 次，计算 0+1+2+3+…10；

当 n=2 时，i 从 0 递增到 10，增量为 2，循环 6 次，计算 0+2+4+6+8+10；如果表达式 1 为 i=1，则计算出来的值为 1+3+5+7+9。

当 n=3 时，i 从 0 递增到 10，增量为 3，循环 6 次，计算 0+3+6+9；如果表达式 1 为 i=1，则计算出来的值为 1+4+7+10。

程序的流程图如图 2-16 所示。

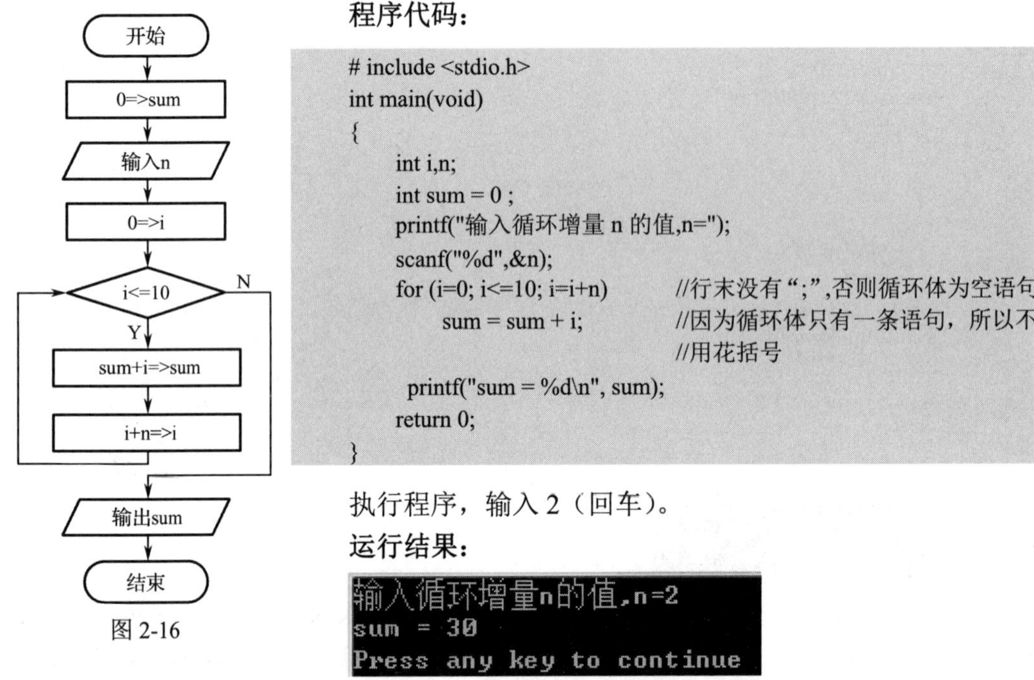

图 2-16

程序代码：

```
# include <stdio.h>
int main(void)
{
      int i,n;
      int sum = 0 ;
      printf("输入循环增量 n 的值,n=");
      scanf("%d",&n);
      for (i=0; i<=10; i=i+n)          //行末没有“;”,否则循环体为空语句
            sum = sum + i;             //因为循环体只有一条语句，所以不
                                       //用花括号
       printf("sum = %d\n", sum);
      return 0;
}
```

执行程序，输入 2（回车）。

运行结果：

```
输入循环增量n的值,n=2
sum = 30
Press any key to continue
```

在编写程序时，while 循环、do…while 循环、for 循环都可以嵌套使用，而且三者之间可以相互嵌套。下面以 for 循环为例说明循环嵌套的方法。

【例 2-10】输出 4×5 的矩阵如下。

1	2	3	4	5
2	4	6	8	10
3	6	9	12	15
4	8	12	16	20

解题思路：

第 1 行数是 1、2、3、4、5，第 2 行数是第 1 行数乘以 2，第 3 行数是第 1 行数乘以 3，以此类推。设计内外两个循环，外循环控制行数，内循环控制每一行输出 5 个数。外循环变量由 1 增至 4，循环增量为 1；内循环变量由 1 增至 5，循环增量为 1。第 1 行的第 3 个数为 3，即 1*3；第 3 行的第 4 个数为 12，即 3*4，所以 i 行 j 列的值等于 i*j。程序的流程图如图 2-17 所示。

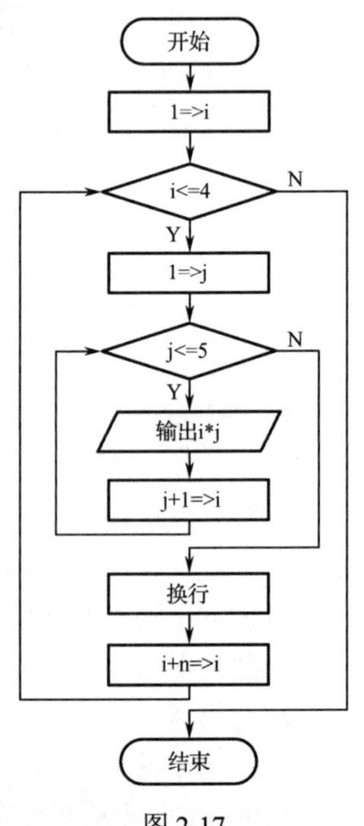

图 2-17

程序代码：

```
#include <stdio.h>
int main()
```

```
{
    int i,j;                          //定义外循环变量 i 和内循环变量 j
    for (i=1;i<=4;i++)                //控制输出行数，共输出 4 行
    {
        for (j=1;j<=5;j++)            //每一行输出 5 个数
        {                             //循环体只有一条语句，可以不用花括号
            printf("%d\t",i*j);       // "\t" 控制光标向前移动 4 格（或 8 格）
        }                             //有花括号，内循环结构更清晰
        printf("\n");                 //输出 5 个数后换行
    }
    return 0;
}
```

运行结果：

```
1       2       3       4       5
2       4       6       8       10
3       6       9       12      15
4       8       12      16      20
Press any key to continue
```

【例 2-11】 输出斐波那契数列的前 n 项，每行输出 5 项。

1	1	2	3	5
8	13	21	34	55

解题思路：

在意大利数学家斐波那契撰写的《算盘书》中记载了一个有趣的问题：一对小兔子（一雌一雄），过一个月成长为一对大兔子，大兔子又过一个月生出一对小兔子（一雌一雄），小兔子过一个月又成长一对大兔子，每对大兔子每个月都要生一对小兔子（一雌一雄），如图 2-18 所示。以此类推，若无意外，一年后会有多少对兔子？

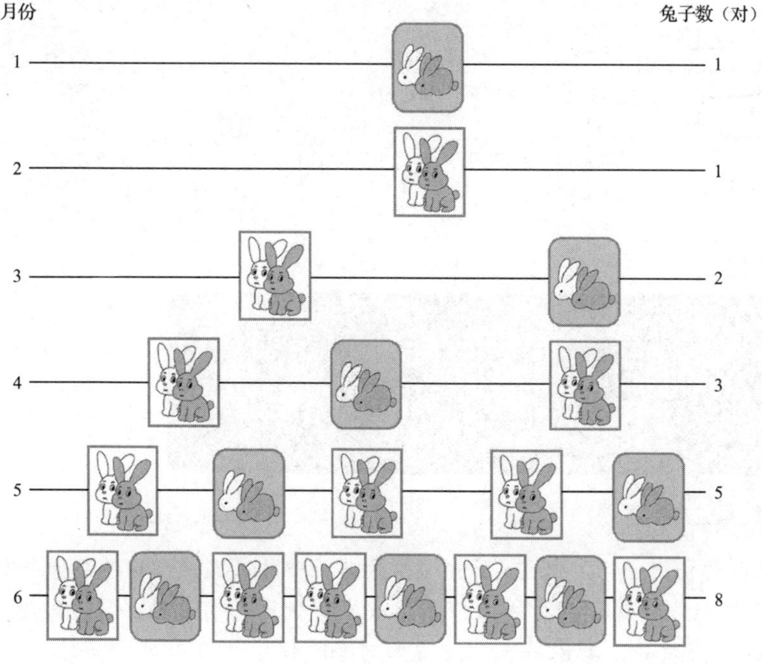

图 2-18

斐波那契数列的前两项都是 1，第 3 项是前两项之和，等于 3；第 4 项也是前两项之和，即第 2 项和第 3 项之和，等于 4；以此类推。

可以使用 for 语句来输出数列。

定义变量 a、b 保存前两项的值，变量 c 保存第 3 项的值，即 c=a+b。

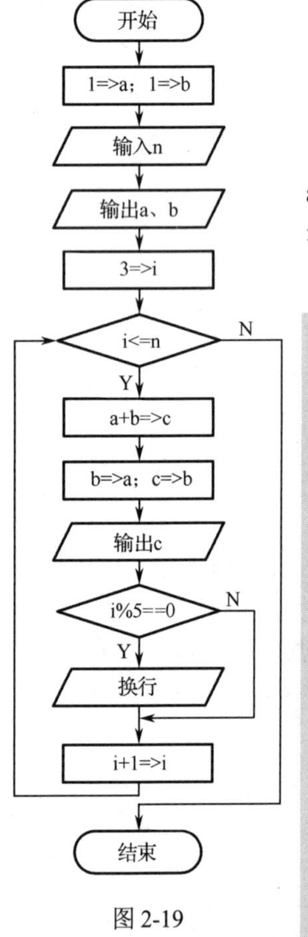

图 2-19

第 1 次循环时，a=1,b=1,c=2；

第 2 次循环时，a=1,b=2,c=3；

第 3 次循环时，a=2,b=3,c=5；

……

每次循环的第 2 项 b 和第 3 项 c 分别为下一循环的第 1 项 a 和第 2 项 b。当输出的项数为 5 的倍数时，换一行。程序的流程图如图 2-19 所示。

程序代码：

```
#include <stdio.h>
int main()
{
    int a=1, b=1;                       //a 是第 1 项的值，b 是第 2 项的值
    int c;                              //c 是第 3 项的值，等于前两项之和
    int i, n;                           //i 是循环变量，n 是数列的项数
    printf("输入数列的项数：");
    scanf("%d", &n);
    printf("%10d%10d",a,b);             //输出前两项
    for (i=3; i<=n; i++)                //从第 3 项开始输出，直至第 n 项
    {
        c = a + b;                      //将前两项之和赋给第 3 项
        a = b;                          //将第 2 项赋给下一轮的第 1 项
        b = c;                          //将第 3 项赋给下一轮的第 2 项
        printf("%10d", c);
        if (i%5==0)                     //循环变量 i 除以 5 的余数等于 0
            printf("\n");
    }
    printf("\n");
    return 0;
}
```

运行结果：

```
输入数列的项数：23
         1         1         2         3         5
         8        13        21        34        55
        89       144       233       377       610
       987      1597      2584      4181      6765
     10946     17711     28657
Press any key to continue
```

注意

第 12 项的值是 144，也就是说，《算盘书》中的答案是 144，即一年后有 144 对兔子。本程序以比较简单的方式来输出斐波那契数列的前 *n* 项。不使用变量 c 也可以实现同样的输出效果，考虑一下，应该如何修改程序。

2.3.4 break 语句和 continue 语句

2.2.4 节介绍过使用 break 语句跳出多分支选择结构（switch…case 语句）。

当 break 语句用于 while、for 循环结构时，会终止循环而执行循环结构后面的代码。

当 continue 语句用于 while、for 循环结构时，会终止本次循环而执行下一次循环。

通常，break 语句、continue 语句是和 if 语句一起使用的，即在满足一定条件时跳出循环结构或转入下一次循环。

（1）用 break 语句终止循环。

【例 2-12】修改例 2.10，在输出 4×5 的矩阵时，第 3 行只输出前 3 列数字。

```
1    2    3    4    5
2    4    6    8    10
3    6    9
4    8    12   16   20
```

解题思路：

在例 2-10 的程序中，当循环到第 3 行第 4 列时，用 break 语句终止内循环，转到外循环直接输出第 4 行数字。程序的流程图如图 2-20 所示。

程序代码：

```
#include <stdio.h>
int main()
{
    int i,j;
    for (i=1;i<=4;i++)
    {
        for (j=1;j<=5;j++)
        {
          if(i==3 && j==4)
          break;              //当循环到第 3 行第 4 列时，退出内循环
          printf("%d\t",i*j);
        }
        printf("\n");
    }
    return 0;
}
```

运行结果：

```
1       2       3       4       5
2       4       6       8       10
3       6       9
4       8       12      16      20
Press any key to continue
```

（2）用 continue 语句终止本次循环。

【例 2-13】修改例 2-12，输出 4×5 的矩阵时，第 3 行第 4 列的数字不输出，在原位置输出第 3 行第 5 列的数字。

1	2	3	4	5
2	4	6	8	10
3	6	9	15	
4	8	12	16	20

解题思路：

用 continue 语句替换例 2-12 程序中的 break 语句即可。程序的流程图如图 2-21 所示。

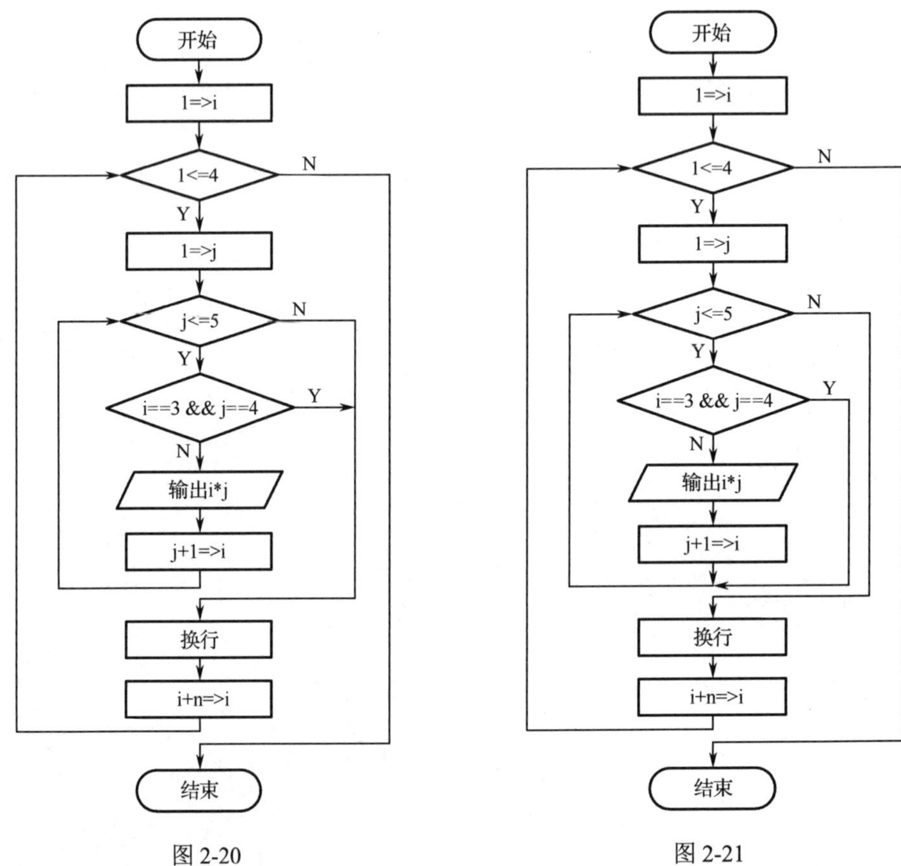

图 2-20　　　　图 2-21

程序代码：

（略）

运行结果：

```
1       2       3       4       5
2       4       6       8       10
3       6       9       15
4       8       12      16      20
Press any key to continue
```

break 语句一次只能退出一层循环。当程序需要退出多重循环时，可多次使用 break 语句。

2.3.5 几种循环结构的比较及选择

一般情况下，while 循环结构、do…while 循环结构和 for 循环结构可以互相代替。

while 循环结构和 do…while 循环结构中，改变循环变量值的语句包含在循环体中。for 循环结构中，用表达式 3 来改变循环变量的值，表达式 3 包含在 for 后面的括号中。

while 循环结构和 do…while 循环结构中，循环变量初始化在 while 和 do…while 语句之前。for 循环结构，通常在表达式 1 中实现循环变量的初始化，表达式 1 包含在 for 后面的括号中。因此，for 循环结构更紧凑。

如果循环次数在执行循环体前就已确定，一般用 for 循环结构；如果循环次数需要根据循环体的执行情况来确定，一般用 while 循环结构或 do…while 循环结构。

当循环体至少执行一次时，用 do…while 循环结构；反之，如果循环体可能一次也不执行，则用 while 循环结构和 for 循环结构。

在循环程序中应避免出现死循环，即应保证循环控制变量的值在运行过程中可以得到修改，并使循环条件逐步变为假，从而结束循环。

2.4 习题

1．什么是算术运算？什么是关系运算？什么是逻辑运算？

2．C 语言中用什么表示“真”和“假”？系统如何判断一个值的“真”和“假”？

3．写出下面各逻辑表达式的值。设 a=3,b=4,c=5。

（1）a+b>c && b != c

（2）b-a || b%2 && c/a

（3）'a'>a && 'b'-'c'>b-a && a==b-1

（4）a=a+1 || !(a+b)>c && c%

（5）a%2 == 1 && (c=a-b) && c>a

4．输入任意 3 个整数 a、b、c，要求按由小到大的顺序输出。

知识要点提示：多次使用 if 语句，可参考例 2-3 的解题思路和程序代码。

5．某校园复印店 A4 纸黑白复印的价格表如下：

不超过 20 张，每张 0.5 元；

超过 20 张、不足 50 张的部分，每张 0.4 元；

超过 50 张、不足 100 张的部分，每张 0.35 元；

超过 100 张的部分，每张 0.3 元。

编写程序，计算复印资料的费用。

知识要点提示：用 switch 语句实现。

6．编写程序，计算下列式子的值。

（1）2+4+6+…+98+100

（2）1×2×3+3×4×5+5×6×7+…+99×100×101

（3）$2^1+2^2+2^3+\cdots+2^n$

*7. 猴子吃桃问题。猴子第 1 天摘下若干桃子，当即吃了一半，还不过瘾，又多吃了一个。第 2 天早上又将第一天剩下的桃子吃掉一半，又多吃了一个。以后每天早上都吃了前一天剩下的一半加一个。到第 10 天早上想再吃时，发现只剩下一个桃子了。求猴子第 1 天摘了多少个桃子。下面是求解这个问题的程序代码。根据题意和程序代码画出程序的流程图。

```
#include <stdio.h>
int main()
{
    int day,x1,x2;                  //定义变量 day、x1、x2 为基本整型
    day=9;                          //向前递推 9 天
    x2=1;                           //1 是第 10 天的桃子数
    while(day>0)
    {
        x1=(x2+1)*2;                //前一天的桃子数是第二天桃子数加 1 后的 2 倍
        x2=x1;                      //前一天的桃子数是下一次循环中第二天的桃子数
        day--;                      //从后向前递推，天数递减
    }
    printf("第 1 天的桃子数: %d\n",x1);
    return 0;
}
```

第 3 章 用函数实现模块化程序设计

模块化程序设计是指将整个程序划分为若干功能模块，每个模块完成一个特定的功能，并在这些模块之间建立必要的联系，通过模块的互相协作完成整个功能的程序设计。第 1 章介绍的主函数（main）就是主模块，标准输入函数（scanf）和输出函数（printf）就是系统提供的功能模块。C 程序可由一个主函数和若干其他函数构成。主函数调用其他函数；其他函数可以互相调用，但不能调用主函数。用函数实现模块化的程序设计，程序的逻辑关系简单而清晰，降低了程序的出错率，使编写、调试和维护程序更加方便。

学习目标

- 了解 C 语言的程序构成和运行步骤。
- 理解函数、形参、实参、全局变量、局部变量、静态变量、自动变量等概念。
- 掌握函数的定义、调用，以及迭代、递推、递归的程序设计方法；掌握模块化程序设计方法。

3.1 函数

“函数”一词从英文 function 翻译而来。function 在英文中既有函数的意思，也有功能的意思，所以函数就是功能。函数名是具有某特定功能的一个程序单元的名字，因此函数名应反映这个函数所具有的功能。通常，采用功能对应的英文单词或缩写来作为函数的名字，如 main 作为主函数的名字，sin 作为正弦函数的名字。

3.1.1 函数的定义与调用

在 C 语言中，所有的函数都必须“先定义，后调用”。主函数是由操作系统（如 Windows）来调用的，其他函数都是直接或间接地由主函数调用的。通过调用函数来使用函数，发挥函数的功能。

1. 函数定义的要素

（1）指定函数的名字，以便按函数名来调用该函数。

（2）指定函数的类型，即函数返回值的类型。如果没有返回值，则类型为“void”，即返回值为“空”。

（3）指定函数参数的名字和类型，以便在调用函数时通过参数向函数传递数据。对无参函数不需要这项。函数的参数又称形参，即函数的形式参数。

（4）指定函数应当完成什么操作，即函数的功能。函数的功能在函数体中实现，函数体通常有一条或多条语句。

2. 函数定义的格式

函数由函数首部和函数体组成。函数首部包括函数的类型名、函数名和形参列表。

（1）无参函数的定义格式：

```
类型名　函数名()
{
    函数体
}
```

或

```
类型名　函数名(void)
{
    函数体
}
```

（2）有参函数的定义格式：

```
类型名　函数名(形式参数列表)
{
    函数体
}
```

3. 函数调用的形式

（1）把函数调用单独作为一个语句，如 printf("a=%d\n",10);。

（2）函数调用出现在另一个表达式中，如 a=sum( );。将自定义函数 sum 的返回值赋给变量 a。

（3）函数调用作为另一个函数调用时的参数，如 printf("a= %d\n", sum());。

【例 3-1】无参函数的定义和调用，计算并输出正整数 1 到 100 之和。

解题思路：

定义无参函数 sum，sum 函数的功能是计算正整数 1 到 100 之和。计算方法采用循环结构和迭代累加的方式，即从 1 到 100 共循环 100 次，执行 100 次 n = n + i，依次求出前 i 项的正整数之和 n，n 初值为 0。

程序的流程图如图 3-1 所示。

计算过程如下：

i=1，求出 n = 0 + 1 = 1；

i=2，求出 n = 1 + 2 = 3；

i=3，求出 n = 3 + 3 = 6；

…

i=100，求出 n = 100 + 4950 = 5050。

通过主函数调用 sum 函数，将 sum 函数的返回值赋给变量 a，最后输出变量 a 的值。

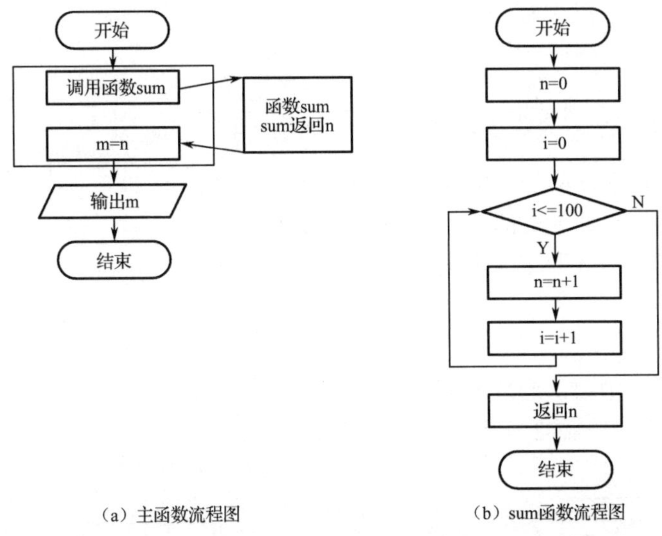

（a）主函数流程图　　（b）sum函数流程图

图 3-1

程序代码：

```
#include <stdio.h>
int sum( )                          //定义无参函数，函数名为 sum，返回值为 int 型
{                                   //函数功能：计算正整数 1 到 100 之和
    int i, n=0;
    for(i=1; i<=100; i++)
    {
        n += i;                     //等效于 n=n+i;
    }
    return n;                       //函数返回值：正整数 1 到 100 之和 n
}

int main()
{
    int m;
    m = sum();                      //调用 sum 函数，将函数的返回值赋给变量 m
    printf("正整数 1 到 100 之和：%d\n",m);
    return 0;
}
```

运行结果：

```
正整数1到100之和：5050
Press any key to continue
```

程序分析：

（1）本例中采用了函数调用的前两种形式。第一种是将 printf 函数单独作为一个语

句来调用，第二种是将 sum 函数作为赋值运算等号右端的表达式来调用。

因为 sum 函数的类型（即返回值的数据类型）是 int 型，所以赋值运算等号左边的变量 a 也必须是 int 型。

(2)如果采用函数调用的第三种形式，把函数的返回值作为调用另一个函数的参数，只需将本例中的主函数改为

```
int main()
{
    printf("正整数 1 到 100 之和：%d\n",sum());
    return 0;
}
```

程序的运行结果与之前的运行结果完全相同。

【例 3-2】 有参函数的定义和调用，输出直角三角形（right triangle）图案。

解题思路：

定义有参函数 rt。rt 函数的功能是输出直角三角形图案。在主函数中输入直角边的边长 m，并调用 rt 函数，通过 rt 函数输出图案。

程序的流程图如图 3-2 所示。

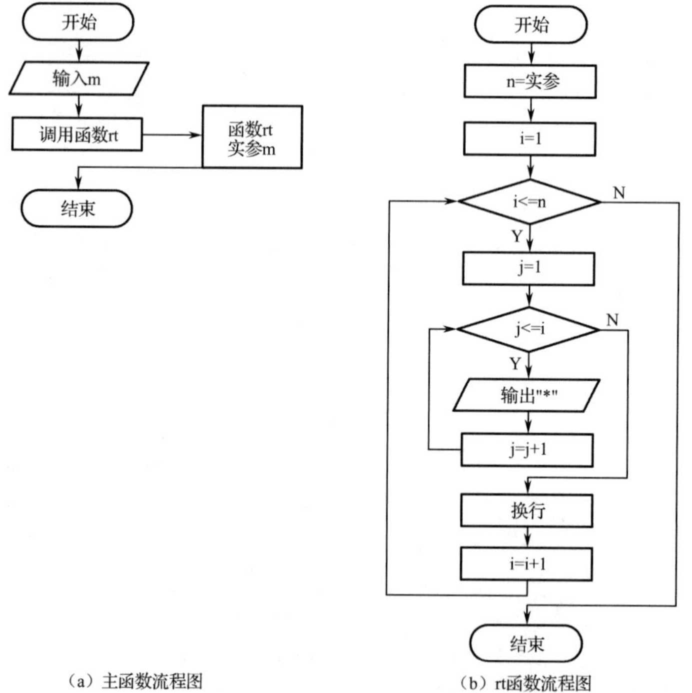

图 3-2

程序代码：

```
#include <stdio.h>
void rt(int n);                                 //声明 rt 函数
int main( )
{
    int m;                                      //定义三角形直角边的边长 m
    printf("输入边长（大于等于 2 的正整数）：");  //输出提示信息
```

```
    scanf("%d",&m);
    rt(m);                                          //调用函数 rt，实参为 m
    return 0;
}

void rt(int n)                      //函数的首行（或称为函数的首部），形参为 n
{
    int i, j;                       //循环变量 i 控制行输出，j 控制列输出
    for(i=1;i<=n;i++)               //输出 n 行星号，n 的值即主函数中 m 的值
    {
        for(j=1;j<=i;j++)           //第 i 行，循环 i 次，输出 i 个星号
            printf("*");            //输出 1 个星号
        printf("\n");
    }
}
```

运行结果：

```
输入边长（大于等于2的正整数）：5
*
**
***
****
*****
Press any key to continue
```

程序分析：

（1）函数必须“先定义，后调用”，或者“先声明，后调用”。

在例 3-1 的程序中，sum 函数的定义位于 main 函数之前，属于“先定义，后调用”。

在本例的程序中，rt 函数的定义位于 main 函数之后，不符合“先定义，后调用”的原则。C 语言规定，函数的定义可以位于调用它的函数（如本例中的 main 函数）之后，但在调用该函数之前需用函数原型进行声明（如本例中的“void rt(int n);”语句）。

（2）函数原型即该函数的首行。用函数原型声明函数时，应以分号结束；而定义函数时，函数的首行“void rt(int n)”后面没有分号。

（3）定义函数时，函数名后面括号中的变量为“形式参数”（简称“形参”）或“虚拟参数”。本例中，函数首部“void rt(int n)”中的“n”就是形参。

（4）调用函数时，函数名后面括号中的参数称为“实际参数”（简称“实参”）。本例中，语句“rt(m);”中的“m”就是实参。程序执行到“rt(m);”语句时，实参 m 的值被赋给了形参 n，即当 m 等于 5 时，函数的调用实现了实参与形参之间数据的传递，5 被赋给了 n。

上面两个例题分别介绍了有返回值无参函数 sum 的定义和调用，以及无返回值有参函数 rt 的定义和调用。读者可参考这两个例题，以此类推，编写程序实现无返回值无参函数的定义和调用，以及有返回值有参函数的定义和调用。

【例 3-3】运用函数的嵌套调用，输出上下连接的两个直角三角形（right triangle）图案，下面的三角形边长等于上面的三角形边长加 2。

解题思路：

定义有参函数 rt 和 rtt。rt 函数的功能是输出直角三角形图案，如例 3-2 所示。rtt

函数的功能是接受主函数的调用，再调用 rt 函数输出一个较大的直角三角形图案。在主函数中输入直角边的边长 m，以 m 为参数调用 rt 函数，以 m+2 为参数调用 rtt 函数，输出一小一大两个直角三角形。

流程图如图 3-3 所示（rt 函数流程图参见图 3-2（b））。

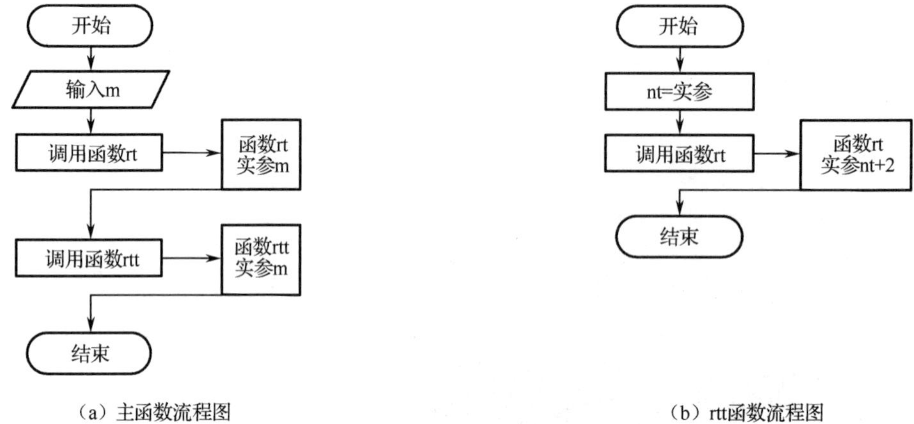

（a）主函数流程图　　（b）rtt函数流程图

图 3-3

程序代码：

```
#include <stdio.h>
void rt(int n);                                    //声明 rt 函数
void rtt(int n);                                   //声明 rtt 函数
int main()
{
    int m;                                         //三角形直角边的边长 m
    printf("输入边长（大于等于 2 的正整数）：");   //输出提示信息
    scanf("%d",&m);
    rt(m);                                         //调用函数 rt，参数为 m
    rtt(m);                                        //调用函数 rtt，参数为 m
    return 0;
}

void rt(int n)                     //函数名取英文 right triangle 的首字母
{
    int i, j;                      //循环变量 i 控制行输出，j 控制列输出
    for(i=1;i<=n;i++)              //输出 n 行星号，n 的值即主函数中 m 的值
    {
        for(j=1;j<=i;j++)          //第 i 行，循环 i 次，输出 i 个星号
            printf("*");           //输出 1 个星号
        printf("\n");
    }
}
```

```
void rtt(int nt)                    //函数名取英文 right triangle transfer 的首字母
{
    rt(nt+2);                       //调用函数 rt，参数为 nt+2
}
```

运行结果：

```
输入边长（大于等于2的正整数）：3
*
**
***
*
**
***
****
*****
Press any key to continue
```

程序分析：

（1）当主函数调用 rt 函数时，实参是变量 m，本例中 m 等于 3；

（2）当主函数调用 rtt 函数时，实参是变量 m，本例中 m 等于 3；

（3）当 rtt 函数调用 rt 函数时，实参是表达式 nt+2，因为 nt 的值等于 3，所以 nt+2 等于 5，即实参为 5。

（4）实参可以是常量、变量或表达式，但要求它们有确定的值，如“rt(5);”就是用常量作为实参调用函数 rt。

3.1.2 函数的参数与变量的作用域

函数的参数分为形式参数（形参）和实际参数（实参）。形参出现在被调函数中，如前面的 rt 函数的 n 和 rtt 函数的 nt；而实参出现在主调函数中，如 main 函数的 m 和 rtt 函数的 nt+2。

当调用函数时，主调函数把实参的值赋给被调函数的形参，从而实现函数间的数据传递。

1．形参

（1）定义函数时，根据函数要实现的功能来设定形参。

（2）形参的数据类型可以是整型（int）、浮点型（float）、字符型（char）等。

（3）形参的命名规则与变量相同。

（4）当被调函数开始执行时，系统才给形参分配存储空间，即形参才开始有效。当被调函数执行完成，即调用结束时，系统将分配给形参的内存单元收回，或者说这些内存单元被释放，因此调用结束后，不能再使用这些形参。

（5）函数的形参实际就是该函数的局部变量，它的作用域是该函数的函数体。C 语言中，每一个变量都有一个作用域，即变量在内存中的生存期，或者说变量在那一段程序范围内有效。

2．实参

（1）实参与形参的类型应相同或赋值兼容。形参定义为变量时，实参可以是常量、变量或表达式。形参是 char 型时，实参为 100，就是赋值兼容的例子。

（2）变量作为实参，如例 3-3 中 main 函数调用 rt 函数时的参数 m。

（3）表达式作为实参，如例 3-3 中 rtt 函数调用 rt 函数时的参数 nt+2。

（4）常量作为实参，如果例 3-2 中的 m 等于 3，将 main 函数中的"rt(m);"改为"rt(3);"，即用常量 3 替代变量 m 来调用 rt 函数，程序运行结果不变。

（5）赋值兼容是指实参的类型与形参的类型不同，但两者之间可以正常转换。如果将例 3-2 中的"rt(m);"改为"rt('a');"，其效果相当于将"rt(m);"改为"rt(97);"。因为字符常量可以自动转换成相对应的整数，所以"rt('a');"与"rt(97);"等价。

读者可以用"rt(5);""rt('a');""rt('a'-92);""rt('a'-m);"等语句替换例 3-2 中的语句"rt(m);"，以比较用常量、变量或表达式作为实参调用 rt 函数的效果。

【例 3-4】局部变量与函数之间数据的传递。在 main 函数中输入两个整数，在自定义函数 swap 中交换这两个整数，并输出交换的结果。

解题思路：

为了清晰显示出变量在 main 函数和 swap 函数中的值，在调用 swap 函数之前和之后各输出一次 a、b 的值；在 swap 函数中，交换 a、b 的前后也各输出一次 a、b 的值。

流程图如图 3-4 所示。

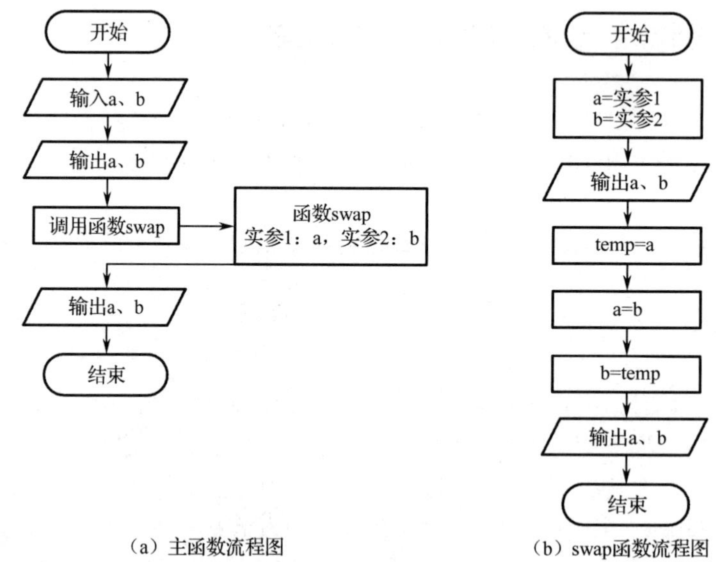

图 3-4

程序代码：

```
#include <stdio.h>
void swap(int a, int b);                    //声明 swap 函数
int main(void)
```

```
{
    int a, b;
    printf("输入 a, b:");
    scanf("%d,%d", &a, &b);
    printf("在 main 函数中，调用 swap 前: a = %d, b = %d\n", a, b);
    swap(a, b);                          //以 a 为实参 1，b 为实参 2，调用 swap 函数
    printf("在 main 函数中，调用 swap 后: a = %d, b = %d\n", a, b);
    return 0;
}
void swap(int a, int b)                  //定义 swap 函数，形参 a、b 与 main 函数中的变量同名
{
    int temp;
    printf("在 swap 函数中，ab 交换之前: a = %d, b = %d\n", a, b);
    temp = a;                            //将 a 的值赋给中间变量 temp
    a = b;                               //将 b 的值赋给变量 a
    b = temp;                            //将中间变量 temp 的值赋给变量 b
    printf("在 swap 函数中，ab 交换之后: a = %d, b = %d\n", a, b);
}
```

运行结果：

```
输入 a, b:10,26
在main函数中，调用swap前: a = 10, b = 26
在swap函数中，ab交换之前: a = 10, b = 26
在swap函数中，ab交换之后: a = 26, b = 10
在main函数中，调用swap后: a = 10, b = 26
Press any key to continue
```

程序分析：

（1）在一个函数内部定义的变量只在该函数范围内有效，也就是说只有在该函数内才能引用它们，在该函数以外是不能使用这些变量的，称这样的变量为局部变量或内部变量。变量的有效范围也称为变量的作用域。本例中 swap 函数的形参 a、b 与 main 函数调用 swap 的实参 a、b 同名。前者是 swap 函数中的局部变量，其作用域是 swap 函数内；后者是 main 函数中的局部变量，其作用域是 main 函数内。

（2）main 函数调用 swap 函数时，将 main 函数中变量 a、b 的值赋给了 swap 函数中的变量 a、b。如果 main 函数中变量 a 等于 10，b 等于 26，通过函数调用来实现实参与形参之间的数据传递，结果是 swap 函数中的变量 a 等于 10，b 等于 26。

（3）在 swap 函数内，将 a、b 的值交换之后，a 等于 26，b 等于 10。

（4）在 main 函数内，a、b 的值并没有进行交换，所以 a 仍然等于 10，b 仍然等于 26。

这类似于 1 班有一个李明同学，2 班也有一个李明同学。虽然名字相同，实际上是两个人。1 班考试的时候，2 班的李明不能参加；2 班考试的时候，1 班的李明不能参加。可视为两个李明的作用域不同。所不同的是，程序中 main 函数以 a 为实参对应 swap 函数中的形参 a，可以将数据从 main 函数中的 a 传递给 swap 函数中的 a。而 1 班的李明不可能将考分传递给 2 班的李明。此处比喻只是帮助读者理解局部变量的概念，不能将两者完全等同。

【例 3-5】全局变量与局部变量的关系。在 main 函数中给全局变量 a、b 赋值，在自定义函数 swap 中交换 a、b 的值，在调用函数 swap 前后分别输出 a、b 的值。

解题思路：

为了清晰显示出全局变量与局部变量的关系，在 main 函数中给全局变量 a、b 赋值，并在自定义函数 swap 中重新定义变量 b，然后交换变量 a、b 的值。在调用 swap 函数前后各输出一次 a、b 的值，在 swap 函数中交换 a、b 前后也各输出一次 a、b 的值。

流程图如图 3-5 所示。

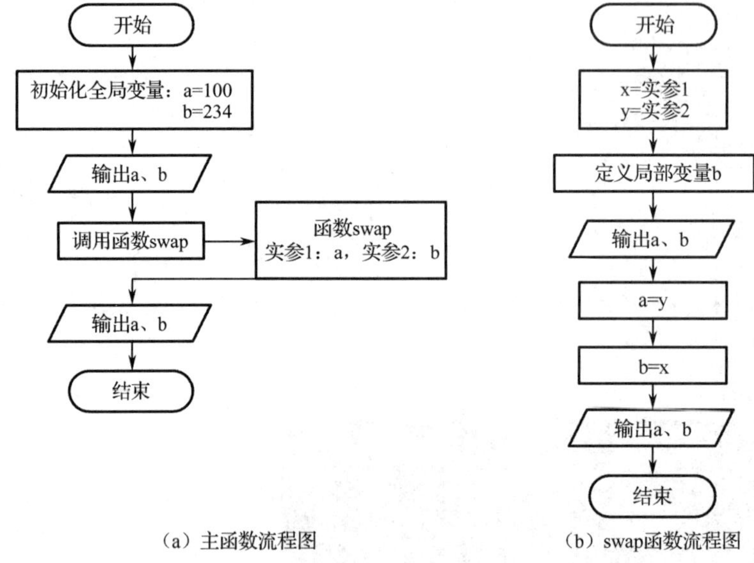

（a）主函数流程图　　（b）swap函数流程图

图 3-5

程序代码：

```
#include <stdio.h>
void swap(int x, int y);
int a=100,b=234;                    //初始化全局变量 a、b
int main(void)
{
    printf("在 main 函数中，调用 swap 前: a = %d, b = %d\n", a, b);
    swap(a, b);                     //以 a 为实参 1，b 为实参 2，调用 swap 函数
    printf("在 main 函数中，调用 swap 后: a = %d, b = %d\n", a, b);
    return 0;
}

void swap(int x, int y)             //定义 swap 函数，形参为 x、y
{
    int b;                          //定义局部变量 a、b
    printf("在 swap 函数中，重新赋值后: a = %d, b = %d\n", a, b);
    a=y;                            //将 y 值赋给 a
    b=x;                            //将 x 值赋给 b
    printf("在 swap 函数中，重新赋值后: a = %d, b = %d\n", a, b);
}
```

运行结果：

```
在main函数中，调用swap前: a = 100, b = 234
在swap函数中，重新赋值前: a = 100, b = -858993460
在swap函数中，重新赋值后: a = 234, b = 100
在main函数中，调用swap后: a = 234, b = 234
Press any key to continue
```

程序分析：

（1）初始化全局变量 a、b，即在定义变量 a、b 的同时，给变量 a、b 赋值。在函数外定义的变量是全局变量，也称为外部变量。全局变量的生存期是从定义变量的位置开始，到本源文件结束。

（2）在 main 函数中输出 a、b。

（3）在 swap 函数中定义变量 b，此变量与全局变量 b 同名，但占用不同的内存空间。

（4）在 swap 函数中，重新赋值前输出 a、b。因为存在两个变量 b 时，起作用的变量是在 swap 函数中定义的局部变量，而局部变量 b 没有赋值，所以输出的是无意义的数。在编译时，系统将显示警告信息："local variable 'b' used without having been initialized"（使用局部变量'b'之前没有进行初始化）。

（5）将 y 值赋给 a，将 x 值赋给 b，然后输出 a、b。赋值运算执行后，在 swap 函数中 a、b 的值与 main 函数中 a、b 的值刚好相反。

（6）返回到 main 函数后，输出 a、b 的值。变量 a 的值被交换为变量 b 原来的值，而变量 b 的值不变。因为全局变量 a 在程序的整个执行过程中都有效，而全局变量 b 在程序执行 swap 函数时尽管仍然占用内存空间，但不参与相关的操作，参与操作的是 swap 函数内定义的局部变量 b，因此全局变量 b 的值没有改变。

通常，全局变量的有效范围（作用域）与生存期是一致的，当且仅当全局变量与局部变量同名时，在局部变量的有效范围内，全局变量被局部变量屏蔽。

进行模块化程序设计的目的是使程序具有较好的移植性和较强的可读性。为了实现这一目的，模块的功能要尽量单一，模块之间的相互影响要尽量少，尽可能少使用或不使用全局变量，而是通过"实参-形参"的方式来实现数据的传递和功能的调用。

*3.1.3　函数的递归调用

在调用一个函数的过程中又出现直接或间接地调用该函数本身，称为函数的递归调用。

【例 3-6】使用函数的递归调用，计算并输出正整数 n 的阶乘。

解题思路：

求 $n!$，即求 $1\times2\times3\times\cdots\times(n-1)\times n$，也可以表示为

$$n!=\begin{cases}1 & (n=0,1)\\ n\times(n-1)! & (n>1)\end{cases}$$

从上式可知，当 $n>1$ 时，要求出 $n!$，需先求出 $(n-1)!$；要求出 $(n-1)!$，需先求出 $(n-2)!$；要求出 $(n-2)!$，需先求出 $(n-3)!$；以此类推，直至 $n=1$，而 1！为已知数 1。上述过程称

为回溯，即从 n!开始回溯到源头 1!。到了源头后，再从源头的已知数开始进行递推，一步步求出 2!=2×1!，3!=3×2!，…，$(n-1)!=n\times(n-2)!$，直至求出 $n!=n\times(n-1)!$。

定义函数 fac，fac 函数的功能是通过递归调用计算正整数 n 的阶乘。主函数调用 fac 函数，实参为 n；将 fac 函数的返回值赋给变量 m，然后输出变量 m 的值。

流程图如图 3-6 所示。

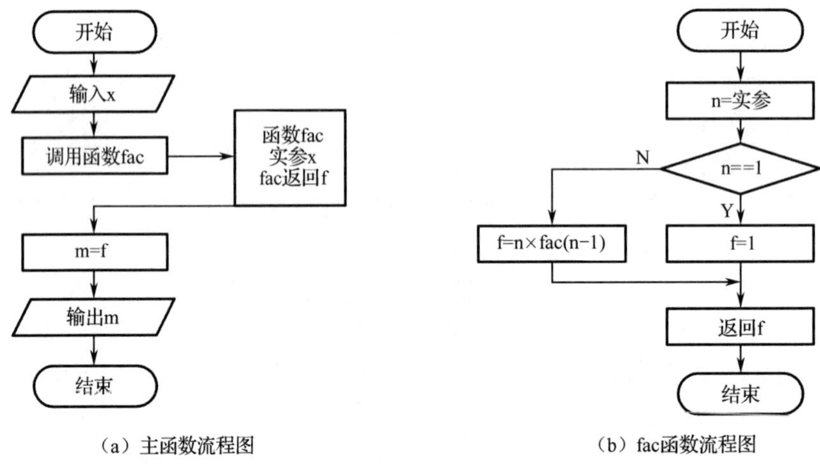

（a）主函数流程图　　（b）fac函数流程图

图 3-6

在图 3-6（b）中，程序执行“f = n×fac(n−1)”后，并不直接“返回 f”，而是调用 fac 函数，调用函数的实参为 n−1。当再次执行 fac 函数时，函数的形参 n=n−1。

程序代码：

```
#include <stdio.h>
int fac(int n);                        //声明函数 fac
int main()
{
    int x,m;
    printf("输入一个正整数：");
    scanf("%d",&x);
    m = fac(x);                        //调用 fac 函数，实参为 x，返回值赋给 m
    printf("正整数 %d 的阶乘：%d\n",x,m);
    return 0;
}

int fac(int n)                         //定义函数 fac，形参 n 和返回值均为 int 型
{                                      //函数功能：计算 n!
    int f;
    if(n==1)
        f=1;
    else
        f = n*fac(n-1);                //调用 fac 函数，实参为 n-1，返回值乘 n 后赋给 f
    return f;                          //函数返回 f
}
```

运行结果：

```
输入一个正整数：5
正整数 5 的阶乘：120
Press any key to continue
```

程序分析：

（1）输入 5，表示要调用 5 次 fac 函数，调用函数的实参分别是 5、4、3、2、1。前 4 次调用 fac 函数都没有将 fac 函数中的流程走完整，因为执行到“f = n*fac(n−1);”语句时，又重新调用 fac 函数，直至第 5 次调用 fac 函数，调用函数的实参为 1，这一次调用 fac 函数的返回值为 1。

（2）程序执行的实际流程图如图 3-7 所示。流程图中的斜体字部分在程序源代码中并没有相应的语句，但编译系统会进行相应的操作，以保证程序能够被正确地执行。

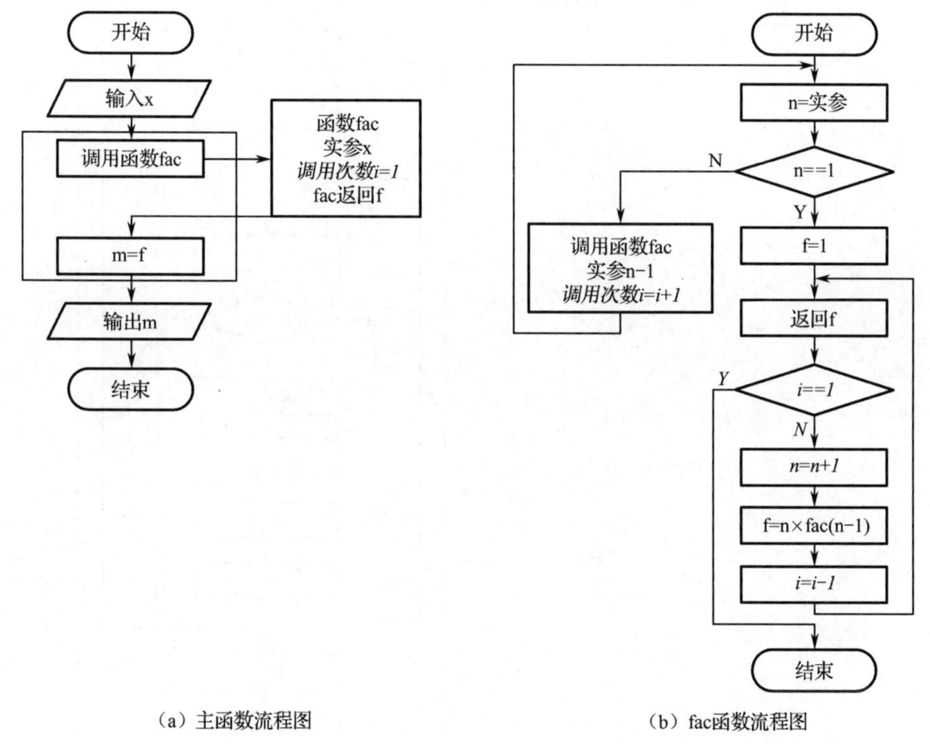

（a）主函数流程图　　　　（b）fac函数流程图

图 3-7

第 5 次调用 fac 函数，函数返回 1 后，重新执行前面的 4 次调用没有完成的语句，将函数的返回值依次替代“f = n*fac(n-1);”中的“fac(n-1)”：

将 fac(1)的返回值 1 替代 fac(2-1)，求出 fac(2)的返回值 2；

将 fac(2)的返回值 2 替代 fac(3-1)，求出 fac(3)的返回值 6；

将 fac(3)的返回值 3 替代 fac(4-1)，求出 fac(4)的返回值 24；

将 fac(4)的返回值 24 替代 fac(5-1)，求出 fac(5)的返回值 120。

（3）递推过程中这种依次替代的程序设计方法称为迭代法。本章例 3-1 就是采用迭代法求正整数 1 到 100 之和。采用函数递归调用的程序中一定会用到迭代，而采用迭代法设计的程序不一定会用到函数的递归调用。多数情况下，这两种方法可以互相替代，例 3-1 也可以用函数递归的方法求解，而例 3-6 也可以采用迭代法求解。

【例 3-7】采用递归调用函数方法输出 3 个直角三角形图案，第 1 个三角形的直角边边长为 4，另两个三角形的边长依次为 3 和 2。

解题思路：

可采用例 3-2 中介绍的 rt 函数绘制直角三角形图案，把 rt 函数中的“for(j=1; j<=i;j++)”改为“for(j=1;j<=n-i;j++)”，将生成的一个倒立的三角形。当 n>=2 时才绘制三角形图案，绘制完图案后再以 n-1 为实参调用 rt 函数。程序的流程图如图 3-8 所示。

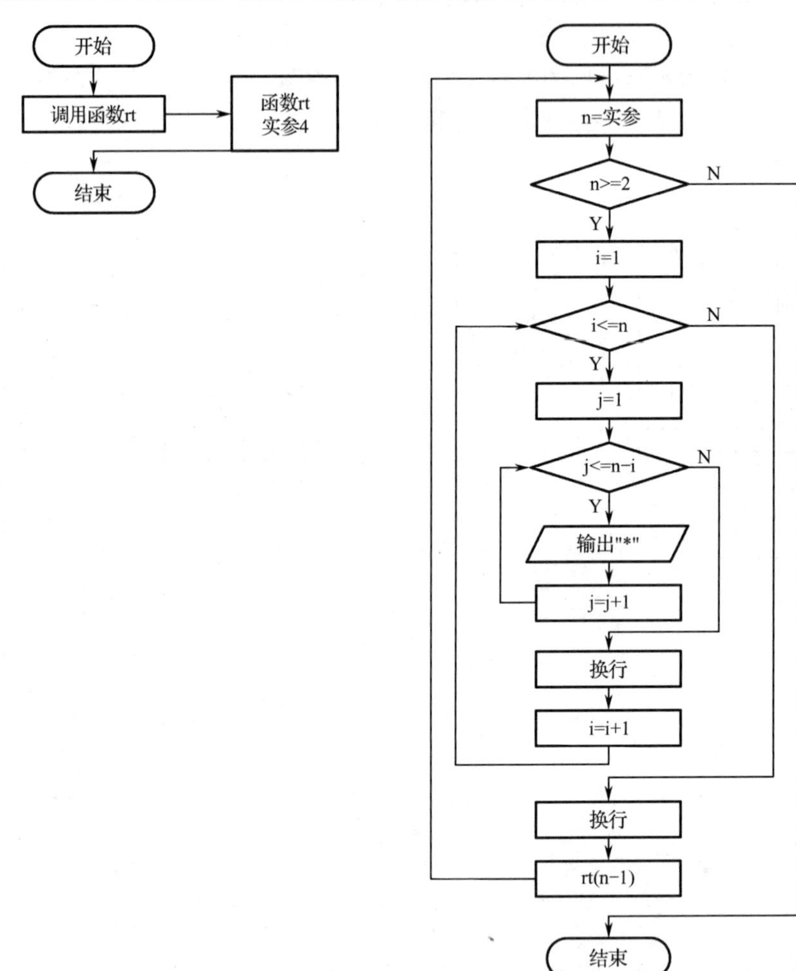

（a）主函数流程图　　（b）rt函数流程图

图 3-8

程序代码：

```
#include <stdio.h>
void rt(int n);
void main()
{
    rt(4);                                  //调用 rt 函数，实参为 4
}
```

```
void rt(int n)
{
    int   i,j;
    if ( n >= 2)                              //保证三角形边长大于等于 2
    {
        for(i = 0; i < n; ++i)
        {
            for(j = 0; j < n - i; ++j)        //在例 3-2 中，"j<n-i" 为 "j<i"
                printf(" *");                 //输出一个带空格的星号
            printf("\n");
        }
        printf("\n");
        rt(n-1);                              //调用 rt 函数，实参为 n-1
    }
}
```

运行结果：

```
 * * * *
 * * *
 * *
 *

 * * *
 * *
 *

 * *
 *

Press any key to continue
```

程序分析：

（1）主函数调用 rt 函数时，可用变量 m 作为实参，则生成 m-1 个三角形图案。

（2）本例中生成的三角形为倒立的三角形。如果将 rt 函数中的“j<n−i”改为“j<i”，则生成正立的三角形。

（3）本例在例 3-2 的基础上增加了函数的递归调用，在 rt 函数内，用实参 n-1 调用 rt 函数本身。

（4）如果将“rt(n-1);”语句调整到循环语句前，则绘制三角形的顺序为由小到大。思考为什么会产生这样的结果？

3.2　C 程序的构成与运行

本节的大部分内容在前面介绍过，由于分散在不同的章节，难于形成一个整体的印象，所以有必要集中起来进行系统的说明。

3.2.1　C 程序的构成

从整体上，C 程序由一个或多个源程序文件构成，如图 3-9 所示。一个规模较小的程序通常只包含一个源程序文件，前面介绍的例题都只包含一个源程序文件。规模比较大的程序往往包含多个源程序文件。分为多个源程序文件有两个好处，一是将大程序划分成较小的程序后降低了编写和查错的难度，提高了效率；二是便于团队合作开发，每一个团队成员编写和编译一部分程序。

一个源程序文件可以包含 3 个部分：预处理命令、函数和数据的声明、函数。函数由函数首部和函数体组成，函数体通常包含数据声明和执行语句。

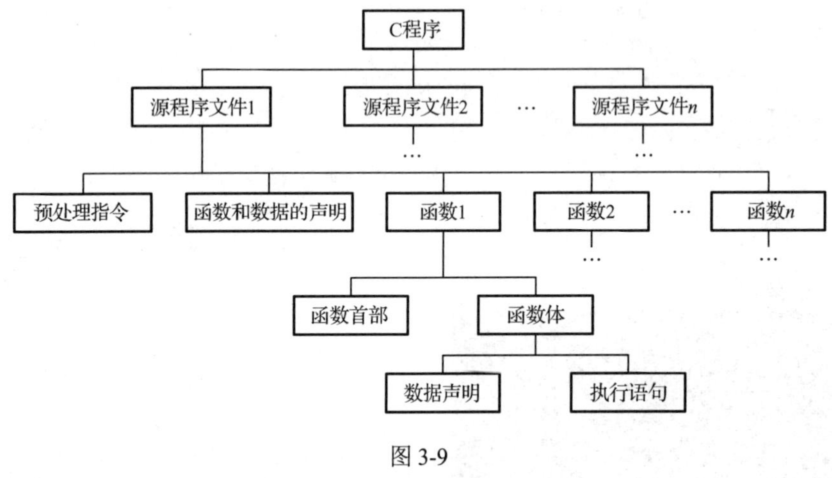

图 3-9

3.2.2 多个源程序文件的 C 程序

在前面的例题中，所有的程序都只有一个源程序文件，下面通过实例介绍多个源程序文件的设计方法。

【例 3-8】多个源程序文件的 C 程序示例。

解题思路：

用一个简单的加、减运算的程序来说明多个源程序文件的程序结构。源程序文件 c3-08.c 包含主函数 main 和自定义函数 out，函数 out 的功能是输出计算结果。源程序文件 arith.c 包含 sum 和 differ 两个自定义函数，函数 sum 的功能是求两个数之和，函数 differ 的功能是求两个数之差。

程序代码：

（1）源程序文件 1：c3-08.c。

```
#include <stdio.h>                    //本程序调用了标准库函数 scanf 和 printf
#include <math.h>                     //本程序调用了标准库函数 abs 求一个数的绝对值
#include "arith.c"                    //本程序调用了 arith.c 文件中的函数 sum 和 differ
void out(int);                        //声明 out 函数
int main()                            //主函数首部
{                                     //此花括号到下一个花括号之间为 main 函数的函数体
    int a,b;                          //数据声明
    printf("输入两个整型数 a,b: ");    //执行语句
    scanf("%d,%d",&a,&b);
    printf("a 加 b 等于 %d\n", sum(a, b));      //调用 sum 函数计算 a、b 之和
```

```
    out(differ(a,b));                //把 differ 函数的返回值作为调用 out 函数的实参
    return 0;
}

void out(int c)                      //out 函数首部
{
    if (c>=0)
        printf("a 比 b 大 %d\n", c);
    else
    {
        c=abs(c);          //调用 abs 函数，将 c 的绝对值赋给 c
        printf("a 比 b 小 %d\n", c);
    }
}
```

（2）源程序文件 2：arith.c。

```
int sum(int a, int b)           //sum 函数首部
 {
     return a + b;              //返回 a 与 b 之和
 }
int differ(int a, int b)        //differ 函数首部
 {
     return a - b;              //返回 a 减 b 的值
 }
```

运行结果：

```
输入两个整型数 a,b: 35,60
a 加 b 等于 95
a 比 b 小 25
Press any key to continue
```

程序分析：

（1）源程序文件。

本程序由两个源程序文件 c3-08.c 和 arith.c 构成。

（2）预处理命令#include。

#include 的作用是把""或<>内指定的文件包含到该程序中，使之为该程序的一部分。被包含的文件可以是系统提供的头文件，如 stdio.h 和 math.h 文件；也可以是自己编写的头文件或源程序文件，如 arith.c。

① 如果使用绝对路径，则使用""和<>的效果相同，例如：

```
#include<f:/file/arith.c>
```

和

```
#include "f:/file/arith.c"
```

都是到“f:/file/”文件夹中搜索“arith.c”文件。

② 如果不使用绝对路径，则两者的搜索顺序不同。

#include "arith.c"的主要搜索顺序是：在发出 include 指令的程序所在的文件夹内搜索；如果找不到，再在编译器设置的 include 路径内搜索；如果找不到，再在系统的

INCLUDE 环境变量内搜索。

#include <arith.c>的主要搜索顺序是：在编译器设置的 include 路径内搜索；如果找不到，再在系统的 INCLUDE 环境变量内搜索。

（3）函数和数据的声明。

如果一个函数的定义位于调用它的函数或语句（如本例中的 main 函数）后，则需要在调用该函数前用函数原型进行函数声明，如本例中的“void out(int);”语句。

在函数外进行数据声明，即定义全局变量，可参见例 3-5。

（4）函数。

C 程序的执行是从 main 函数开始的，如果在 main 函数中调用了其他函数，在调用后流程应返回到 main 函数，并且在 main 函数中结束整个程序的运行。

所有函数都是平行的，即在定义函数时是分别进行的，是互相独立的。一个函数并不从属于另一个函数，即函数不能嵌套定义。函数间可以互相调用，但不能调用 main 函数。main 函数是被操作系统调用的。

通常函数分为库函数和自定义函数。库函数由系统提供，如本程序中用到的 printf、scanf 和 abs 等函数。不同的 C 语言编译系统提供的库函数的数量和功能略有差异。自定义函数是程序员根据需要自己编写的函数，以解决特定的问题，如本程序中的 sum、differ 和 out 函数。

（5）函数首部。

函数首部包括函数的类型名、函数名和形参列表。

形参列表可以为空，即主调函数不向被调函数传递数据。

（6）函数体。

函数的功能在函数体中实现，函数体通常包含数据声明和语句。

函数由函数首部和函数体组成。

（7）数据声明。

在函数体内进行数据声明，即定义局部变量，如本程序中的“int a,b;”。

（8）语句。

C 程序中的语句分为：控制语句、函数调用语句、表达式语句、空语句、复合语句等 5 类。

在每个数据声明和语句的最后必须有一个分号。

（9）注释。

虽然“注释”没有出现在图 3-9 所示的 C 程序的构成图中，但并不表示它不重要。在程序中进行注释可以提高代码的可读性，有助于程序员之间的沟通交流。

常用的注释方式有以下两种：

① 单行注释。格式是：

```
//
```

② 多行注释。格式是：

```
/*
…
*/
```

多行注释不能嵌套使用，“/*”总是和离它最近的“*/”配对，将两者之间的所有符号作为注释。

需要注意的是字符串中的“//”和“/*　*/”不是注释符号。

3.2.3 C 程序中的语句

C 程序中的语句如图 3-10 所示。

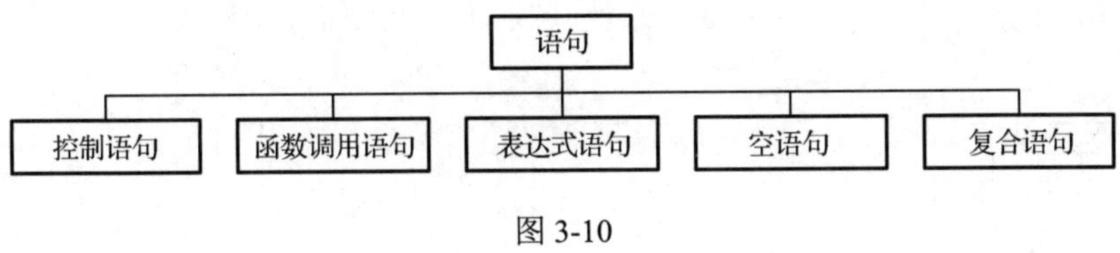

图 3-10

1．控制语句

① if()…else…（条件语句）。
② for()…（循环语句）。
③ while()…（循环语句）。
④ do…while ()（循环语句）。
⑤ continue（跳过本次循环语句）。
⑥ break（中止执行 switch 或循环语句）。
⑦ switch（多分支选择语句）。
⑧ return（返回语句）。
⑨ goto（转向语句，在结构化程序中基本不用 goto 语句）。

2．函数调用语句

函数调用语句由一个函数调用加一个分号构成。如果没有分号，则仅仅是一个函数调用，如：

```
printf("输入两个整型数 a,b: ")
```

给这个函数调用加一个分号，就成为一个函数调用语句，如：

```
printf("输入两个整型数 a,b: ");
```

3．表达式语句

表达式语句由一个表达式和一个分号构成。赋值语句是最典型的表达式语句。

如果没有分号，则仅仅是一个赋值表达式，如：

```
c=abs(c)
```

给这个赋值表达式加一个分号，就成为一个赋值表达式语句，即赋值语句，如：

```
c=abs(c);
```

4．空语句

只有一个分号的语句是空语句，如：

```
;
```

空语句可用来作为循环语句中的循环体（循环体是空语句，表示循环体什么也不做）。

5．复合语句

可以用{ }把一些语句和声明括起来使其成为复合语句（又称语句块）。

```
{
    c=abs(c);                          //调用 abs 函数，将 c 的绝对值赋给 c
    printf("a 比 b 小 %d\n", c);
}
```

复合语句常用在 if 语句或循环中，此时程序需要连续执行一组语句。

3.3 综合实例——控制台程序设计

本节介绍两个控制台程序设计的综合实例。通过这两个实例，综合运用前面介绍的知识，了解和学习编写程序的基本方法。

3.3.1 通过菜单选择生成几何图案

本实例以前面例题中介绍的生成图案的程序为基础，扩展到生成更多的几何图案，并创建一个菜单，通过菜单选择生成哪一种几何图案。

【例 3-9】编写程序，实现从菜单中选择生成不同的几何图案，如三角形图案、平行四边形图案或菱形图案等，并且几何图案的大小可变。

解题思路：

本程序包括 4 个模块，分别是主函数模块、三角形图案模块、菱形图案模块和平行四边形图案模块。模块结构如图 3-11 所示。

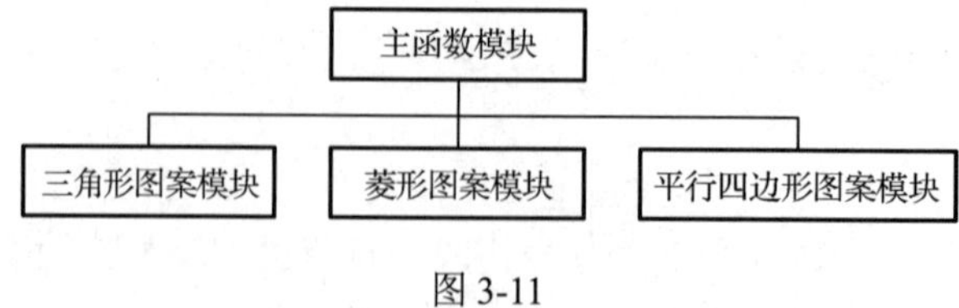

图 3-11

每个模块都有一个单独的源程序文件。

文件 c3_09.c 包含主函数模块，在主函数中实现菜单功能。

文件 c3_09_1.c 包含三角形图案模块，功能是生成三角形。

文件 c3_09_2.c 包含菱形图案模块，功能是生成菱形。

文件 c3_09_3.c 包含平行四边形图案模块，功能是生成平行四边形。

程序代码：

（1）源程序文件 1：c3_09.c。

```
#include <stdio.h>
#include <stdlib.h>                                //引用 stdlib.h 文件
#include <conio.h>                                 //引用 conio.h 文件
#include "e:/创意编程/第 3 章/c3_09_1.c"     //引用 c3_09_1.c 文件
#include "e:/创意编程/第 3 章/c3_09_2.c"     //引用 c3_09_2.c 文件
#include "e:/创意编程/第 3 章/c3_09_3.c"     //引用 c3_09_3.c 文件
int main(void)
{
    char choose='\0';
    do
    {
        system("cls");
        printf("\n |~~~~~~~~~~~~~~~~~~~~~~~~~~~~~~~~|\n");
        printf(" |      请输入选项编号（0～3）    |\n");
        printf(" |~~~~~~~~~~~~~~~~~~~~~~~~~~~~~~~|\n");
        printf(" |              1:三角形              |\n");
        printf(" |              2:菱形                |\n");
        printf(" |              3:平行四边形          |\n");
        printf(" |              0:退出                |\n");
        printf(" |~~~~~~~~~~~~~~~~~~~~~~~~~~~~~~~|\n");
        choose=getch();
        switch(choose)
        {
            case '1': printf(" 您选择了三角形\n");
                t1();        break;                 //本行有两条语句
            case '2': printf(" 您选择了菱形\n");
                t2();        break;
            case '3': printf(" 您选择了平行四边形\n");
                t3();        break;
            case '0': printf(" 退出程序\n");
                exit(0);                                   //循环的唯一出口
            default : printf(" %c 为非法选项！ ",choose);
        }
        printf(" \n 按任何键返回\n");
        getch();
    }while(1);                                             //循环条件永远成立
    return 0;
}
```

（2）源程序文件 2：c3_09_1.c。

```
int t1( )                                                  //生成三角形图案
{
    int i,k,n;
    printf(" 请输入三角形的行数:");
    scanf("%d",&n);
    for(i=0; i<=n;i++)
    {
        printf("     ");                                   //每行前面都留 5 个空格
```

```
        for(k=0; k<i;k++)
            printf("*");
        printf("\n");
    }
    return 0;
}
```

（3）源程序文件 3：c3_09_2.c

```
int t2( )                                          //生成菱形图案
{
    int i, j, k, m, n, size;
    printf ("  请输入菱形的行数（奇数）: ");          //提示信息
    scanf ("%d", &size);                           //输入菱形的大小（行数）
    if (size <= 0 || size % 2 == 0)                //判断输入是否合理
        printf ("\n  菱形的行数必须是正奇数!\n ");
    else
    {
        printf("\n");
        for (i = 1; i <= size; i++)                //控制行数
        {
            n = (i <= (size+1)/2) ? i : size-i+1;  //每行中"*"的个数
            n = 2 * n - 1;
            m = (size - n) / 2 + 5;                //每行打印"*"前应打印的空格数
            for (k = 1; k <= m; k++)               //打印每行前面的空格
                printf (" ");
            for (j = 1; j <= n; j++)               //打印每行的"*"
                printf ("*");
            printf ("\n");                         //打印完 1 行后，换行
        }
    }
    return 0;
}
```

（4）源程序文件 4：c3_09_3.c。

```
int t3 ()                                          //生成平行四边形图案
{
    int i,j,k,n;
    printf("  请输入平行四边形的行数:");
    scanf("%d",&n);
    printf("\n");
    for(i=0; i<=n;i++)
    {
        printf("          ");
        for(j=0; j<=i;j++)
            printf(" ");
        for(k=0; k<=n;k++)
            printf("*");
        printf("\n");
    }
    return 0;
}
```

运行结果如下。

（1）程序的主菜单如图 3-12 所示。

（2）输入 1，然后输入 5，效果如图 3-13 所示。

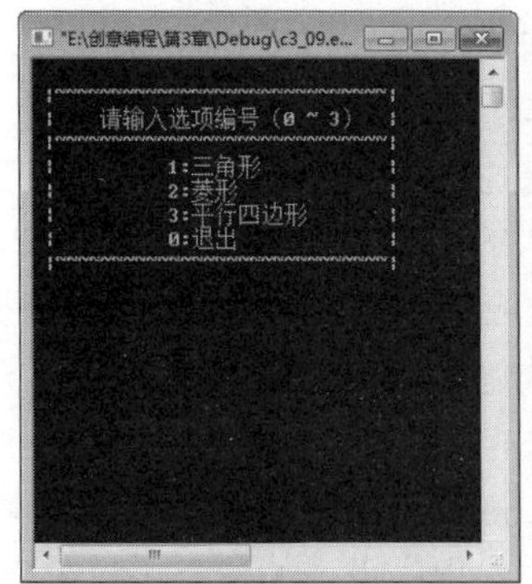

图 3-12

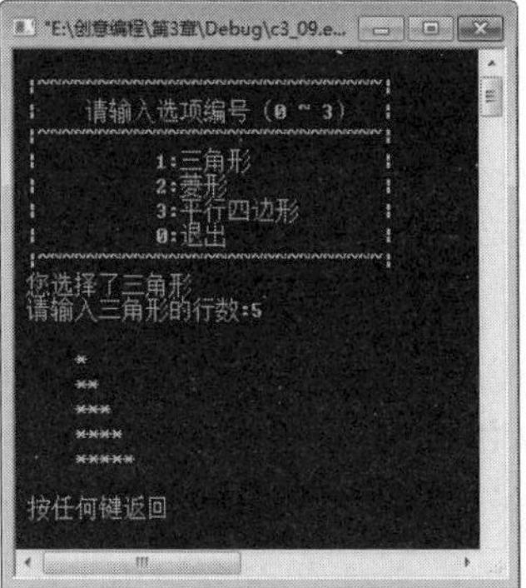

图 3-13

（3）输入 2，然后输入 7，效果如图 3-14 所示。

（4）输入 3，然后输入 6，效果如图 3-15 所示。

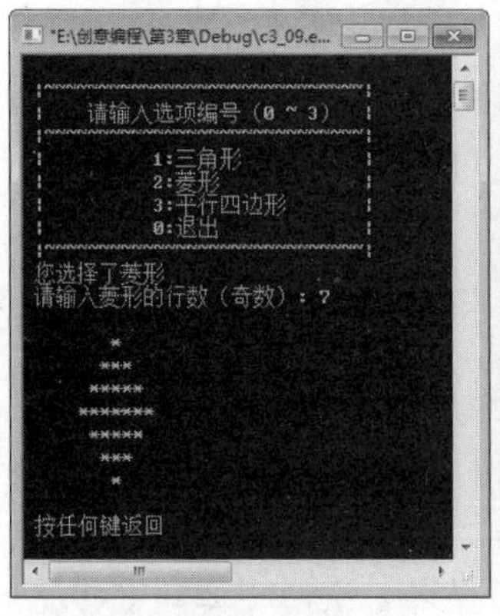

图 3-14

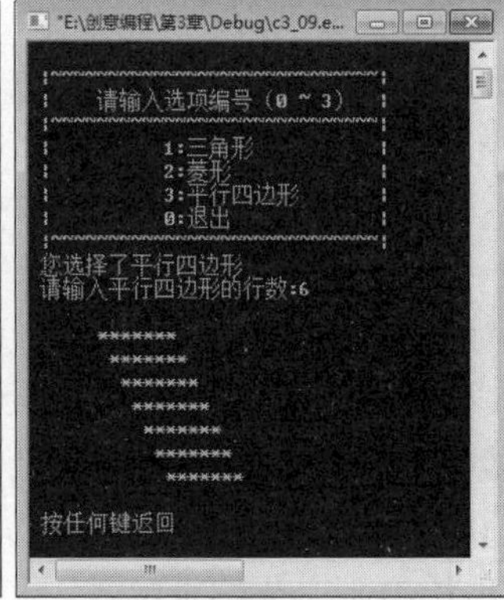

图 3-15

（5）输入 2，然后输入 6，效果如图 3-16 所示。

（6）输入 a，效果如图 3-17 所示。

（7）输入 0，效果如图 3-18 所示。

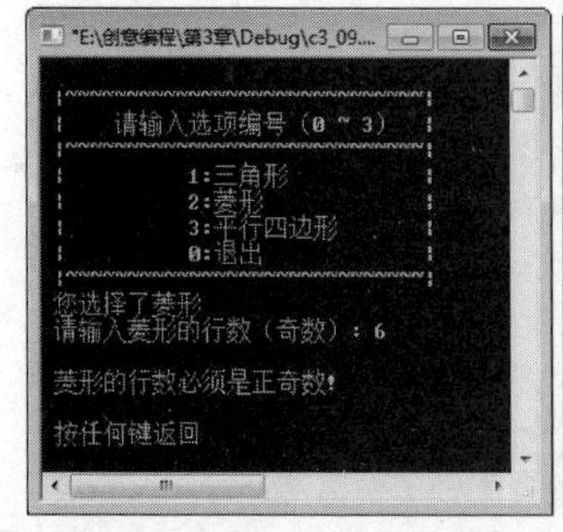

图 3-16

图 3-17

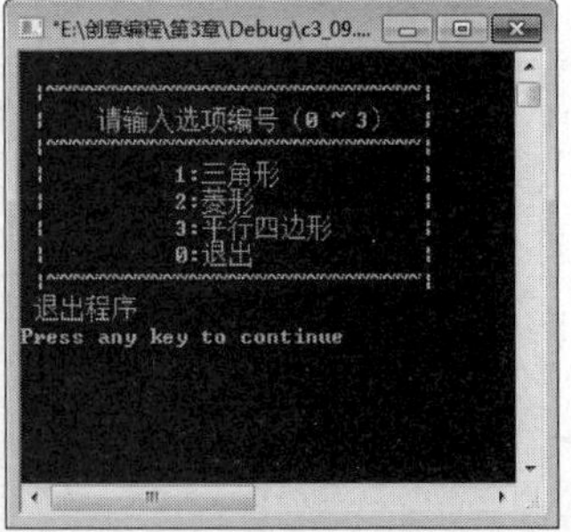

图 3-18

程序分析：

（1）预处理命令#include<stdlib.h>引用头文件 stdlib.h。

程序中使用函数 system("cls")来调用系统命令清屏，即将屏幕上显示的内容全部清除。该函数包含在头文件 stdlib.h 中。

（2）预处理命令#include<conio.h>引用头文件 conio.h。

程序中使用函数 getch()来读取用户输入的字符。getch()函数是一个不回显函数，当用户按下某个键时，函数自动读取该键所对应的字符，无须回车。不回显函数是指用户输入的这个字符不会显示在屏幕上。该函数包含在头文件 conio.h 中。

（3）本程序除了包含主函数的源程序文件 c3_09.c，还有 3 个源程序文件，因此在 c3_09.c 的主函数前需要用预处理命令#include 引用其他 3 个源程序文件。

采用多个源程序文件，充分利用了模块化程序设计的优点，每个模块都比较简单，便于编程、调试。

（4）主函数模块中采用了 do…while 语句与 switch、case 语句嵌套的框架结构。这种框架结构不仅可以实现本程序中的菜单功能，还可以用于游戏软件、管理系统软件等。

3.3.2 简单的射击游戏——飞弹和爆炸效果

【例 3-10】编写程序，在屏幕的第 1 行显示一个靶子，当从下方射出的飞弹击中靶子时，产生爆炸效果。

解题思路：

（1）在第 1 行显示 5 个星号表示靶子。

（2）从第 15 行开始，显示 1 个由星号组成的三角形表示飞弹。

（3）输入选项 1、2、3，设置飞弹移动的速度。1 为慢速，2 为中速，3 为快速。

（4）用 sleep()函数控制飞弹移动的速度。

（5）用循环结构控制飞弹向上移动，每循环 1 次，飞弹向上移动 1 行。

（6）当飞弹移动到第 1 行时，表示击中靶子。显示散开的星号表示爆炸的效果。

程序代码：

```
#include <stdio.h>
#include <stdlib.h>                              //引用 stdlib.h 文件
#include <windows.h>                             //引用 windows.h 文件
int main()
{
    int i, j, k;                                 //循环变量
    int v, n, m;                                 //控制速度、行数和空格的变量
    int size=5,nn=20;
    do
    {
        printf(" 输入移动速度 1.低速 2.中速 3.高速:");
        scanf("%d",&v);
        if (v==1 || v==2 || v==3)
            break;                               //输入了正确的值后，跳出循环
        else
            system("cls");
            printf (" 移动速度的取值范围（1—3）\n\n");
    }while(1);
    v=150/v;                               //飞弹移动的速度为每 150/v 毫秒 1 行
    for(i=15; i>1; i--)
```

```
    {
        system("cls");
        for (j = 1; j <= nn; j++)                //打印第 1 行靶子前面的空格
            printf (" ");
        for (j = 1; j <= size; j++)              //打印第 1 行的靶子
            printf ("*");
        for (j = 1; j < i; j++)                  //控制飞弹上面的行数
            printf ("\n");
        for (j = 1; j <= size; j++)              //打印飞弹
        {
            n = 2 * j - 1;                       //每行中"*"的个数
            m = (size - n) / 2 + nn;             //每行打印"*"前应打印的空格数
            for (k = 1; k <= m; k++)             //打印每行前面的空格
                printf (" ");
            for (k = 1; k <= n; k++)             //打印每行的"*"
                printf ("*");
            printf ("\n");                       //打印 1 行后，回车换行
        }
        sleep(v);
    }
    system("cls");
    for(i=0; i<size; i++)                        //用 size 控制散开弹片的行数
    {
        for (j = 1; j <= nn-(i*3+1); j++)        //打印每行前面的空格
            printf (" ");
        for (j = 1; j < size+(i*3+1); j++)       //打印每行散开的弹片
            printf ("* ");                       //每个"*"后带一个空格
          printf ("\n");
        Sleep(v);
    }
    printf("\n");
    return 0;
}
```

运行结果：

（1）程序运行后显示提示，输入移动速度，如图 3-19 所示。

（2）输入 2，回车，飞弹向上移动，如图 3-20 所示。

图 3-19

图 3-20

（3）飞弹到靶子的效果，如图 3-21 所示。

（4）爆炸的效果，如图 3-22 所示。

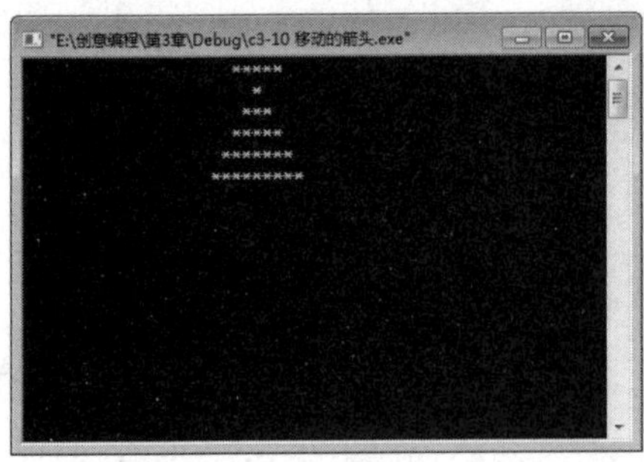

图 3-21

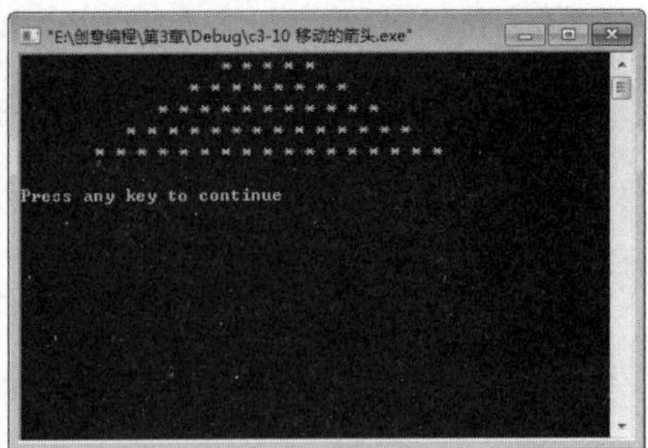

图 3-22

程序分析：

（1）预处理命令#include<stdlib.h>引用头文件 stdlib.h。

使用函数 system("cls")来调用系统命令清屏。

（2）预处理命令#include<windows.h>引用头文件 windows.h。

使用函数 sleep()来控制飞弹移动的速度，该函数包含在头文件 windows.h 中。

（3）输入选项 1、2、3，设置飞弹移动的速度。

当 v==1 时为慢速，当 v==2 时为中速，当 v==3 时为快速。

重新给 v 赋值 v=150/v，用 v 作为参数调用 sleep()函数。因为 sleep()函数的参数以毫秒为单位，所以当输入选项为 3 时，飞弹速度为每 50 毫秒向上移动 1 行。

3.4 习题

1. 什么是函数？什么是主函数？

2. 编写一个程序，生成一个如图 3-23 所示的倒立等腰三角形，大小由用户确定，并画出程序的流程图。

3. 编写一个程序，生成一个如图 3-24 所示的“回”字形，大小由用户确定，并画出程序的流程图。

图 3-23

图 3-24

4. 画出程序 c3_09.c 的流程图。

5. 画出程序 c3_09_1.c 的流程图。

6. 画出程序 c3_09_2.c 的流程图。

7. 画出程序 c3_09_3.c 的流程图。

8. 画出例 3-10 的流程图。

9. 编写一个程序，生成一个自己喜欢的图形。

第 4 章

复杂数据类型及文件操作

前面几章介绍和使用的数据类型都属于简单的数据类型（或基本数据类型），如整型、浮点型和字符型等。当需要编写比较复杂的程序时，仅仅使用这些简单的数据类型就会感到“捉襟见肘”。C 语言提供了数组、指针和结构体等复杂的数据类型。使用这些复杂数据类型定义的变量可以反映出数据之间的内在联系，从而有效地解决各种实际应用中遇到的复杂问题。变量中保存的数据只能在程序运行的过程中保留在内存中。内存属于内存储设备。为了长久保存数据，需要将数据以文件的形式保存在外存储设备(如硬盘）中。为此，还需要学习文件操作的相关知识。

学习目标

- 了解数组、指针和结构体等复杂数据类型的概念。
- 掌握数组、指针和结构体等复杂数据类型的定义和使用。
- 掌握文件的基本操作。

4.1 数组

通常一个班级有几十个学生，如果每一个学生的成绩都用一个简单变量来表示，就得取几十个变量名，这显然不是好办法。只要对成绩进行分析就会发现，它们具有相同的属性，都属于 float 型数据且排列有序。使用数组可以方便地处理这种数据。

4.1.1 一维数组的定义与调用

数组是一组数据类型相同的若干元素的有序集合。每一个元素就是一个变量，这一组变量的集合称为数组。与整型或字符型等简单数据类型不同，数组属于复杂数据类型，或者构造数据类型。之所以称其为构造数据类型，是因为这种数据类型是用基本类型构造的用户自定义数据类型。除了数组，指针和结构体等也属于构造数据类型。

1. 一维数组的定义

数组的定义也称为数组的声明。

定义一维数组的格式为

```
类型说明符 数组名[整型常量表达式];
```

其中，类型说明符是任一种数据类型。数组名是用户定义的标识符。方括号中的整型常量表达式表示数据元素的个数，也称为数组的长度。例如：

```
int a[10];
```

表示数组的数据类型为整型，数组名为 a，有 10 个元素。整型数组 a 的下标范围是 0～9，第 1 个元素是 a[0]，第 10 个元素是 a[9]。如果在程序中出现“a[10]=16;”，则超出了数组的下标范围。

```
float b[3*2], c[5+20];
```

表示数组的数据类型为实型，数组名为 b 的数组有 6 个元素，数组名为 c 的数组有 25 个元素。

```
#define N   10                    //宏定义，定义常量 N 为 10
char ch[2*N+6];
```

表示数组的数据类型为字符型，数组名为 ch，有 26 个元素。

```
int a=10;                         //初始化变量 a 为 10
char ch[2*a+6];                   //错误的定义
```

定义数组的长度必须是常量或常量表达式，因为 a 是变量，所以“2*a+6”是变量表达式。

2. 一维数组的特点

（1）数组是一组数据元素的集合，所有的元素都属于同一种数据类型。

（2）数组中的各元素在内存中按照下标序号的顺序连续存放在一起。

（3）用数组名和下标即可唯一地确定数组中的元素。若数组长度为 n，则下标的范围是从 0 到 n−1。例如，a[0]表示数组 a 的第一个元素，a[1]代表数组 a 的第二个元素，…，a[n−1]表示数组 a 的第 n 个元素。

【例 4-1】 对 10 个 int 型的数组元素依次赋值为 10,11,12,13,14,15,16,17,18,19，要求按逆序输出。

解题思路：

使用循环结构为数组赋值，循环变量 i 由 0 递增至 9，将表达式 i+10 的值赋给下标为 i 的数组元素；再使用循环结构逆序输出数组元素，循环变量 i 由 9 递减至 0，依次输出下标为 i 的数组元素。

流程图如图 4-1 所示。

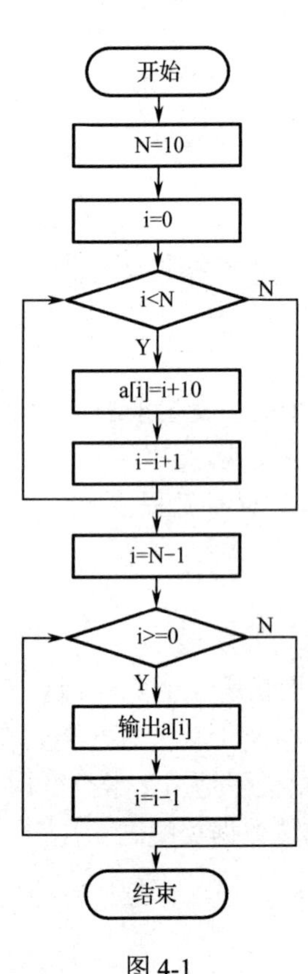

图 4-1

程序代码：

```
#include <stdio.h>
#define   N    10                    //宏定义，定义 N 为 10
int main()
{
   int i,a[N];
   for(i=0; i<N;i++)                 //对数组元素 a[0]到 a[N-1]逐个赋值
      a[i]=i+10;
   for(i=N-1;i>=0;i--)               //从 a[N-1]到 a[0] 逐个输出数组元素
      printf("%d ",a[i]);
   printf("\n");
   return 0;
}
```

运行结果：

```
19 18 17 16 15 14 13 12 11 10
Press any key to continue
```

程序分析：

（1）宏定义 N 为 10，就是用标识符 N 表示 10。在编译程序时，系统将用 10 替换代码中的标识符 N。

（2）本程序中设计了两个循环，用循环变量作为数组的下标。在给数组赋值的循环中，循环变量由 0 递增至 9；在输出循环中，循环变量由 9 递减至 0，从而实现正向赋值，逆向输出。

（3）在定义数组的同时给数组元素赋值，称为数组的初始化。本程序中可以用一条语句“int i,a[N]={10,11,12,13,14,15,16,17,18,19};”替代“int i,a[N];”语句和赋值循环语句。花括号内的数据就称为“初始化列表”。

（4）在对全部数组元素赋初值时，可以不指定数组长度。例如，“int a[]={11,12,13,14,15};”与“int a[5]={11,12,13,14,15};”等效。

（5）如果只给数组中的一部分元素赋值，系统自动给其余的元素赋初值为 0。例如，“int a[5]={11,12,13};”与“int a[5]={11,12,13,0,0};”等效。

【例 4-2】输入 5 个整数，用冒泡排序法将这 5 个整数按由小到大的顺序输出。

解题思路：

冒泡排序法是一种比较简单的排序算法。对要排序的元素序列，依次比较两个相邻的元素 *A* 和 *B*，如果 *A*>*B*，就交换 *A*、*B*。较小的元素经过交换会慢慢“浮”到数列的顶端，如同水中的气泡上浮到水面一样，故名为“冒泡排序”。

使用循环结构输入数组各元素的值；再用冒泡排序法对数组元素进行排序。冒泡排序需使用两重嵌套循环结构，对 5 个元素的元素序列，外循环变量 i 由 1 递增至 4，共进行 4 趟冒泡排序。

第 1 趟冒泡排序：外循环变量 i 等于 1，内循环变量 j 从 0 递增至 3，循环 4 次，依次比较第 1 个数与第 2 个数，若为逆序 a[0]>a[1]，则交换 a[0]和 a[1]；然后比较第 2 个数与第 3 个数；以此类推，直至比较第 4 个数和第 5 个数。第 1 趟冒泡排序完成后，最大的数被交换到数组中的最后一位。

第 2 趟冒泡排序：外循环变量 i 等于 2 时，内循环 3 次，对数组中前 4 个元素进行冒泡排序，将第二大的数交换到数组的倒数第二位。

重复上述过程，共经过 4 趟冒泡排序后，排序结束。

如果输入的数组元素为 81、70、62、54、9，则排序过程如图 4-2 所示。

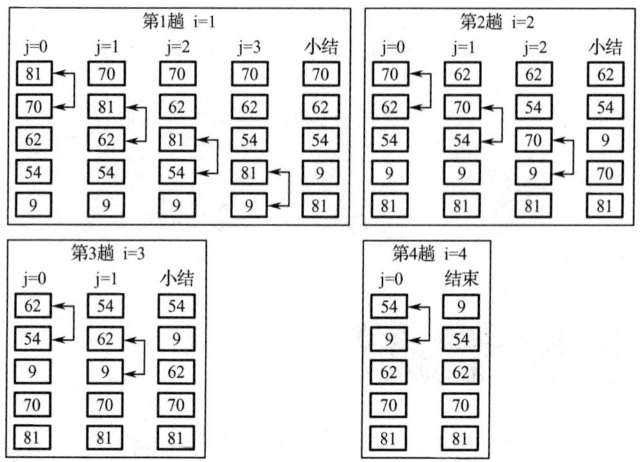

图 4-2

流程图如图 4-3 所示。

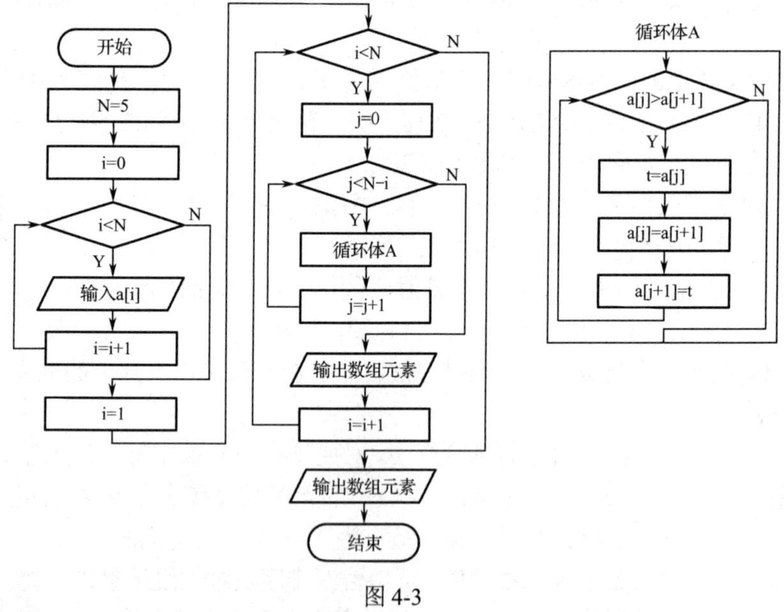

图 4-3

程序代码：

```
#include <stdio.h>
#define   N   5                                    //宏定义 N 为 5
int main()
{
   int   a[N],i,j,t;
   printf("输入 %d 个整数: \n", N);
```

```
    for(i = 0; i < N; i++)
        scanf("%d", &a[i]);                  //输入数组元素
    for(i = 1; i < N; i++)                   //排序的外循环
    {
        for(j = 0; j < N - i; j++)           //排序的内循环（冒泡排序）
        {
            if (a[j] > a[j+1])               //若前一元素大于后一元素，则进行交换
            {
                t = a[j];
                a[j] = a[j+1];
                a[j+1] = t;
            }
        }
            printf("完成第%d 趟冒泡排序后：", i);
        for(j = 0; j < N; j++)
            printf("%d ", a[j]);             //输出数组元素
        printf("\n");
    }
    printf("\n    排好序的数据:   ");
    for(i = 0; i < N; i++)
        printf("%d ", a[i]);                 //输出数组元素
    printf("\n ");
    return 0;
}
```

运行结果：

```
输入 5 个整数:
81
70
62
54
9
完成第1次外循环: 70 62 54 9 81
完成第2次外循环: 62 54 9 70 81
完成第3次外循环: 54 9 62 70 81
完成第4次外循环: 9 54 62 70 81

  排好序的数据:  9 54 62 70 81
 Press any key to continue
```

程序分析：

（1）第 1 次外循环时，内循环 4 次。内循环第 1 次，因 81 大于 70，进行交换；内循环第 2 次，因 81 大于 62，进行交换；内循环第 3 次，因 81 大于 54，进行交换；内循环第 4 次，因 81 大于 9，进行交换，执行结果是将 81 赋给了数组的最后一个元素。

（2）第 2 次外循环时，内循环 3 次，执行结果是将 70 交换到数组的倒数第二位。

（3）第 3 次外循环时，内循环 2 次，执行结果是将 62 交换到数组的倒数第三位。

（4）第 4 次外循环时，内循环 1 次，执行结果是将 54 交换到数组的倒数第四位。执行完第 4 次外循环后，完成了数组元素从小到大排序。

（5）如果输入的 5 个数分别是 9、1、2、3、4，冒泡排序仍然要进行 4 趟冒泡排序，而实际上只需要 1 趟冒泡排序就可以完成整个排序工作，所以对这样的元素序列冒泡排序的效率比较低。

*4.1.2 二维数组的定义与调用

如果用一维数组表示学生的成绩，只能表示一个班级一门课程的成绩，或者一个学生几门课程的成绩。如果用数组表示一个班级几门课程的成绩，则需要使用二维数组。常常把二维数组视为由行（row）和列（column）组成的矩阵，如用一行表示某一个同学各门课程的成绩，用一列表示所有同学某一门课程的成绩。

1. 二维数组的定义

定义二维数组的格式为

```
类型说明符 数组名[整型常量表达式][整型常量表达式];
```

与一维数组类似，类型说明符是任一种数据类型。数组名是用户定义的标识符。方括号中的整型常量表达式表示数据元素的个数，也称为数组的长度。

二维数组可看成一种特殊的一维数组，它的元素又是一个一维数组。例如：

```
int a[3][4];
```

可以把 a 看成一个一维数组，它有 3 个元素：a[0], a[1], a[2]。每个元素又是一个包含 4 个元素的一维数组：

```
a[0] —— a[0][0] a[0][1] a[0][2] a[0][3]
a[1] —— a[1][0] a[1][1] a[1][2] a[1][3]
a[2] —— a[2][0] a[2][1] a[2][2] a[2][3]
```

用矩阵形式（如 3 行 4 列的形式）描述二维数组，只是一种比较形象的表述，是给二维数组赋予一种逻辑意义。与一维数组一样，二维数组的元素也连续存放在计算机内存中。实际的排列形式如下：

```
a[0][0] a[0][1] a[0][2] a[0][3] a[1][0] a[1][1] a[1][2] a[1][3] a[2][0] a[2][1] a[2][2] a[2][3]
```

2. 二维数组的初始化

（1）“int a[2][3]={1,2,3,4,5,6};”与“int a[2][3]={{1,2,3},{4,5,6}};”等效。

（2）“int a[][3]={1,2,3,4,5,6};”与“int a[2][3]={1,2,3,4,5,6};”等效。如果对全部元素都赋初值，可以不指定第 1 维的长度，但必须指定第 2 维的长度。

（3）“int a[2][3]={{1},{4}};”与“int a[2][3]={1,0,0,4,0,0};”等效。

（4）“int a[2][3]={1,2};”与“int a[2][3]={1,2,0,0,0,0};”等效。

（5）“int a[][3]={{1},{4,5}};”与“int a[2][3]={1,0,0,4,5,0};”等效。

【例 4-3】 有一个 3×4 的矩阵{{0,1,2,3},{12,30,56,0},{14,-10,-65,6}}，找出值最大的元素，输出这个元素的值和下标（行号和列号）。

解题思路：

定义一个二维数组记录矩阵中的数据，定义三个变量 max、row、colum 分别记录矩阵中的最大值和对应的下标（行号和列号）。

先假定数组中第一个元素 a[0][0]的值最大，即把 a[0][0]的值赋给 max；再将 max

与数组中所有的元素（a[i][j]）逐一进行比较；如果 max<a[i][j]，就把 a[i][j]的值赋给 max，并把 i 赋给 row，把 j 赋给 colum。

流程图如图 4-4 所示。

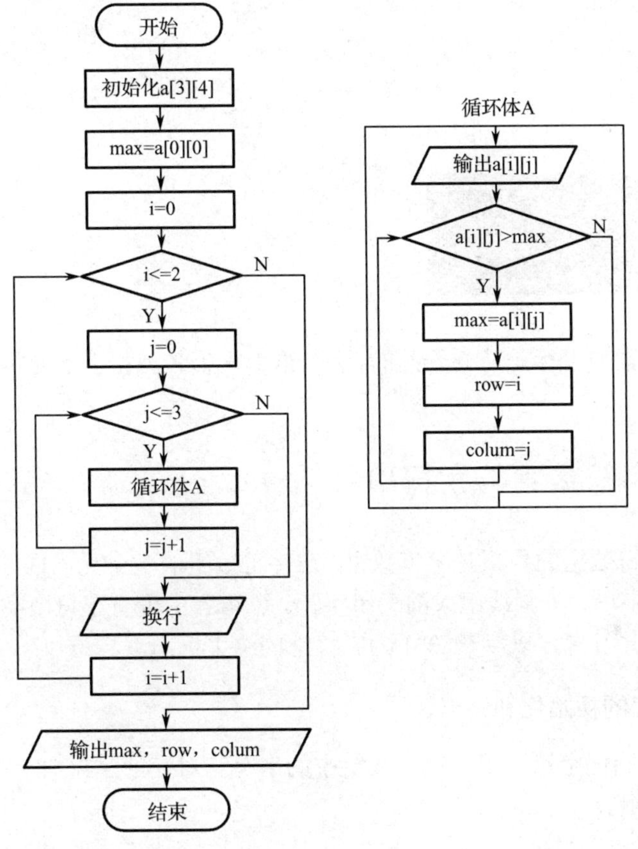

图 4-4

程序代码：

```
#include <stdio.h>
int main()
{
  int i,j,max,row=0,colum=0;
  int a[3][4]={{0,1,2,3},{12,30,56,0},{14,-10,-65,6}};   //定义数组并赋初值
  max=a[0][0];                                          //假定 a[0][0]的值最大
  for(i=0;i<=2;i++)                                     //遍历第 0、1、2 行
  {
    for(j=0;j<=3;j++)                                   //遍历每行的第 0、1、2、3 列
    {
      printf("%6d",a[i][j]);                            //按%6d 格式输出第 i 行第 j 列元素的值
      if(a[i][j]>max)                                   //如果第 i 行第 j 列元素的值大于 max
      {
        max=a[i][j];                                    //将第 i 行第 j 列元素的值赋给 max
        row=i;                                          //将这个元素的行号 i 赋给 row
        colum=j;                                        //将这个元素的列号 j 赋给 colum
```

```
            }
        }
        printf("\n");
    }
    printf("    max=%d      row=%d    colum=%d\n",max,row,colum);
                                                    //输出值最大的元素及它的行号和列号
    return 0;
}
```

运行结果：

```
    0     1     2     3
   12    30    56     0
   14   -10   -65     6
 max=56   row=1   colum=2
Press any key to continue
```

程序分析：

因为数组元素的下标是从0开始的，所以第1行第2列相当于通常意义的第2行第3列。

*4.1.3 字符数组与字符串

用来存放字符数据的数组是字符数组。在字符数组的一个元素内存放一个字符。字符串是由数字、字母、下画线组成的一串字符。C语言中没有字符串类型，字符串存放在字符数组中，并且规定以字符'\0'作为字符串的结束标志。

1. 字符数组的初始化和输出

【例4-4】 初始化字符数组，输出数组中的字符和对应的ASCII代码，并按字符串格式输出字符数组。

程序代码：

```
#include <stdio.h>
int main()
 {
   char c[8]={'A','B','C',' ','a',98,'c','\0'};        //注意给4、6、8三个元素所赋的值
   int i;
   for(i=0;i<8;i++)
      printf("%c=%d    ",c[i],c[i]);                   //输出字符和对应的ASCII代码
   printf("\n");
   printf("字符串：%s",c);                              //按字符串格式输出数组c
   printf("\n");
   return 0;
}
```

运行结果：

```
A=65  B=66  C=67   =32  a=97  b=98  c=99   =0
字符串：ABC abc
Press any key to continue
```

程序分析：

（1）给数组第 4 个元素所赋的值是空格，空格的 ASCII 代码是 32。

（2）字符与对应的 ASCII 代码等价。给数组第 6 个元素所赋的值是 98，98 是字符'b'的 ASCII 代码。

（3）给数组第 8 个元素所赋的值是字符串结束标志'\0'，'\0'的 ASCII 代码是 0。按字符格式输出时，'\0'的输出结果是一个空格。

（4）可以用格式符“%c”逐个输入字符或输出字符，也可以用字符串格式符“%s”将整个字符串一次输入或输出。

（5）用格式符“%s”将整个字符串一次输入或输出。

输出时：

```
puts();
```

等效于

```
printf("%s",c);
```

输出到字符串结束标志'\0'为止。

输入时：

```
char c[8];   scanf("%s",c);   //执行时输入：1234567（回车）
```

等效于

```
char c[8]={'1','2','3','4','5','6','7'};
```

输入回车时，系统会自动加一个'\0'作为结束符。

```
gets(c);
```

等效于

```
scanf("%s",c);
```

puts()和 gets()是专门用于字符串输入/输出的函数，且一次只能处理一个字符串；printf()和 scanf()可以用于处理不同类型的数据，当处理字符串时，可以一次处理一个或多个字符串。

（6）用格式符“%c”逐个输入或输出字符。

输出时：

```
putc(c[i]);
```

等效于

```
printf("%c",c[i]);
```

一次输出一个字符。

输入时：

```
for(i=0;i<8;i++)   scanf("%c",&c[i]); c[7]='\0';
```

执行时输入：1234567（回车）

等效于

```
char c[8]={'1','2','3','4','5','6','7'};
```

回车时，系统不会加一个'\0'作为结束符，需要写一行语句加结束符。

```
c[i]=getchar();
```

等效于

```
scanf("%c",&c[i]);
```

2．一维字符数组和字符串的区别

（1）字符串以字符'\0'作为结束标志，而字符数组中可以没有'\0'。

（2）如果一个字符数组中没有'\0'，这个字符数组则不能表示一个完整的字符串。因此，在定义字符数组时应估计字符串的长度，保证数组长度大于字符串实际长度，以确保有足够的空间用来存放'\0'。

（3）字符串的长度是从字符串的起始位置到'\0'之前一位的字符个数，而字符数组的长度是定义或初始化数组时确定的。在例 4-4 中，字符串的长度是 7，而字符数组的长度是 8。

（4）如果一个字符数组中有多个'\0'，这个字符数组就有多个完整的字符串。例如：

```
char c[8]={'A','B','C','\0','a',b,'c','\0'};          //注意给 4、8 两个元素所赋的值
```

赋给 4、8 两个元素的值是字符串结束标志，字符数组中有两个完整的字符串，分别为“ABC”和“abc”。输出第 1 个字符串的语句是：

```
printf("字符串 1：%s",c);                    //c 是第 1 个字符串的起始地址
```

数组名 c 是字符数组的起始地址，等价于&c[0]。

输出第 2 个字符串的语句是：

```
printf("字符串 2：%s",&c[4]);                //&c[4]是第 2 个字符串的起始地址
```

3．常用字符串函数

（1）字符串连接函数。

```
strcat(字符数组 1, 字符数组 2)
```

作用：把两个字符数组中的字符串连接起来，把字符串 2 放到字符串 1 的后面，结果放在字符数组 1 中，函数调用后得到一个函数值——字符数组 1 的地址。

字符数组 1 必须足够大，以便容纳连接后的新字符串。

连接前两个字符串的后面都有'\0'，连接时将字符串 1 后面的'\0'取消，只在新字符串最后保留'\0'。

例如：

```
char str1[10]={"ABC "};
char str2[]={"abc"};
printf("%s", strcat(str1, str2));
```

执行结果：

```
ABC abc
```

（2）字符串复制函数。

```
strcpy(字符数组 1, 字符串 2)
```

作用：将字符串 2 复制到字符数组 1 中。

字符数组 1 必须定义得足够大，以便容纳被复制的字符串 2。字符数组 1 的长度不应小于字符串 2 的长度。

字符数组 1 必须写成数组名形式，字符串 2 可以是字符数组名，也可以是一个字符串常量。

例如：

```
char str1[10], str2[10], str3[]="ABC";
printf("%s, %s", strcpy(str1, str3), strcpy(str2, "abc"));
```

执行结果：

```
ABC, abc
```

不能用赋值语句将一个字符串常量或字符数组直接赋给一个字符数组。字符数组名是一个地址常量，它不能改变值，正如数值型数组名不能被赋值一样。例如：

```
char str1[10], str2[10], str3[]="ABC";
str1=str3;          //语法错误
str2="abc";         //语法错误
```

（3）指定字符数的字符串复制函数。

```
strcpy(字符数组 1, 字符串 2, 字符数 n)
```

作用：将字符串 2 中前面 *n* 个字符复制到字符数组 1 中。

例如：

```
char str1[10]="123456", str2[10]="abcdef", str3[]="ABC";
printf("%s, %s", strncpy(str1, str3, 2), strncpy(str2, "XYZ", 3));
```

执行结果：

```
AB3456, XYZdef
```

（4）字符串比较函数。

```
strcmp(字符串 1, 字符串 2)
```

作用：将字符串 1 和字符串 2 自左至右逐个字符相比（按 ASCII 代码值大小比较），直到出现不同的字符或遇到'\0'为止。

如果全部字符相同，则认为两个字符串相等，函数值为 0。

如果出现不相同的字符，则以第 1 对不相同的字符的比较结果为准，若字符串 1 中字符的 ASCII 代码值大于字符串 2 中字符的，则函数值为一个正整数；若字符串 1 中字符的 ASCII 代码值小于字符串 2 中字符的，则函数值为一个负整数。

例如：

```
char str1[10]="123456", str2[10]="123abc", str3[]="ABC";
printf("%d, %d, %d ", strcmp(str1, str2), strcmp(str3, str2), strcmp("ABC", str3));
```

执行结果：

```
-1, 1, 0
```

（5）测字符串长度的函数。

```
strlen(字符数组)
```

作用：测字符串长度，函数的值为字符串的实际长度（不包括'\0'）。
例如：

```
char str1[10]="123", str2[10]="123 abc", str3[]={'1','2','\0','4'};
printf("%d, %d, %d, %d", strlen(str1), strlen(str2), strlen(str3), strlen("ABCDE"));
```

执行结果：

```
3, 7, 2, 5
```

【例 4-5】初始化字符数组，输出字符串长度、字符数组长度和字符串。
程序代码：

```
#include <stdio.h>
#include <string.h>
int main()
{
  int i;
  // 字符数组初始化
  char str1[4]={'a', '1', '2'};            //等效于 char str1[4]={'a', '1', '2', '\0'};
  char str2[4]={'b', '1', ' ', '2'};       //数组 str2 中没有字符串结束标志
  char str3[]={'c', '1', '\0', '2'};       //等效于 char str3[4]={'c', '1', '\0', '2'};
  char str4[]={'d', '1', '2', '3'};        //等效于 char str4[4]={'c', '1', '2', '3'};
  char str5[]="e1 2";                      //等效于 char str5[5]={"e1 2"};
                                           //也等效于 char str5[5]={'e', '1', ' ', '2', '\0'};
  char str6[4]="f123";                     //等效于 char str6[4]={'f', '1', '2', '3'};
  char str7[4]="g12";                      //等效于 char str7[4]={'g', '1', '2', '\0'};
  //以下 7 行按字符串的格式输出
  printf("1 字符串长=%d, 数组长=%d, 字符串:%s\n",strlen(str1),sizeof(str1),str1);
  printf("2 字符串长=%d, 数组长=%d, 字符串:%s\n",strlen(str2),sizeof(str2),str2);
  printf("3 字符串长=%d, 数组长=%d, 字符串:%s\n",strlen(str3),sizeof(str3),str3);
  printf("4 字符串长=%d, 数组长=%d, 字符串:%s\n",strlen(str4),sizeof(str4),str4);
  printf("5 字符串长=%d, 数组长=%d, 字符串:%s\n",strlen(str5),sizeof(str5),str5);
  printf("6 字符串长=%d, 数组长=%d, 字符串:%s\n",strlen(str6),sizeof(str6),str6);
  printf("7 字符串长=%d, 数组长=%d, 字符串:%s\n",strlen(str7),sizeof(str7),str7);
  //以下按字符格式输出
  for (i=0;i<4;i++)                        //字符格式输出一
      printf("%c",str1[i]);                //输出数组 str1 中的 4 个字符
  printf("\n");
  for (i=0;i<20;i++)                       //字符格式输出二
      printf("%c",str3[i]);                //输出内存中 20 字节的数据
```

```
    printf("\n");
    return 0;
}
```

运行结果：

```
1 字符串长=3, 数组长=4, 字符串:a12
2 字符串长=7, 数组长=4, 字符串:b1 2a12
3 字符串长=2, 数组长=4, 字符串:c1
4 字符串长=6, 数组长=4, 字符串:d123c1
5 字符串长=4, 数组长=5, 字符串:e1 2
6 字符串长=8, 数组长=4, 字符串:f123e1 2
7 字符串长=3, 数组长=4, 字符串:g12
a12
c1 2b1 2a12 ♀   ?↑
Press any key to continue
```

程序分析：

（1）按字符串格式输出时，输出到字符串结束标志'\0'为止，因此 str1 的输出结果是“a12”。

（2）因为数组 str2 中没有字符串结束标志，所以输出完 str2 数组中的字符后紧接着输出 str1 数组中的字符，直到'\0'为止。本例中，str2 和 str1 在内存中的存储空间相邻。

（3）因为数组 str3 的第 3 元素是字符串结束标志，所以只输出“c1”。

（4）因为数组 str4 中没有字符串结束标志，所以输出完 str4 数组中的字符后紧接着输出 str3 数组中的字符，直到'\0'为止。本例中，str4 和 str3 在内存中的存储空间相邻。

（5）初始化时没有指定字符数组的长度，用字符串给字符数组赋初值，系统会自动加一个'\0'作为结束符，因此 str4 的数组长度是 5，而不是 4。

（6）初始化时指定字符数组的长度，用字符串给字符数组赋初值。字符串长度等于数组长度时，系统无法加一个'\0'作为结束符；字符串长度大于数组长度时，会产生数据溢出。

（7）初始化时指定字符数组的长度，用字符串给字符数组赋初值。字符串长度小于数组长度时，系统会自动加一个'\0'作为结束符。

（8）字符格式输出二，从内存地址“&str3[0]”开始，将 20 字节的连续内存空间中数据按字符格式依次输出，每次输出 1 字节。这些数据可能是不同类型的数据，按字符格式转换、输出，结果难以预测。

从本例可知，如果一个字符数组中没有字符串结束标志'\0'，这个字符数组不可以当成字符串来处理，否则程序会出现难以预测的结果。

*4.1.4　字符串数组

字符串数组是字符型二维数组。

字符数组的每个元素只能存储一个字符，二维数组的每一行都是一个字符数组，因此可以灵活、方便地处理多个字符串。

【例 4-6】利用字符串数组和字符串处理函数，对输入的 3 个字符串进行排序，然后按右对齐的方式输出。

解题思路：

用字符串输入函数 gets()读入 3 个字符串并存入字符串数组，再用字符串比较函数 strcmp()比较 3 个字符串的大小按升序排序，然后用字符串连接函数 strcat()在每个字符串前面加上指定数量的空格使每个字符串的长度都等于数组的列数减 1，再依次输出。

程序代码：

```
#include <stdio.h>
#include<stdio.h>
#include<string.h>
#define   N     30                    //宏定义 N 为 30
int main ( )
{
  char str[3][N];                     //定义二维字符数组；数组的列数为 N，N 等于 30
  char string[N];                     //定义一维字符数组，作为交换字符串时的临时字符数组
  int i,j,len;
  for (i=0;i<3;i++)
  {
    printf("\n  输入 str[%d]: ",i);  //输出提示信息
    gets(str[i]);                     //读入 3 个字符串，分别存入 str[0],str[1],str[2]
  }
  if (strcmp(str[0],str[1])>0)        //若 str[0]大于 str[1]
  {
    strcpy(string,str[0]);            //把 str[0]的值赋给 string
    strcpy(str[0],str[1]);            //把 str[1]的值赋给 str[0]
    strcpy(str[1],string);            //把 string 的值赋给 str[1]
  }
  if (strcmp(str[1],str[2])>0)        //若 str[0]大于 str[1]
  {
    strcpy(string,str[1]);            //把 str[1]的值串赋给 string
    strcpy(str[1],str[2]);            //把 str[2]的值串赋给 str[1]
    strcpy(str[2],string);            //把 string 的值串赋给 str[2]
  }
  if (strcmp(str[0],str[1])>0)        //若 str[0]大于 str[1]
  {
    strcpy(string,str[0]);            //把 str[0]的值赋给 string
    strcpy(str[0],str[1]);            //把 str[1]的值赋给 str[0]
    strcpy(str[1],string);            //把 string 的值赋给 str[1]
  }
  for (i=0;i<3;i++)
  {
    len=strlen(str[i]);
    if (len<N-1)
    {
      for (j=0;j<N-len-1;j++)
        string[j]=' ';
      string[j]='\0';
      strcat(string,str[i]);
      strcpy(str[i],string);
    }
    printf("\n  输出 str[%d]: %s\n",i,str[i]);          //输出二维字符数组 str
```

```
    }
    return 0;
}
```

运行结果：

```
输入str[0]: 123abc
输入str[1]: ABC123456789
输入str[2]: 12345678
输出str[0]:                     12345678
输出str[1]:                       123abc
输出str[2]:                 ABC123456789
Press any key to continue
```

程序分析：

（1）输入字符串的长度必须小于 N 的值。

（2）本例排序的算法与例 2-3 两个数的排序及第 2 章的习题 4 的算法相同。读者可参考例 4-2 的冒泡排序法，设计多于 3 个字符串的排序程序。

（3）如果按左对齐输入字符串，则程序更加简单，更容易看清楚字符串比较的规则。

4.2　指针

在使用标准输入函数 scanf()给变量赋值时，是将输入的值直接存入这个变量的内存空间。要准确地将输入的值存入这个变量的内存空间，就必须知道这个变量的内存地址，因此就用到了取地址符“&”。如果程序中定义了整形变量 a，那么&a 就是取变量 a 的地址。

C 语言中，地址就是指针，指针就是地址。

4.2.1　变量、地址（指针）与指针变量

下面重点介绍变量、地址（指针）与指针变量的概念及其相互关系。

1．变量

变量的本质是内存中的具有特殊属性的存储单元。如果在程序中定义了一个变量，就是给这个变量取一个名字（变量名），并指定这个变量的数据类型。运行程序时，系统会根据这个变量的数据类型给它分配一个特定大小的内存单元。对一个 int 型变量，会分配一个 4 字节大小的内存单元；对一个 double float 型变量，会分配一个 8 字节大小的内存单元。

数据存储以“字节”为单位，内存中的每字节都有一个编号，称为内存编号。系统给一个整型变量分配一个 4 字节大小的内存单元，即指定了这 4 字节在内存中的位置，也就意味着这个变量具有了 4 个连续的内存编号。通常，用 4 个内存编号中的第 1 个来

表示这个变量的位置信息（注：不同的系统，内存编号的规则有所不同）。

通过一个变量的位置信息可以在内存中找到这个变量的存储单元；通过变量的数据类型可以知道这个存储单元的大小，以及数据的存储方式。

通常，不同的数据类型具有不同大小的存储单元和不同的数据存储方式，因此不同类型的数据不能混用。

2. 地址（指针）

C 语言中的地址包括变量的位置信息和数据类型信息，因此，一个完整的地址是“带类型的地址”。

这种“带类型的地址”简称为“地址”。不带类型的地址只是“地址”的位置信息（内存编号），称为纯地址。在部分资料中，纯地址也使用地址来表述，这是令初学者感到地址（指针）难以理解的原因之一。本书中，地址是指“带类型的地址”，纯地址用“内存编号”或“纯地址”来表述。

地址的作用之一是指向某个变量的存储单元，因此将地址形象化地称为“指针”。

3. 指针变量

指针变量是存放地址的变量，也称为地址变量。

定义指针变量的一般形式为

```
类型名 *变量名
```

例如：

```
int *pa;
```

其中，pa 是指针变量名；* 表示变量 pa 为指针型变量；int 表示指针变量 pa 的基类型为整型。

因为指针是“带类型的地址”，如果没有指定“基类型”，就不称其为指针。pa 的基类型是整型，pa 的类型是指针型。指针变量 pa 是“指向 int 的指针”，或简称“int 指针”“整型指针”。

正如不同数据类型的变量不能混用一样，不同基类型的指针变量也不能混用。

除了 int 型，其他数据类型（如 char、float 等）也可以作为指针变量的基类型。

【例 4-7】指针变量的基本使用方法。

程序代码：

```
#include <stdio.h>
int main()
{
  int a=10,b=60;                                          //初始化整型变量 a,b
  int *pa, *pb=&b;                                        //定义指针变量 pa，初始化指针变量 pb
  pa=&a;                                                  //把变量 a 的地址赋给指针变量 pa
  printf("   a=%d, &a=%x,      b=%d, &b=%x\n",a,&a,b,&b);          //a,b 的值和纯地址
  printf("*pa=%d, pa=%x,   *pb=%d, pb=%x\n",*pa,pa,*pb,pb);        //a,pa,b,pb 的值
  printf("          &pa=%x,             &pb=%x\n\n",&pa,&pb);      //pa,pb 的纯地址
  *pa=20;
```

```
    pb=pa;
    printf("  a=%d, &a=%x,    b=%d, &b=%x\n",a,&a,b,&b);          //a,b 的值和纯地址
    printf("*pa=%d, pa=%x,  *pb=%d, pb=%x\n",*pa,pa,*pb,pb);      //a,pa,b,pb 的值
    printf("         &pa=%x,          &pb=%x\n\n",&pa,&pb);       //pa,pb 的纯地址
    *pb=a+b;
    printf("  a=%d, &a=%x,    b=%d, &b=%x\n",a,&a,b,&b);          //a,b 的值和纯地址
    printf("*pa=%d, pa=%x,  *pb=%d, pb=%x\n",*pa,pa,*pb,pb);      //a,pa,b,pb 的值
    printf("         &pa=%x,          &pb=%x\n\n",&pa,&pb);       //pa,pb 的纯地址
    return 0;
}
```

运行结果：

```
  a=10, &a=18ff44,    b=60, &b=18ff40
*pa=10, pa=18ff44,  *pb=60, pb=18ff40
       &pa=18ff3c,         &pb=18ff38

  a=20, &a=18ff44,    b=60, &b=18ff40
*pa=20, pa=18ff44,  *pb=20, pb=18ff44
       &pa=18ff3c,         &pb=18ff38

  a=80, &a=18ff44,    b=60, &b=18ff40
*pa=80, pa=18ff44,  *pb=80, pb=18ff44
       &pa=18ff3c,         &pb=18ff38

Press any key to continue
```

程序分析：

（1）初始化指针变量 pb 的语句“int *pb=&b;”等效于“int *pb;　pb=&b;”。

同理，“int *pa=&a;”等效于“int *pa;　pa=&a;”。

把变量 a 的地址赋给指针变量 pa，即“pa=&a;”时，赋值运算符“=”两边都是地址，或者说两边都是指针。在整型变量 a 前必须有取地址运算符“&”，而指针变量 pa 前不能有指针运算符“*”。

初始化语句“int *pa=&a;”，是先用“int *”定义指针变量 pa，再将变量 a 的地址赋给 pa，并不是将变量 a 的地址赋给*pa。

（2）指针运算符“*”也称为间接运算符。“*pa”的运算结果是返回 pa 所指向变量的值。因为前面的语句已将变量 a 的地址赋给了 pa，所以 pa 指向变量 a，“*pa”的运算结果是返回 a 的值 10。

```
printf("a=%d\n",a);     //通过直接访问输出变量 a 的值
printf("a=%d\n",*pa);   //通过间接访问输出变量 a 的值
```

直接按变量名进行的访问，称为“直接访问”。“间接访问”是通过指针变量来找到对应变量的地址，从而访问变量。

（3）执行完赋值运算“pa=&a;”后，将变量 a 的地址赋给了指针变量 pa。

因此，执行语句“printf("%x",pa);”和“printf("%x",&a);”输出的结果都是“18ff44”。

“18ff44”是变量 b 的内存编号，并没有显示地址的数据类型，因此只是纯地址。在部分资料中，笼统地称“18ff44”为地址。

“%x”是以无符号十六进制表示整数的格式控制符。

（4）指针变量 pa 的值是变量 a 的地址。指针变量 pa 本身也有地址，地址的内存编

号是“18ff3c”。

变量 a、b、pa、pb 的纯地址和值如表 4-1 中（一）所示。

表 4-1　内存编号（纯地址）与变量的值

类　型	变量名	（一）		（二）		（三）	
		内存编号（纯地址）	变量的值	内存编号（纯地址）	变量的值	内存编号（纯地址）	变量的值
整型指针	pb	18ff38	18ff40	18ff38	**18ff44**	18ff38	18ff44
整型指针	pa	18ff3c	18ff44	18ff3c	18ff44	18ff3c	18ff44
整型	b	18ff40	60	18ff40	60	18ff40	60
整型	a	18ff44	10	18ff44	**20**	18ff44	**80**

（5）赋值语句“*pa=20;”是把 20 赋给 pa 所指向的变量 a，变量 a 的值变成了 20。

赋值语句“pb=pa;”是把指针变量 pa 的值赋给指针变量 pb。

执行完这两条语句后，整型变量 a 的值和指针变量 pb 的值发生了改变，pb 从指向变量 b 改为指向变量 a，结果如表 4-1 中（二）所示。

（6）赋值语句“*pb=a+b;”是把变量 a 的值 20 和变量 b 的值 60 相加后赋给 pb 所指向的变量 a，变量 a 的值变成了 80。

执行完这条语句后，整型变量 a 的值和指针变量 pa 的值发生了改变，而指针变量的值并没有改变，如表 4-1 中（三）所示。

注意

程序中赋值运算的结果只改变了变量的值，并没有改变变量的地址（内存编号和数据类型）。变量的地址是一个常量，不允许改变，也不能改变。

4.2.2 指针变量作为函数参数

运用指针变量可以将另一个变量的地址传送到被调用的函数中。

【例 4-8】用指针变量作为函数参数，实现两个整数由大到小排序，并输出结果。

程序代码：

```
#include <stdio.h>
int main()
{
    void swap(int *p1,int *p2);                    //声明交换数据的函数 swap
    int a,b;
    int *pa,*pb;
    printf("请输入 a,b:");
    scanf("%d,%d",&a,&b);
    pa=&a;                                          //将变量 a 地址赋给指针变量 pa
    pb=&b;                                          //将变量 b 地址赋给指针变量 pb
    printf("a=%d,b=%d\n",a,b);
    if(a<b)
```

```
        swap(pa,pb);                        //用指针变量 pa、pb 作为实参调用 swap 函数
    printf("a=%d,b=%d\n",a,b);
    return 0;
}
void swap(int *p1,int *p2)                  //函数 swap 的两个形参都是整型指针
{
    int t;
    t=*p1;                                  //将变量 a 的值赋给变量 t
   *p1=*p2;                                 //将变量 b 的值赋给变量 a
   *p2=t;                                   //将变量 t 的值赋给变量 b
}
```

运行结果：

```
请输入a,b:26,58
a=26,b=58
a=58,b=26
Press any key to continue
```

程序分析：

（1）如果是由小到大输入 a、b 的值，则调用函数 swap 交换 a、b 的值，否则直接输出 a、b 的值。

（2）调用函数 swap 的实参是指针变量 pa、pb，pa、pb 分别指向整型变量 a、b，如表 4-2 中（一）所示。

表 4-2　地址与变量的值

类　型	变量名	（一）		（二）		（三）	
		地址	变量的值	地址	变量的值	地址	变量的值
整型	a	&a	26	&a	58	&a	58
整型	b	&b	58	&b	26	&b	26
整型指针	pa	&pa	&a	&pa	&a	&pa	&a
整型指针	pb	&pb	&b	&pb	&b	&pb	&b
整型指针	p1			&p1	&a		
整型指针	p2			&p2	&b		

（3）程序进入 swap 函数，系统给形参 p1、p2 分配内存空间（存储单元），将实参 pa、pb 的值赋给 p1、p2，因此指针变量 p1、p2 分别指向整型变量 a、b。

（4）赋值语句“t=*p1;”是通过间接访问将 p1 所指向的变量 a 的值赋给变量 t。

赋值语句“*p1=*p2;”是通过间接访问将 p2 所指向的变量 b 的值赋给 p1 所指向的变量 a。

赋值语句“*p2=t;”是将变量 t 的值赋给 p2 所指向的变量 b。

这三条语句的作用是交换变量 a 和变量 b 的值，结果如表 4-1 中（二）所示。

（5）被调用函数 swap 执行完后，指针变量 p1、p2 的存储单元被释放，程序返回到主函数，结果如表 4-1 中（三）所示。

注意

尽管变量 a、b 是 main 函数中的局部变量，不能在 swap 函数中直接参与运算，但可以利用指针变量间接访问。这正是指针变量的独特魅力所在，既避免了全局变量的滥用，又可以实现主调函数和被调函数之间的"数据共享"，从而改变一个或多个主调函数中局部变量的值，如本例中 a、b 的值。

*4.2.3 指向一维数组的指针

数组是一组数据类型相同的若干元素的有序集合。因为一个元素就是一个变量，每一个变量都有地址，所以数组的每一个元素在内存中都有相应的存储单元和相应的地址。既然可以把整型、浮点型变量的地址放到指针变量中，也可以把数组元素的地址放到指针变量中，即把数组元素的地址赋给指针变量。

数组元素的指针就是数组元素的地址，而指向数组的指针是指向数组第一个元素的指针，即数组中第一个元素的地址。

【例 4-9】利用指向数组的指针输入/输出数组中的元素。

程序代码：

```
#include <stdio.h>
#include <stdio.h>
int   main()
{
  int i,a[6],*pa=a;                   //（1）定义变量 i 和数组 a，初始化指针变量 pa
  printf("输入 6 个整数：");
  for(i=0;i<6;i++)                    //（2）通过 pa 给数组 a 赋值
    scanf("%d",pa++);
  pa=a;                               //（3）使 pa 重新指向数组 a 的首地址（&a[0]）
  printf("\n 输出数据：\n");
  for(i=0;i<6;i++,pa++)               //（4）通过 pa 输出数组 a 的值
    printf("%d ",*pa);
  printf("\n");
  pa=a;
  for(i=0;i<6;i++)                    //（5）通过 pa 输出数组 a 的值
    printf("%d ",*(pa++));
  printf("\n");
  pa=a;
  for(i=0;i<6;i++)                    //（6）通过 pa 输出数组 a 的值
    printf("%d ",*pa++);
  printf("\n");
  pa=a;
  for(i=0;i<6;i++)                    //（7）输出 pa 指向的数组元素的值
    printf("%d ",(*pa)++);
  printf("\n");
  for(i=0;i<6;i++)                    //（8）输出数组 a 的值
    printf("%d ",a[i]);
  printf("\n");
  for(i=0;i<6;i++)                    //（9）通过指针输出数组 a 的值
```

```
        printf("%d ",*(a+i));
    printf("\n");
    return 0;
}
```

运行结果：

```
输入6个整数: 0 10 20 30 40 50

输出数据:
0 10 20 30 40 50
0 10 20 30 40 50
0 10 20 30 40 50
0 1 2 3 4 5
6 10 20 30 40 50
6 10 20 30 40 50
Press any key to continue
```

程序分析：

（1）初始化指针变量 pa 的语句“int a[6],*pa=a;”等效于“int a[6],*pa;”和“pa=&a;”两条语句，结果是将数组 a 的地址赋给 pa。

（2）通过 pa 给数组 a 各元素赋值。

当 i=0 时，pa 的值是数组 a 的地址，即数组的首地址。数组的首地址就是数组中第 1 个元素的地址，即“&a[0]”。因此，当 i=0 时，pa 指向 a[0]。

执行语句“scanf("%d",pa++);”，先将输入的值赋给 pa 指向的变量 a[0]，再使 pa 加 1。pa 加 1 的结果是 pa 指向 a[1]。以此类推，将输入的 6 个数赋给数组的 6 个元素。

语句“scanf("%d",pa++);”相当于“scanf("%d",pa);　pa++;”。因为 i=0 时 pa 的值等于&a[0]，所以“scanf("%d",pa);”相当于“scanf("%d",&a[0]);”。

语句“pa++;”相当于“pa=pa+1;”。因为 pa 是指向整型数据的指针，1 个整型数据占 4 字节的内存，所以“+1”的结果是移动 4 字节，即指向了数组的下一个元素 a[1]。

（3）为了从头开始输出数组中各元素的值，需要执行语句“pa=a;”，使 pa 重新指向数组 a 的首地址。执行语句“pa=a;”，相当于执行语句“pa=&a[0];”。

（4）循环语句中的“i++, pa++”是一个逗号表达式。这个逗号表达式由逗号将两个表达式连接而成。程序运行时，从左往右逐个执行这两个表达式。执行的方式是先使用循环变量 i 和指针变量 pa，再执行循环体中的语句，然后使 i 和 pa 分别加 1。

（5）表达式“*(pa++)”是先使用“*pa”，再使 pa 加 1。

因为“pa++”是在使用之后才执行自增运算，所以“*(pa++)”等价于“*pa; pa++;”。

（6）表达式“*pa++”是先使用“*pa”，再使 pa 加 1，所以“*pa++”等价于“*(pa++)”。

（7）表达式“(*pa)++”是先使用“*pa”，再使*pa 加 1。这个表达式的执行结果并没有使 pa 加 1，而是使 pa 指向的变量加 1。因为 pa 指向 a[0]，所以“printf("%d ",(*pa)++);”等价于“printf("%d ", a[0]); a[0]++;”。

（8）使用直接访问的方式输出数组 a 各元素的值。

（9）通过数组名 a 使用间接访问的方式输出数组 a 的值。

a 是数组的首地址，即数组中第 1 个元素的地址（&a[0]）。(a+i)等价于&a[0]+i，即数组中第 i 个元素的地址（&a[i]）。因此，表示式“*(a+i)”等价于“a[i]”。

注意

"*pa++"和"pa=a"是合法的表达式，而"a++"、"*a++"和"a=pa"都是错误的表达式。

因为pa是变量，所以允许给pa赋值。同样，数组a是变量，也可以给数组a赋值，即给数组中的每一个元素赋值，但不能给数组名a赋值。因为数组名a是数组的首地址，是一个常量，不可以赋值。如同可以给pa赋值，不可以给pa的地址赋值一样。

*4.2.4 指向二维数组的指针

与一维数组一样，二维数组也是一组数据类型相同的若干元素的有序集合。所不同的是，二维数组又可以视为一组数据类型相同的一维数组的有序集合。二维数组中的一行就是一个一维数组。

【例4-10】 利用指向数组的指针输出二维数组中的元素。

程序代码：

```
#include <stdio.h>
int main()
{
   int a[3][4]={{11,12,13,14},{21,22,23,24},{31,32,33,34}};   //初始化二维数组a
   int i, j;
   int (*p)[4], *p1;                                          //（1）定义指针变量p和p1
   p=a;                                                       //（2）p指向二维数组的0行
   p1=a[0];                                                   //（3）p1指向二维数组的0行0列
   for(i=0;i<12;i++)
   {
      printf("%d, ", *p1++);                                  //（4）依次输出数组中的所有元素
      if ((i+1)%4==0)
        printf("\n");                                         //每输出4个元素，换行
   }
   printf("________________\n");
   for(i=0;i<3;i++)
   {
      for(j=0;j<4;j++)
         printf("%d, ", *(*(p+i)+j));                         //（5）输出a[i][j]的值
      printf("\n");
   }
   return 0;
}
```

运行结果：

```
11, 12, 13, 14,
21, 22, 23, 24,
31, 32, 33, 34,
________________
11, 12, 13, 14,
21, 22, 23, 24,
31, 32, 33, 34,
Press any key to continue
```

程序分析：

（1）“int *p1;” 定义 p1 是指向整型数据的指针变量，p1 的基类型是整型数据。它可以指向一般的整型变量，也可以指向整型数组元素。当指向数组元素时，p1 值加 1，则 p1 指向下一个元素。

“int (*p)[4];” 定义 p 是指向 4 个整型数据的集合的指针变量。数组是一组数据类型相同的若干元素的有序集合，所以 p 所指的对象是一个数组，而且是一个有 4 个整型元素的一维数组。因此，指针变量 p 的基类型是由 4 个整型元素组成的一维数组。p 值加 1，则 p 指向下一个由 4 个整型元素组成的一维数组。显然，p 是用来处理每行 4 列的二维整型数组的指针变量。

（2）a 是二维数组名，是二维数组的首地址，即首行 a[0]的地址。赋值语句 “p=a;” 将首行 a[0]的地址赋给 p，因此 p 指向二维数组的首行，即指向 0 行。

“p=a;” 等价于 “p=&a[0];”。

因为 p 值加 1，p 指向下一行，所以 p+1 指向数组的 1 行，p+i 指向数组的 i 行。

（3）a[0]是一维数组名，是二维数组中 0 行的首地址，即元素 a[0][0]的地址。赋值语句 “p1=a[0];” 将元素 a[0][0]的地址赋给 p1，因此 p1 指向 0 行 0 列。

“p1=a[0];” 等价于 “p1=&a[0][0];”，也等价于 “p1=*a;”。

“p1=a[0];” 等价于 “p1=*a;” 的原因是：

① 因为 a 等价于&a[0] （参见程序注释（2）），所以*a 等价于*(&a[0]);

② 又因为*(&a[0])等价于 a[0]（*运算抵消了&运算），所以*a 等价于 a[0]。

注意

a（或&a[0]）与*a（或 a[0]、&a[0][0]）的纯地址相同，但 a（或&a[0]）并不等价于*a（或 a[0]、&a[0][0]），因为它们的基类型不同。如果将代码误写为“p=&a[0][0];”，编译时会出现警告信息。因为 p 的基类型是由 4 个元素组成的一维整型数组（int [4]），而&a[0][0]的基类型是整型（int）。

（4）利用指针变量 p1 依次输出数组所有元素的值，有关 “*p1++;” 的说明参考例 4-9 的程序分析。

（5）利用指针变量 p 依次输出数组所有元素的值。

外循环使用表达式 p+i 指向数组的每 i 行，p+i 等价于&a[0]+1。

表达式 *(p+i) 指向数组的第 i 行首地址，*(p+i) 等价于 &a[i][0]。

内循环使用表达式 *(p+i)+j) 指向数组的第 i 行第 j 列，*(p+i)+j)等价于 &a[i][j]。

表达式 *(*(p+i)+j)) 等价于 *(&a[i][j])，也等价于 a[i][j]，即读取数组第 i 行第 j 列的值，即元素 a[i][j]的值。

本质上，p1 是单层的指针变量；p 是双层指针，即指向指针的指针变量。

例如：p1=&a[0][0];，则 *p1 是 a[0][0]的值；

又如：p=&a[0];，则 *p 是 a[0][0]的地址，**p 才是 a[0][0]的值。

可见**p 与*p1 等价，*p 与 p1 等价。

限于篇幅，本书不详述指向指针的指针。

*4.2.5 指向字符数组的指针

前一节介绍数组时，介绍了通过数组名和下标引用字符数组中的字符，以及通过数组名和格式声明“%s”输出字符数组中保存的字符串。利用指向字符数组的指针也可以执行类似的操作。

在 C 语言中只有字符变量，没有字符串变量，但可以用字符型指针指向一个字符串常量，通过字符指针变量引用字符串常量和字符串常量中的字符。

【例 4-11】 指向字符数组的指针和指向字符串常量的指针。

程序代码：

```
#include <stdio.h>
int main()
{
    char a[]="Hello girl!";              //初始化字符数组 a，系统自动在字符'!'之后加上'\0'
    char b[20],*p1,*p2,*p3;              //定义字符数组 b 和字符型指针变量 p1、p2、p3
    p3="boy!";                           //（1）将字符串常量的首地址赋给 p3
    p1=a;                                //将字符数组 a 的首地址赋给 p1
    p2=b;
    for(;*p1!='\0';p1++,p2++)            //（2）当 p1 所指向的元素不为'\0'时进入循环
        *p2=*p1;                         //（3）将 p1 所指向的元素的值赋给 p2 所指向的元素
    *p2='\0';                            //（4）结束循环后，将'\0'赋给 p2 所指向的元素
    printf("字符数组 a: %s\n",a);         //输出 a 数组中的字符
    printf("字符数组 b: %s\n\n",b);
    printf("利用指针输出字符数组 a: %s\n",p1-11);      //（5）输出 a 数组中的字符
    printf("利用指针输出字符数组 b: %s\n\n",p2-11);
    for(p2=p2-5;*p3!='\0';p2++,p3++)    //（6）用"boy!"替换数组 b 中的"girl!"
        *p2=*p3;
    *p2='\0';                            //（7）结束循环后，将'\0'赋给 p2 所指向的元素
    printf("字符串常量: %s\n",p3-4);      //（8）输出 p3-4 指向的字符串
    printf("更新后的字符数组 b: %s\n",b);
    return 0;
}
```

运行结果：

```
字符数组a: Hello girl!
字符数组b: Hello girl!

利用指针输出字符数组a: Hello girl!
利用指针输出字符数组b: Hello girl!

字符串常量: boy!
更新后的字符数组b: Hello boy!
Press any key to continue
```

程序分析：

（1）将字符串常量"boy!"的首地址赋给指针变量 p3。

（2）for 语句中的第一个表达式为空，即不进行任何运算；第二个表达式是循环条件，当 p1 所指向的元素不为'\0'时进入循环；第三个表达式是一个逗号运算符组合两个式子，分别执行 p1、p2 两个指针变量的自增运算。

（3）p1、p2 两个指针变量通过自增运算，每自增 1，指针指向下一个数组元素；从

字符数组的第 1 个元素开始，到数组元素的值为'\0'时终止，依次执行语句“*p2=*p1;”，将 p1 所指向元素的值赋给 p2 所指向的元素。

（4）因为 p1 数组中元素的值为'\0'时循环终止，p1 所指向的元素的值'\0'没有赋给 p2 所指向的元素，所以结束循环后，需要将'\0'赋给 p2 所指向的元素；否则，数组 b 中没有字符串结束标志'\0'。

（5）执行完循环语句后，指针变量 p1 已经从数组 a 的首地址改变成数组元素值为'\0'的地址，即 p1 已经执行了 11 次自增运算，所以 p1-11 才是数组 a 的首地址。

（6）执行完前面的语句后，指针变量 p1 和 p2 都已经分别指向数组 a 和数组 b 中值为'\0'的元素。在输出语句中，从 p1-11 和 p2-11 所指向的数组元素开始输出，并没有移动指针，即没有改变指针变量的值。为了用"boy!"替换数组 b 中的"girl!"，通过“p2=p2-5;”来改变指针变量 p2 的值，将 p2 指向字符数组中的第 6 个元素。第 6 个元素的值为'g'。

表达式 p2=p2-5 等价于 p2=b+6。

（7）结束第 2 个循环后，如果不将'\0'赋给 p2 所指向的元素，输出数组 b 中的字符串时会有两个字符'!'。为什么？请读者思考。

（8）执行完第 2 个循环语句后，指针变量 p3 已经指向字符串中的字符'\0'，即 p3 已经执行了 4 次自增运算，所以字符串的首地址为 p3-4。

【例 4-12】指向二维字符数组的指针。

程序代码：

```
#include <stdio.h>
int main()
{
    int i;
    char str[4][20]={"BASIC 语言","FORTRAN 语言","C 语言","Pascal 语言"};
    char (*p)[20];                          //定义指针变量 p
    p=str;
    for(i=0;i<4;i++)
    {
        printf("%d: %s\n",i+1,*p);
        p++;
    }
    return 0;
}
```

运行结果：

```
1: BASIC 语言
2: FORTRAN 语言
3: C 语言
4: Pascal 语言
Press any key to continue
```

程序分析：

变量 p 是指向 20 个字符数据的集合的指针变量。指针变量 p 的基类型是由 20 个字符元素组成的一维数组。str 数组的每一行都是由 20 个字符元素组成的一维数组，存储一个字符串。因此，可以用指针变量 p 来处理数组 str 中的字符和字符串。

将 str 数组的首地址赋给指针变量 p，则 p 指向数组的第一行，即指向数组中的第一个字符串。变量 p 每增加 1，p 的值改变为下一行的地址，即指向下一个字符串。

4.2.6 指向函数的指针

程序中定义一个数组，数组名表示这个数组的地址。与此类似，函数名表示函数的地址。如果在程序中定义了一个函数，在编译时会把函数的源代码转换为可执行代码并分配一段存储空间。这段内存空间有一个首地址，称为函数的入口地址，简称函数的地址。因为每次调用函数时都从函数的地址开始执行此段函数代码，所以在程序设计中通常使用函数名来调用函数。

函数名就是函数的指针，代表函数的起始地址。

定义一个指向函数的指针变量，用来存放某一函数的起始地址，意味着此指针变量指向该函数。

定义指向函数的指针变量的一般形式为

```
类型名 (*指针变量名)(函数参数表列)
```

例如：

```
int (*p)(int,int)
```

定义 p 是一个指向函数的指针变量，它可以指向函数类型为整型且有两个整型参数的函数。此时，指针变量 p 的类型用 int (*)(int,int)表示。

【例 4-13】 通过指针变量调用它所指向的函数，求整数 a 和 b 中较大的数。

程序代码：

```
#include <stdio.h>
int main()
{
    int max(int,int);                   //声明函数 max
    int (*p)(int,int);                  //定义指向函数的指针变量 p
    int a,b,c;
    p=max;                              //使 p 指向函数 max
    printf("输入两个整数 a,b: ");
    scanf("%d,%d",&a,&b);
    c=(*p)(a,b);                        //通过指针变量调用函数 max
    printf("a=%d\nb=%d\nmax=%d\n",a,b,c);
    return 0;
}
int max(int x,int y)                    //定义函数 max
{
    int z;
    if(x>y)
        z=x;
    else
        z=y;
```

```
    return(z);
}
```

运行结果：

```
输入两个整数 a,b: 256,1024
a=256
b=1024
max=1024
Press any key to continue
```

程序分析：

（1）定义指向函数的指针变量，并不意味着这个指针变量可以指向任何函数，它只能指向在定义时指定类型的函数。

（2）如果要用指针调用函数，必须先使指针变量指向该函数。

（3）在给函数指针变量赋值时，只需给出函数名即可，不必给出参数。

（4）用函数指针变量调用函数时，只需将(*p)代替函数名即可（p 为指针变量名），在(*p)之后的括号中根据需要写上实参。

（5）对指向函数的指针变量不能进行算术运算，如 p+n，p++，p--等运算是无意义的。

（6）用函数名调用函数，只能调用所指定的一个函数，而通过指针变量调用函数比较灵活，可以根据不同情况先后调用不同的函数。

4.3　结构体

除整型、浮点型、字符型等系统内置的数据类型外，C 语言允许用户自己建立新的数据类型。结构体（structure）就是用户根据程序设计需要而构造的由不同类型数据组成的组合型数据结构。

4.3.1　定义和引用结构体

定义结构体的格式如下：

```
struct 结构体名
{
    数据类型 成员变量名 1;
    数据类型 成员变量名 2;
    …
    数据类型 成员变量名 n;
};
```

关键字 struct 和结构体名组成了结构体类型名。

花括号内是“成员列表”（member list）也称为“域表”（field list），每一个成员（member）是结构体中的一个域。结构体名和成员名都由用户指定，命名规则与变量名相同。

【例 4-14】 构建一个记录成绩的结构体类型（包括学号、成绩两个成员）和一个记录教师信息的结构体类型（包括工号、姓名、性别、地址 4 个成员），定义和初始化这种结构体变量，然后输出结构体变量的值。

程序代码：

```
#include <stdio.h>
int main()
{
    struct Subject                                              //（1）定义 Subject 结构体类型
    {
        long int num;                                           //这两行为结构体的成员
        float score;
    } s1={20190101,95};                                         //（2）初始化结构体变量 s1
    struct                                                      //（3）定义“无名”结构体类型
    {
        long int num;                                           //以下 4 行为结构体的成员
        char name[20];
        char sex;
        char dept[20];
    } t1={20080321,"Wan Qiang",'M',"Computer Science"},t2; //结构体变量 t1，t2
    struct Subject s2={20190102,69},s3;                         //（4）初始化变量 s2，定义变量 s3
    s3.num=20190103;                                            //（5）给 s3 的成员 num 赋值
    s3.score=82.5;
    t2=t1;                                                      //同类型的结构体变量可以互相赋值
    t2.num=20111045;
    strcpy(t2.name,"Li Ming");
    printf("学号:%ld  成绩:%5.1f\n",s1.num,s1.score);
    printf("学号:%ld  成绩:%5.1f\n",s2.num,s2.score);
    printf("学号:%ld  成绩:%5.1f\n",s3.num,s3.score);
    printf("工号:%ld  姓名:%s  性别:%c  地址:%s\n",t1.num,t1.name,t1.sex,t1.dept);
    printf("工号:%ld  姓名:%s  性别:%c  地址:%s\n",t2.num,t2.name,t2.sex,t2.dept);
    return 0;
}
```

运行结果：

```
学号:20190101 成绩: 95.0
学号:20190102 成绩: 69.0
学号:20190103 成绩: 82.5
工号:20080321 姓名:Wan Qiang 性别:M 地址:Computer Science
工号:20111045 姓名:Li Ming 性别:M 地址:Computer Science
Press any key to continue
```

程序分析：

（1）定义 Subject 结构体类型。结构体类型名为 Subject。Subject 结构体有两个成员，num 用来记录学号，数据类型是长整型；score 用来记录成绩，数据类型是浮点型。

（2）在定义 Subject 结构体类型的同时，初始化结构体变量 s1。将学号为 20190101 同学的成绩 95 赋给变量 s1。

结构体类型（如 Subject）与结构体变量（如 s1）是不同的概念。只能对变量赋值、存取或运算，而不能对一个类型赋值、存取或运算。它们之间的区别就像整型 int 和整型变量 a 的区别。

（3）定义“无名”结构体类型，即不指定类型名。因为这种结构体类型没有名字，所以只能在定义结构体类型的同时，直接定义或初始化结构体变量，如本程序中的结构体变量 t1 和 t2。

（4）定义 s2 为 Subject 类型的结构体变量。

注意

定义某种基本数据类型的多个变量，如“char a,b;”，则 a、b 是同一种数据类型。s1 和 t1 虽然都是结构体类型变量，但不是同类型的结构体变量，即它们是不同数据类型的变量。s1、s2 和 s3 是 Subject 类型变量，t1、t2 和 t3 是“无名”类型变量。

（5）给结构体变量 s2 的成员 num 赋值。

引用结构体成员的方式是：

```
结构体变量名.成员名
```

“.”是成员运算符，它在所有的运算符中优先级最高，因此可以把 s2.num 作为一个整体来看待，相当于一个普通变量，可以单独使用，进行各种运算（根据其类型决定可以进行的运算）。

注意

在初始化结构体变量名时，可以把一些常量用花括号括起来依次赋给结构体变量中的各成员。在其他语句中，只能对结构体变量中的各个成员分别输入和输出。

【例 4-15】 构建记录成绩的结构体类型（包括学号、成绩两个成员），录入 5 个同学的成绩，然后按成绩的高低顺序输出这些信息。

程序代码：

```
#include <stdio.h>
int main()
{
    int i,j,k;
    const int n=4;                                                  //定义常变量 n
    struct Student                                                  //定义 Student 结构体类型
    {
        int num;                                                    //学号
        float score;                                                //成绩
    } s[4]={20190101,0,20190102,0,20190103,0,20190104,0};           //（1）初始化结构体数组
    struct Student temp;                                            //定义 Student 结构体变量 temp
    for (i=0;i<n;i++)
    {
        printf("录入%d 同学的成绩：",s[i].num);
        scanf("%f",&s[i].score);                                    //输入成绩
    }
    for(i=0;i<n-1;i++)                                              //按成绩高低排序
    {
        k=i;
        for(j=i+1;j<n;j++)
            if(s[j].score>s[k].score)                               //进行成绩的比较
                k=j;
```

```
            temp=s[k];
            s[k]=s[i];
            s[i]=temp;                                              //s[k]和 s[i]元素互换
    }
    printf("按成绩高低排序的结果：\n");
    for(i=0;i<n;i++)                                                //输出学号和成绩
        printf("%12d %8.2f\n",s[i].num,s[i].score);
    return 0;
}
```

运行结果：

```
录入20190101同学的成绩：77
录入20190102同学的成绩：83
录入20190103同学的成绩：96
录入20190104同学的成绩：85
按成绩高低排序的结果：
    20190103    96.00
    20190104    85.00
    20190102    83.00
    20190101    77.00
Press any key to continue
```

程序分析：

（1）初始化结构体数组。

（2）排序的算法可参考例 4-8 中的冒泡排序法。

4.3.2 结构体指针

结构体指针是指向结构体变量的指针，一个结构体变量的起始地址就是这个结构体变量的指针。如果把一个结构体变量的起始地址存放在一个指针变量中，这个指针变量就指向该结构体变量。

【例 4-16】 构建一个教师的结构体类型（包括工号、姓名、部门），将教师的信息存入结构体变量中，通过结构体指针输出结构体变量中的信息。

程序代码：

```
#include <stdio.h>
int main()
{
    struct Teacher                                          //定义 Teacher 结构体类型
    {
        long int num;                                       //这三行为结构体的成员
        char name[20];
        char dept[20];
    } t={20080321,"Wan Qiang",'M',"Computer Science"};      //初始化变量 t
    struct Teacher *p;                                      //（1）定义 Teacher 结构体指针变量 p
    p=&t;                                                   //（2） p 指向结构体变量 t
    printf("工号:%ld \n 姓名:%s \n 部门:%s \n",p->num,p->name,p->dept);    //（3）输出
    return 0;
}
```

运行结果：

```
工号:20080321
姓名:Wan Qiang
部门:MComputer Science
Press any key to continue
```

程序分析：

（1）定义结构体指针变量 p，p 的基类型是 struct Teacher。

（2）将结构体变量 t 的地址赋给结构体指针变量 p 。

（3）使用结构体指针变量 p 输出结构体变量 t 的值。

p->num 等价于 (*p).num，也等价于 t.num。

【例 4-17】构建一个课程成绩的结构体类型（包括学号、成绩），定义并初始化相应的结构体数组变量，通过结构体指针变量输出结构体数组变量中的信息。

程序代码：

```
#include <stdio.h>
int main()
{
    struct Student                                              //定义 Student 结构体类型
    {
        int num;                                                //学号
        float score;                                            //成绩
    } s[4]={20190101,90.5,20190102,85,20190103,73.6,20190104,96};  //初始化数组 s
    struct Student *p;                                          //（1）定义结构体指针变量 p
    printf("      学号            成绩\n");                       //输出标题栏
    for (p=s;p<s+4;p++)                                         //（2）循环 4 次
        printf("%12d %8.2f\n",p->num,p->score);                 //输出结构体成员的值
    return 0;
}
```

运行结果：

```
      学号          成绩
    20190101      90.50
    20190102      85.00
    20190103      73.60
    20190104      96.00
Press any key to continue
```

程序分析：

（1）定义结构体指针变量 p，p 的基类型是 Student。

```
struct Student *p;
```

等价于

```
Student *p;
```

（2）for 语句中的第一个表达式将结构体数组变量 t 的首地址赋给结构体指针变量 p；第二个表达式是循环条件，当 p 所指向的地址小于数组首地址+4 时进入循环；第三个表达式执行 p 指针变量的自增运算。

p 指针变量通过自增运算，每自增 1，指针指向数组的下一个元素；从数组第 1 个

元素的地址（首地址）开始，到数组首地址+4 时终止，依次执行输出语句，输出数组每一个元素的值。数组的每一个元素都是一个 Student 类型的结构体变量。

4.4 文件

本节介绍的文件是指存储在计算机外部存储设备（硬盘）上的文件。程序中各种变量和常量保存的数据，在退出程序或者计算机断电后就消失了。保存在文件中的数据可以长期、多次使用，不会因为断电而消失。

4.4.1 文件的基本知识

文件（file）一般指存储在外部介质上数据的集合。操作系统是以文件为单位对数据进行管理的。

数据的传递像流水一样，从一处流向另一处。输入操作是从文件中读取数据，数据从文件流向计算机内存；输出操作是向文件写入数据，数据从内存流向文件。

1．文件名

每一个文件都有一个唯一的文件标识，便于用户和操作系统识别、引用和管理文件。

文件标识包括文件路径、文件名主干和文件后缀。

例如：

```
E:\创意编程\第 4 章\file1.txt
```

①“E:\创意编程\第 4 章\”是文件路径，表示文件在外部存储设备中的位置；

②“file1”是文件主干名，是用户取的名字或系统生成的名字；

③“.txt”是文件后缀，表示文件的类型。

有时，将文件标识称为文件名；有时，将文件主干名称为文件名；有时，又将文件主干名加文件后缀称为文件名。因此，需要注意相关的上下文，以确定文件名的具体含义。

2．数据文件的分类

根据数据的组织形式，数据文件可分为文本文件和二进制文件。

在内存中，数据是以二进制形式存储的。如果不加转换地将数据存储到硬盘中，生成的是二进制文件。可以认为二进制文件是内存中相应数据的映像，所以也称之为映像文件（image file）。

如果将内存中的数据转换成 ASCII 代码后再存储到硬盘中，生成的是文本文件。文本文件又称为 ASCII 文件，C 语言的源程序就是文本文件。

3．文件缓冲区

在处理数据文件时，计算机系统在内存区为每个正在使用的文件开辟一个文件缓冲区。从内存向磁盘输出数据时，先将数据送到文件缓冲区，装满缓冲区后才一起送到磁盘中。从磁盘读入数据时，先将数据送到文件缓冲区，再从缓冲区逐个地将数据送到程序的数据区。

4. 文件类型指针

文件类型指针简称文件指针。

系统为每个正在使用的文件在内存中开辟一个文件信息区，用来存放文件的有关信息（如文件的名字、文件状态及文件当前位置等）。这些信息保存在一个结构体变量中。该结构体类型在 stdio.h 头文件中进行了定义，取名为 FILE。

4.4.2 文件的基本操作

文件的基本操作包含：打开、关闭、读取和写入。下面通过实例来介绍相关的操作。

【例 4-18】 用键盘输入一个字符串，将该字符串写到磁盘文件 file01.txt 中。

程序代码：

```
#include <stdio.h>
#include <stdlib.h>                                    //引用 stdlib.h 头文件
int main()
{
  FILE* fp;                                            //（1）定义文件指针变量
  char str[30];                                        //定义存放字符串的数组
  printf("输入字符串:\n");
  gets(str);                                           //（2）输入字符串
  fp=fopen("file01.txt","w");                          //（3）打开文件
  if(fp==NULL)                                         //（4）是否正常打开磁盘文件
  {
    printf("无法打开此文件!\n");
    exit(0);                                           //（5）退出程序
  }
  fputs(str,fp);                                       //（6）向文件写入数据
  printf("已经将 %s 写入 file01.txt 文件。\n", str);    //显示提示信息
  fclose(fp);                                          //（7）关闭文件
  return 0;
}
```

运行结果：

```
输入字符串:
BEIJING
已经将 BEIJING 写入file01.txt文件。
Press any key to continue
```

程序分析：

（1）定义文件指针变量。

FILE 是系统定义的存放文件信息的结构体类型名。FILE 类型即文件结构体类型，简称文件类型。

语句“FILE *fp;”的作用是定义一个指向 FILE 类型数据的指针变量 fp，即定义文件类型指针 fp。

（2）输入字符串 gets(str)。

gets()函数是头文件 stdio.h 中的库函数。gets(str)是从键盘读取一个字符串并将其存储到 str 所指向的内存空间，即存储到字符数组 str[30]中。

数组名 str 是数组 str[30]的首地址，即指向数组 str[30]的指针。str 所指向的内存空间就是数组 str[30]的内存空间。在 C 程序中，用字符数组来保存字符串。

（3）打开文件。

fopen()函数是头文件 stdio.h 中的库函数，功能是打开文件。

fopen()函数的格式是：

```
fopen(文件名，使用文件方式);
```

本程序中，文件名是“file01.txt”；使用文件方式是“w”。

“w”表示以只写的方式打开文件。如果指定的文件不存在，则先创建该文件；如果指定的文件已存在，则删除该文件，然后创建一个新文件。

其他常用的打开文件方式有：

①“r”表示以只读的方式打开文件。如果指定的文件不存在，则出错。

②“a”表示以追加的方式打开文件。如果指定的文件不存在，则出错。

语句“fp=fopen("file01.txt","w");”是将 fopen 函数的返回值赋给指针变量 fp。

fp 指向系统为"file01.txt"创建的文件信息区，通过该文件信息区中的信息就能够访问"file01.txt"文件。

通常将这种指向文件信息区的指针变量简称为指向文件的指针变量。

（4）是否正常打开磁盘文件。

如果不能正常打开磁盘文件，则 fopen()函数的返回值为空，即赋给指针变量 fp 的值为空。

如果 fp 的值为空，则显示提示信息“无法打开此文件!”。

（5）退出程序。

exit()函数是头文件 stdlib.h 中的库函数，功能是关闭所有文件，退出正在执行的程序。

（6）向文件写入数据。

```
fputs(str,fp);
```

fputs()函数是头文件 stdio.h 中的库函数，功能是向指定的文件写入一个字符串。

字符串可以是字符串常量、字符数组名或指向字符串的指针变量。

（7）关闭文件。

使用完一个文件后应该将该文件关闭。如果不关闭文件就结束程序，就可能造成数据丢失。因为向文件写数据时，先将数据输出到缓冲区，待缓冲区充满后才正式输出给文件。如果当数据未充满缓冲区时程序结束运行，就可能使缓冲区中的数据丢失。用 fclose()函数关闭文件时，会先把缓冲区中的数据输出到磁盘文件，然后撤销文件信息区。

【例 4-19】从数据文件 file01.txt 中读取一行数据，将这行数据写入文件 file02.txt 中。利用键盘输入 3 个字符串，并将这 3 个字符串添加到文件 file01.txt 中。

程序代码：

```
#include <stdio.h>
#include <stdlib.h>
int main()
{
  FILE *fp1,*fp2;                                   //定义文件指针变量 fp1、fp2
  int i;                                            //循环变量
  char str[30];                                     //存放字符串的数组
  fp1=fopen("file01.txt","a+");                     //（1）打开文件 file01.txt
  if(fp1==NULL)                                     //是否正常打开文件
  {
    printf("无法打 file01.txt 文件!\n");
    exit(0);
  }
  fgets(str,30,fp1);                                //（2）读取字符串
  fp2=fopen("file02.txt","w");                      //打开文件 file02.txt
  if(fp2==NULL)                                     //是否正常打开文件
  {
    printf("无法打 file02.txt 文件!\n");
    exit(0);
  }
      fputs(str,fp2);                               //向文件写入数据
  printf("已经将 %s 写入 file02.txt 文件。\n", str);  //显示提示信息
  fclose(fp2);                                      //关闭文件 file02.txt
  printf("输入字符串:\n");                           //提示信息
  for(i=0;i<3;i++)
  {
     gets(str);                                     //输入字符串
     fputs(str,fp1);
     printf("已经将 %s 写入 file01.txt 文件。\n", str);  //显示提示信息
  }
  fclose(fp1);                                      //关闭文件 file01.txt
  return 0;
}
```

运行结果：

```
已经将 BEIJING 写入file02.txt文件。
输入字符串:
SHANGHAI
已经将 SHANGHAI 写入file01.txt文件。
GUANGZHOU
已经将 GUANGZHOU 写入file01.txt文件。
SHENZHEN
已经将 SHENZHEN 写入file01.txt文件。
Press any key to continue
```

程序分析：

（1）打开文件。

如果希望保留文件中原有的数据，向文件末尾添加新的数据，则应该用追加的方式打开文件，即“a”方式。此时应保证该文件已存在，否则将出错。

如果希望以追加的方式写入数据，又能够读取数据，则应使用“a+”的方式打开文件。本程序就是采用“a+”的方式打开文件。

（2）读取字符串。

fgets()函数是头文件 stdio.h 中的库函数，函数的调用形式是：

```
fgets(str,n,fp)
```

函数的功能是从文件指针 fp 所指向的文件中读取一个长度为 n-1 的字符串，存放到字符数组 str 中。

4.5 习题

1．定义一个 float 型的数组，保存 10 个同学的成绩。利用键盘输入 10 位同学的成绩后，按录入的顺序依次输出。每一行输出一个同学的成绩，在成绩前面输出序号和冒号。序号为 1～10。

2．利用字符串数组和字符串处理函数，对输入的 6 个城市名（拼音）进行排序后输出。

3．用指针变量作为函数参数，实现 3 个整数由大到小排序，并输出结果。

4．通过指针变量调用它所指向的函数，求 3 个整数中最大的数。

5．构建一个商品信息的结构体类型（包括商品编号、商品名称和单价）。商品编号为 int 型数据，商品名称为 20 个元素的字符数组，单价为 float 型数据。初始化一个普通的结构体变量，并定义一个结构体指针，分别通过结构体变量和结构体指针输出商品的信息。

6．利用键盘输入两个字符串，并将这两个字符串写入文件 file01.txt 中，然后从文件 file01.txt 中读取这两行数据并输出到屏幕上。

第 5 章

C++程序设计基础

C++语言在 C 语言的基础上加入了类和对象的概念，所以又称为“带类的 C”。它是一种面向对象的程序设计（Object Oriented Programming，OOP）语言。与面向过程的程序设计相比，面向对象的程序设计具有更强的重用性、灵活性和扩展性。因为 C++语言兼容 C 语言，所以 C++语言实际上是一种兼具面向过程和面向对象的混合型程序设计语言。

学习目标

- 了解面向对象程序设计的基本思想和方法。
- 理解类和对象等概念。
- 掌握类的定义和类成员的访问。
- 掌握继承的概念和生成派生类的方法。

5.1 类和对象

C++语言在 C 语言原有数据类型的基础上增加了一种新的数据类型——“类”类型（class type）。

5.1.1 从结构体到类

类类型与结构体类型类似，都是用户根据程序设计的需要构建的数据类型。结构体的成员可以是整型、浮点型、字符型等简单的数据类型，也可以是数组、结构体等复杂的数据类型。类类型除了具有结构体类型的特点，还增加了函数成员。下面先通过实例介绍结构体类型的用法。

【例 5-1】构建一个结构体记录学生的信息（包括学号和成绩），并输入/输出学生的信息。

解题思路：

定义结构体类型 Student，其成员 num 和 score 分别记录学号和成绩，并定义一个输入数据的函数 datain 和一个输出数据的函数 dataout，在主函数中调用这两个函数以实现题目的要求。

程序代码：

```
#include <stdio.h>
struct Student                              //定义结构体类型 Student
{
    long int num;                           //（1）长整型变量 num 记录学号
    float score;                            //单精度浮点型变量 score 记录成绩
};
Student s1;                                 //（2）定义 Student 类型的变量 s1
void datain()                               //（3）输入数据的函数 datain
{
    printf("输入学号，成绩:");
    scanf("%ld,%f",&s1.num,&s1.score);      //给 s1 的成员赋值
}
void dataout()                              //（4）输出数据的函数 dataout
{
    printf("学号:%ld  成绩:%5.1f\n",s1.num,s1.score);
}
int main()                                  //主函数
{
    datain();                               //调用输入数据的函数 datain
    dataout();                              //调用输出数据的函数 dataout
    return 0;
}
```

运行结果：

```
输入学号，成绩:20190101,89.5
学号:20190101  成绩: 89.5
Press any key to continue
```

程序分析：

（1）长整型变量 num 记录学号。

“long int num;”中的“int”可以省略。

“long int num;”等价于“long num;”。

（2）定义 Student 类型的变量 s1。

变量 s1 有两个数据成员。变量 s1 是全局变量，其他函数可以给 s1 的数据成员赋值，也可以引用 s1 的数据成员。

（3）输入数据的函数 datain。

函数 datain 是外部函数，即在函数 datain 定义或声明后，其他函数都可以调用。

（4）输出数据的函数 dataout。

函数 dataout 也是外部函数。

任何事物都具有属性（attribute）和行为（behavior）两种要素。

例如，人具有的属性有：身高、体重、学历、身份证号等；人的行为包括：说话、读书、跑步等。

属性描述了事物的性质或特征，对应计算机语言中的数据。不同的属性可以采用不同的数据类型表示，既可以用简单的数据类型表示，也可以用复杂的数据类型表示，如结构体类型。行为是事物具备的能力或功能，对应计算机语言中的函数。要完成某种行

为或功能，需要设计相应的函数。

为了提高程序设计的重用性、灵活性和扩展性，C++语言在结构体中增加了函数成员，即将数据和函数整合在一起，形成了一个新的数据类型——“类”类型。

【例 5-2】使用类和对象记录学生的信息（学号和成绩），并输入/输出学生的信息。

解题思路：

定义类类型 CStudent，包括两个私有的数据成员和两个公有的函数成员，在主函数中定义 CStudent 类的对象 cs1，调用 cs1 中的成员函数以实现题目的要求。

程序代码：

```
#include <stdio.h>
class CStudent                               //（1）定义类类型 CStudent
{
    private:                                 //（2）声明 num 和 score 是私有成员
        long int num;                        //（3）这两行是类的数据成员
        float score;
   public:                                   //（4）声明 datain 和 dataout 是公有成员
        void datain()                        //（5）定义成员函数 datain
        {
            printf("输入学号，成绩:");
            scanf("%ld,%f",&num,&score);
        }
        void dataout()                       //（6）定义成员函数 dataout
        {
            printf("学号:%ld  成绩:%5.1f\n",num,score);
        }
};
int main()
{
      class CStudent cs1;                    //（7）定义 CStudent 类的对象 cs1
      cs1.datain();                          //（8）调用 cs1 的函数（或方法）datain
      cs1.dataout();                         //（9）调用 cs1 的函数（或方法）dataout
      return 0;
}
```

运行结果：

```
输入学号，成绩:20190101,89
学号:20190101 成绩: 89.0
Press any key to continue
```

程序分析：

（1）class 是定义类的关键字，CStudent 是类名。通常用“C”作为类名的首字母，便于识别。

（2）private 是描述访问权限的关键字，“private:”后的类成员是私有成员。

（3）定义类的数据成员，其形式和作用与结构体成员类似，但本程序中的数据成员 num 和 score 都是私有成员。

（4）public 是描述成员的访问权限的关键字，“public:”后的类成员是公有成员。

（5）定义成员函数 datain，其功能是输入数据。成员函数 datain 是公有成员。

（6）定义成员函数 dataout，其功能是输出数据。成员函数 dataout 也是公有成员。

（7）定义 CStudent 类的对象 cs1。

这条语句中的关键字 class 可以省略，写成“CStudent cs1;”。

与此相似，语句“long int num;”可以写成“long num;”。

“long”（或“long int”）是整型中的一种数据类型，“CStudent”是类类型中的一种数据类型，虽然都是数据类型，但有以下三个区别。

①“long num;”定义的标识符 num 是一个长整型变量（或 long 型变量）。变量的值都是数据，而类中既有数据成员，还有函数成员。用“CStudent cs1;”定义的标识符 cs1 是 CStudent 这种特殊数据类型的变量，为了区别，给这种特殊的变量取了一个新名字——对象，称 cs1 是一个 CStudent 类的对象。当然，“类”和“对象”这些概念不是源自 C++语言，而是源自最早的面向对象的程序设计语言 Simula 67。

②“long int”是系统内置的数据类型，“CStudent”是用户自定义的数据类型；“long int”是系统定义的关键字，而类名“CStudent”是用户（程序员）取的名字。

③ 基本整型也是整型中的一种数据类型，关键字是“int”，所以可以用“long”定义长整型变量，也可以用“int”定义基本整型变量（简称为整型变量）；而关键字“class”只能用来定义类类型，不能用来定义类的对象。

（8）调用 cs1 的函数 datain，为 cs1 的数据成员 num 和 score 赋值。

私有成员只能通过类的成员函数来访问，外部函数不能直接访问私有成员。

在 C 语言中，结构体只有数据成员，且所有成员都是公有成员。

在 C++语言中，定义结构体与定义类几乎相同，结构体也可以有函数成员。结构体和类的差别是，如果不声明访问权限，结构体的成员都是公有成员，而类的成员都是私有成员。

由此可见，类是从结构体发展而来的，与结构体相比，类更强调对数据的保护。

5.1.2 面向对象程序设计的几个重要概念

1. 类

类是一种用户根据软件设计的需要而自定义的数据类型，通常包含数据成员和函数成员，并设定了这些成员的访问类型。定义类的格式如下：

```
class  类名
{
    private:              //私有访问类型
    数据成员;
    函数成员;             //或称为成员函数
    public:               //公有访问类型
    数据成员;
    函数成员;
};                        //类声明的末尾以分号结束
```

2. 对象

对象是类的实例，是组成程序的基本模块。

在例 5-1 和例 5-2 中，num 是 long int 类型的变量；s1 是 Student 类型的变量；cs1 是 CStudent 类型的变量。习惯上，称 cs1 为 CStudent 类的对象。对象是类的实例，不是指对象 cs1 是 class 的实例，而是指对象 cs1 是 CStudent 类的实例。

表 5-1 所示为前两个例题中出现的几种数据类型和变量（对象）的比较。

表 5-1　几种数据类型和变量（对象）的比较

关键字	抽　象（数据类型）	实　例（变量/对象）	说　明
long int	long（或 long int）	num;	系统内置数据类型及实例
float	Float	score	系统内置数据类型及实例
struct	Student（或 struct Student）	s1	自定义数据类型及实例
class	CStudent（或 class CStudent）	cs1	自定义数据类型及实例

用 C++语言编写的面向对象的程序就是各种对象的组合，模块化程度比以函数为基本模块的 C 程序更高，更有利于编写大型复杂的程序。

3．消息

消息是执行某个程序语句时产生的一个命令，以调用一个对象的成员函数来执行一个操作。

例 5-2 的程序中，“cs1.datain();”语句执行的结果就是向对象 cs1 发送消息。

4．方法

方法就是类的成员函数。私有方法（私有成员函数）只能被同一个对象内的方法访问，公有方法才能被对象外的方法（其他对象的成员函数）和外部函数（不是其他对象的成员）访问。

C 语言中，函数就是功能，是组成程序的基本模块，是程序实现某种目的、发挥某种作用的基本方法。

用 C 语言编写的面向过程的程序可以归结为

程序 = 算法 + 数据结构

C++语言中，

对象 = 算法 + 数据结构

用 C++语言编写的面向对象的程序可以归结为

程序 = 对象 + 消息

因为对象和消息在 C++语言中极为重要，所以通常把调用成员函数表述为发送消息来激活相应的方法。

5.1.3 使用类和对象的实例

本节通过实例详细介绍如何使用类和对象。

【例 5-3】使用类和对象记录学生的信息（学号、成绩和附加分），并输入/输出学生的信息。

解题思路：

将附加分定义为公有成员，以增加处理数据的灵活性。

程序代码：

```
#include <stdio.h>
class CStudent                                  //定义类类型 CStudent
{
    private:                                    //（1）定义私有成员
        long int num;                           //私有数据成员 num
        float score, all;                       //私有数据成员 score 和 all
        float dataadd()                         //私有函数成员 dataadd
        {
            return score + add;
        }
    public:                                     //（2）定义公有成员
        float add;                              //公有数据成员 add
        void dataio()                           //定义成员函数 dataio
        {
            printf("输入学号，成绩:");
            scanf("%ld,%f",&num,&score);
            all=dataadd();                      //（3）将函数 dataadd 的返回值赋给 all
            printf("学号:%ld  成绩:%5.1f ",num,score);
            printf("附加分:%5.1f 总分:%5.1f\n", add,all);
        }
};
int main()
{
    CStudent cs1;                               //定义 CStudent 类的对象 cs1
    cs1.add=10;                                 //（4）给对象 cs1 的数据成员 add 赋值
    cs1.dataio();                               //（5）调用 cs1 的函数（或方法）dataio
    return 0;
}
```

运行结果：

```
输入学号，成绩:20190103,92.5
学号:20190103 成绩: 92.5 附加分: 10.0 总分:102.5
Press any key to continue
```

程序分析：

（1）定义私有成员。在私有成员中，数据成员 num 记录学号，score 记录成绩，all 记录总分，函数成员 dataadd 计算并返回成绩与附加分之和。

（2）定义公有成员。在公有成员中，数据成员 add 记录附加分，函数成员 dataio 实现输入/输出数据的功能。

（3）在公有成员函数 dataio 中调用私有成员函数 dataadd，并将函数 dataadd 的返回值赋给私有数据成员 all。

（4）在主函数中给对象 cs1 的公有数据成员 add 赋值。

编写代码给 cs1 的公有数据成员 add 赋值时，在对象名“cs1”后输入“.”，系统自动弹出该对象的成员列表，如图 5-1 所示。私有数据成员名前面有一个锁形的图标，表示该成员不能被直接访问。例如，在主函数中编写代码“cs1.score=80;”，编译或运行程序时将出错，因为私有数据成员只能通过本对象的成员函数来访问。

（5）在主函数中调用 cs1 的函数（或称为方法）dataio。

编写代码调用 cs1 的公有函数成员 dataio 时，在对象名“cs1”后输入“.”，系统自动弹出该对象的成员列表，如图 5-1 所示。私有函数成员名前面有一个锁形图标，表示该成员不能被直接访问。例如，在主函数中加入代码“cs1.dataall();”，编译或运行程序时将出错，因为私有成员函数只能被本对象的成员函数调用。

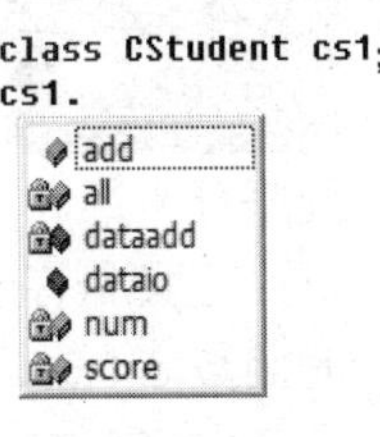

图 5-1

【例 5-4】使用类和对象处理学生的信息（学号、成绩和附加分），将方法（成员函数）放在类体之外，并通过指针访问对象中的成员。

解题思路：

定义一个类 CStudent 记录和处理学生的信息，再定义两个 CStudent 的对象 cs1 和 cs2，以及一个指向 CStudent 类的指针变量 cp2。通过指针变量 cp2 给对象 cs2 的数据成员赋值，并调用 cs2 的成员函数。

程序代码：

```
#include <stdio.h>
class CStudent                          //定义 CStudent 类
{
    private:
        long int num;
        float score, all;
        float dataadd();                //（1）定义私有成员函数 dataadd
    public:
        float add;
        void dataio();                  //（2）定义公有成员函数 dataio
};
float CStudent::dataadd()               //（3）定义私有成员函数 dataadd
{
    return score+add;
}
void CStudent::dataio()                 //（4）定义公有成员函数 dataio
{
    printf("输入学号，成绩:");
    scanf("%ld,%f",&num,&score);
    all=dataadd();
    printf("学号:%ld  成绩:%5.1f  附加分:%5.1f  总分:%5.1f\n",num,score,add,all);
}
int main()
{
    CStudent cs1,cs2,*cp2;              //（5）定义 CStudent 类的对象 cs1、cs2 和指针 cp2
    cs1.add=10;
    cs1.dataio();
    cp2=&cs2;                           //将对象 cs2 的地址赋值给指针变量 cp2
    cp2->add=20;                        //（6）给 cs2 的公有数据成员 add 赋值
    cp2->dataio();                      //（7）调用 cs2 的公有成员函数
    return 0;
}
```

运行结果：

```
输入学号, 成绩:20190101,86
学号:20190101 成绩: 86.0 附加分: 10.0 总分: 96.0
输入学号, 成绩:20190102,95.5
学号:20190102 成绩: 95.5 附加分: 20.0 总分:115.5
Press any key to continue
```

程序分析：

（1）定义私有成员函数 dataadd。

对函数 dataadd 的定义放在类体之外。

（2）定义公有成员函数 dataio。

对函数 dataio 的定义放在类体之外。

（3）定义私有成员函数 dataadd。

成员函数可以定义在类定义的内部，也可以定义在类体之外。

在类体之外定义类的成员函数需使用范围解析运算符“::”，用“::”指明该函数属于哪一个类。

```
float CStudent::dataadd()
```

表示函数 dataadd 是 CStudent 类的函数，函数名 dataadd 和函数的类型 float 需与类体内的声明一致。

（4）定义公有成员函数 dataio。

在类体内确定了成员函数 dataio 是公有成员函数。

（5）定义 CStudent 类的对象 cs1,cs2 和指针 cp2。

在 C 语言中，语句“int *p;”定义了指针变量 p，表示 p 的基类型是 int，p 是指向 int 类型变量的指针。

与此相似，语句“CStudent *cp2;”定义了指针变量 cp2，表示 cp2 的基类型是 CStudent，cp2 是指向 CStudent 类型变量（对象）的指针变量。

（6）通过指针 cp2 给 cs2 的公有成员 add 赋值。编写代码时，在指针变量名“cp2”后输入“->”，系统自动弹出该对象的成员列表，如图 5-2 所示。同样，私有成员名前面有一个锁形图标，表示该成员不能被访问。

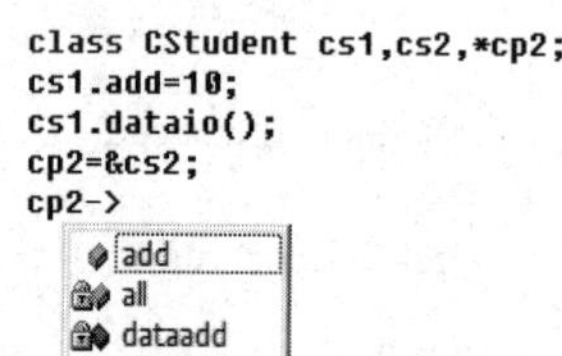

图 5-2

（7）在主函数中通过指针 cp2 调用 cs2 的成员函数 dataio。

5.1.4 面向对象程序设计的主要特征

面向对象程序设计有 4 个主要特征：抽象、封装、继承和多态性。

1. 抽象

哲学意义上的抽象是指从众多的事物中抽取出共同的、本质性的特征，而舍弃其非本质的特征的过程。在计算机程序设计中，对于抽象要明确以下三个方面的含义。

（1）何谓事物的本质性特征，需具体问题具体分析。设计教学管理系统时，学生的学习成绩是“本质性特征”；设计健康管理系统时，学生的体重和身高等信息是“本质性特征”。

（2）每一种数据类型都具有抽象性，但它们具有不同的整合度。通常整合度越高，抽象程度就越高。例如，可以用两个变量（学号和成绩）来记录学生的信息，也可以用一个结构体变量来记录这些信息，还可以定义一个类（数据成员）来记录这些信息，并在类中定义输入和输出的方法（函数成员）。显然，随着整合度的提高，抽象的程度也提高了。

（3）在面向对象的程序设计中，类是对象的抽象，对象是类的实例。这里所说的类不是指 class，而是指用户或系统定义的某个类，如 CStudent 类等。只有 CStudent 类是对具体事物的抽象，CStudent 类的实例（如对象 cs1、cs2 等）才具有内存空间，可以被赋值或调用。

2．封装

封装就是将抽象得到的属性（数据成员）和行为（函数成员）结合成一个有机的整体，即将数据与操作数据的函数结合起来形成“类”。使用者通过外部接口，以特定的访问权限来使用类的成员，如图 5-3 所示。

封装的目的是隐藏内部实现细节，增强安全性和简化编程。

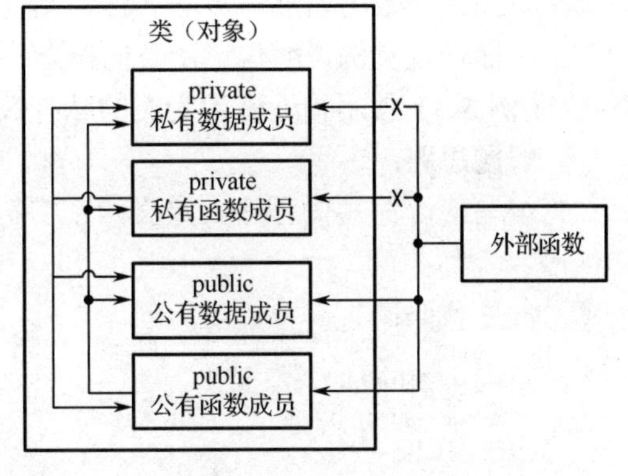

图 5-3

3．继承

在定义和实现一个类的时候，可以在一个已经存在的类的基础上进行，把这个已经存在的类所定义的内容作为自己的内容，并加入若干新的内容，或修改原来的方法（Override，重写方法）使之更适合特殊的需要，这就是继承。继承是子类自动共享父类数据和方法的机制，这是类之间的一种关系，提高了软件的可重用性和可扩展性，使编程效率更高，体系结构完整。

继承是 C++语言的真谛。

4．多态性

同样的消息被不同的对象接收时，可能导致完全不同的行为，这种现象称为多态性。多态性包含编译时的多态性和运行时的多态性，即静态多态性和动态多态性两种。

静态多态性表现在一个类或一个函数中的同名函数根据参数表（类型及个数）区别语义，并通过静态联编实现。例如，在一个类中定义不同参数的构造函数。

动态多态性表现在一个类层次的不同类中的重载函数一般具有相同的函数名，需要根据指针指向的对象所在类来区别语义，通过动态联编实现。

在用户不做任何干预的环境下，类的成员函数的行为能根据调用它的对象类型自动进行适应性调整，而且调整发生在程序运行时。这就是程序的动态多态性。

多态性增强了软件的灵活性和扩展性。

5.2 构造函数和析构函数

类的构造函数和析构函数是类的特殊的成员函数，它们不会返回任何类型，也不会返回void。

5.2.1 构造函数

在对象创建时，系统自动调用构造函数。构造函数的作用是为某些成员变量设置初值。如果程序中未定义构造函数，则系统自动产生出一个默认的构造函数，其参数列表为空。构造函数的名称与类的名称是完全相同的。

下面通过实例说明构造函数的概念。

【例5-5】使用构造函数为类的私有数据成员赋初值。

解题思路：

编写一个简短的程序，定义两个字符数组作为私有数据成员，用于存储常用的问候语。

程序代码：

```
#include <stdio.h>
#include <string.h>
class CHello                              //定义CHello类
{
    private:
        char m_T[32] ;                    //（1）教师的问候语m_T
        char m_S[32];                     //学生的问候语m_S
    public:
        CHello()                          //（2）定义默认的构造函数
        {
            strcpy(m_T,"同学们好！");     //（3）为数据成员m_T赋值
            strcpy(m_S,"老师好！");       //为数据成员m_S赋值
        }
        char *GetT()                      //（4）定义成员函数GetT
        {
            return (char*)m_T;
        }
        char *GetS()                      //定义成员函数GetS
        {
            return (char*)m_S;
        }
};
int main( )
{
```

```
    CHello *Phello = new CHello;          //（5）定义 CHello 类的指针，并分配内存
    printf("老师：%s\n",Phello->GetT());  //（6）调用 GetT 方法输出 m_T
    printf("学生：%s\n",Phello->GetS());  //调用 GetS 方法输出 m_S
    return 0;
}
```

运行结果：

```
老师：同学们好！
学生：老师好！
Press any key to continue
```

程序分析：

（1）教师的问候语 m_T。

用字符数组 m_T 存储字符串。

（2）定义默认的构造函数。

默认的构造函数没有参数，函数名与类名相同。

（3）为数据成员 m_T 赋值。

默认构造函数调用库函数 strcpy 将字符串"同学们好！"赋给私有数据成员 m_T，即完成相应数据成员的初始化。在定义对象时，默认构造函数自动进行初始化。

（4）定义成员函数 GetT。

公有成员函数 GetT 的功能是返回私有数据成员 m_T 的值。

（5）定义 CHello 类对象指针，并分配其内存。

在例 5-4 中，定义 CStudent 类的对象 cs1、cs2 和指针 cp2 时，没有为指针 cp2 分配内存。然后，用“cp2=&cs2;”将对象 cs2 的地址赋给 cp2。因此，cp2 指向的是对象 cs2 地址。

本例中的语句“CHello *Phello = new CHello;”在定义指针变量 Phello 的同时，为其分配了相应的内存空间。

（6）调用 GetT 方法输出 m_T。

调用 GetT 方法即调用公有成员函数 GetT，该函数的功能是返回私有数据成员 m_T 的值。本例中是显示 m_T 中存储的字符串“同学们好！”。

【例 5-6】使用带参数的构造函数为类的私有数据成员赋初值。

解题思路：

编写一个简短的程序，定义两个字符数组作为私有数据成员，用于存储常用的问候语。

程序代码：

```
#include <stdio.h>
#include <string.h>
class CHello                              //定义 CHello 类
{
private:
    char m_T[32] ;                        //定义数据成员 m_T
    char m_S[32];                         //定义数据成员 m_S
public:
    CHello()                              //（1）定义默认的构造函数
    {
```

```
        strcpy(m_T,"同学们好！");              //为数据成员赋值
        strcpy(m_S,"老师好！");                //为数据成员赋值
    }
    CHello(char *pT, char *pS)                //（2）定义普通的构造函数
    {
        strcpy(m_T, pT);                      //（3）将 pT 的值赋给私有成员 m_T
        strcpy(m_S, pS);
    }
    char *GetT()                              //定义成员函数 GetT
    {
        return (char*)m_T;
    }
    char *GetS()                              //定义成员函数 GetS
    {
        return (char*)m_S;
    }
};
int main( )
{
    CHello    hello1;                         //（4）定义 CHello 类对象 hello1
    printf("老师：%s\n",hello1.GetT());        //调用 GetT 方法输出 m_T
    printf("学生：%s\n",hello1.GetS());        //调用 GetS 方法输出 m_S
    printf("\n");
    CHello hello2("吃饭了吗？","吃了米粉。");   //（5）定义 CHello 类对象 hello2
    printf("老师：%s\n",hello2.GetT());        //调用 GetT 方法输出 m_T
    printf("学生：%s\n",hello2.GetS());        //调用 GetS 方法输出 m_S
    return 0;
}
```

运行结果：

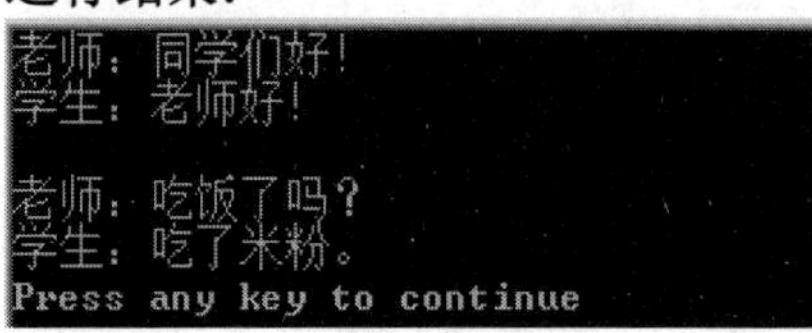
老师：同学们好！
学生：老师好！

老师：吃饭了吗？
学生：吃了米粉。
Press any key to continue

程序分析：

（1）定义默认的构造函数。

默认的构造函数不带参数，函数名与类名相同。

（2）定义普通的构造函数。

普通的构造函数带参数，又称为非默认的构造函数，函数名也与类名相同。

（3）将 pT 的值赋给私有成员 m_T。

非默认构造函数调用库函数 strcpy 将接收的参数赋给私有数据成员 m_T。

（4）定义 CHello 类对象 hello1。

定义对象 hello1 时，调用默认构造函数给私有数据成员 m_T 和 m_S 赋值。

（5）定义 CHello 类对象 hello2。

定义对象 hello2 时，因为带有参数，所以调用非默认构造函数给私有数据成员 m_T 和 m_S 赋值。

5.2.2 析构函数

类的析构函数是类的一种特殊的成员函数。在对象的生存期结束时，系统自动调用析构函数，完成对象被删除前的一些清理工作，然后释放此对象所属的空间。如果程序中未定义析构函数，编译器将自动产生一个隐含的析构函数。

析构函数的名称与类的名称是完全相同的，只是在前面加了一个波浪号（~）作为前缀，它不会返回任何值，也不能带有任何参数。析构函数有助于在跳出程序（如关闭文件、释放内存等）前释放资源。

【例 5-7】使用带参数的构造函数为类的私有数据成员赋初值。

解题思路：

编写一个简短的程序，定义两个字符数组作为私有数据成员，用于存储常用的问候语。

程序代码：

```
#include <stdio.h>
#include <string.h>
class CHello                                        //定义 CHello 类
{
    private:
        char m_T[32] ;                              //定义数据成员 m_T
        char m_S[32];                               //定义数据成员 m_S
    public:
        ~CHello()                                   //（1）定义析构函数
        {
            printf("已调用析构函数\n");              //显示调用了析构函数
        }
        char* GetS( int n)                          //定义成员函数 GetT
        {
            switch(n)
            {
                case 0: strcpy(m_S,"老师好！");
                        break;
                case 1: strcpy(m_S,"老师早！");
                        break;
                case 2: strcpy(m_S,"吃了米粉。");
                        break;
                default : strcpy(m_S,"天气真好。");
            }
            return (char*)m_S;
        }
};
int main( )
{
    CHello   *Phello = new CHello;                  //定义 CHello 类对象指针 Phello
    char m_T[4][32]={"同学们好！","同学们早！","吃饭了吗？","作业做好了吗？"};
    int i;
```

```
        for(i=0;i<4;i++)
        {
            printf("老师：%s\n",m_T[i]);                //调用 GetT 方法输出 m_T
            printf("学生：%s\n\n",Phello->GetS(i));      //调用 GetS 方法输出 m_S
        }
            delete Phello;                              //（2）删除对象 Phello
        return 0;
    }
```

运行结果：

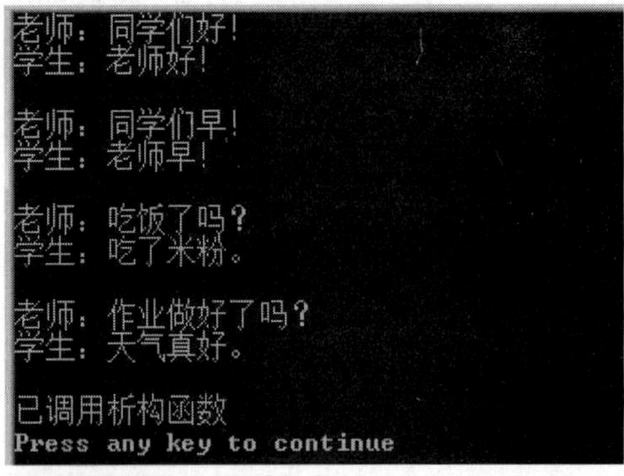

程序分析：

（1）定义析构函数。

析构函数是类的一种特殊的成员函数，它会在每次删除所创建的对象时执行。

析构函数的名称与类名相同，但在名称前面加一个波浪号（~）作为前缀，它不会返回任何值，也不能带有任何参数。析构函数的作用是释放内存资源。

析构函数内无须编写任何代码，本程序中所写的代码只是为了显示提示信息。

（2）删除对象 Phello。

系统会调用对象 Phello 的析构函数，释放内存资源。

5.3 类的继承与派生

面向对象程序设计中最重要的一个概念是继承。

5.3.1 派生类

例如，建立一个基本几何形类 CBasic，这个类包含两个点的坐标。以 CBasic 为基础，新建一个类 CLine。CLine 保持 CBasic 的特性（数据成员和函数成员），并增加一个计算两点之间距离（线段长度）的成员函数。

这种保持已有类的特性而构造新类的过程称为继承。这个已有的类称为基类（或父类），新建的类称为派生类。因为 CLine 继承了 CBasic，所以 CBasic 是基类，CLine 是派生类。

派生是在已有类的基础上新增自己的特性而产生新类的过程。继承和派生是从不同的角度来看待同一个事物而形成的两个概念。

继承允许依据一个已有的类来定义一个新类，这使程序设计可以像滚雪球一样越滚越大。微软公司开发的 Windows 操作系统，以及微软公司提供的开发工具主要就是按照这种编程思想来构建的。

【例 5-8】 建立一个基本的几何类 CBasic，CBasic 类包含两个点的坐标。以 CBasic 为基类，定义 CLine 类。在 CLine 类中增加成员函数计算两点之间的距离（线段长度）。

解题思路：

在基类中定义点的坐标，在派生类中新增求两点之间距离的方法，类的层次关系如图 5-4 所示。

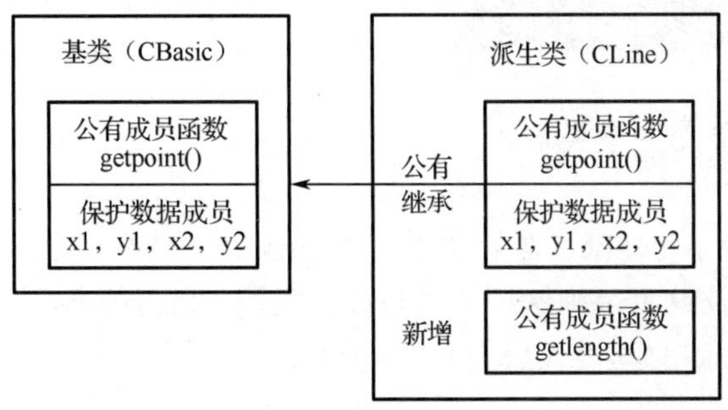

图 5-4

程序代码：

```
#include <stdio.h>
#include <math.h>                                          //数学库函数头文件 math.h
class CBasic                                               //（1）基类 CBasic
{
    public:                                                //公有类型
        void getpoint(float px1, float py1,float px2,float py2)  //给数据成员赋值
        {
            x1=px1;
            y1=py1;
            x2=px2;
            y2=py2;
        }
    protected:                                             //（2）保护类型
        float x1;
        float y1;
        float x2;
        float y2;
};
class CLine: public CBasic                                 //（3）派生类 CLine
{
    public:
        float getlength()                                  //（4）计算并返回两点之间的距离
        {
            return sqrt((x2-x1)*(x2-x1)+(y2-y1)*(y2-y1));  //求平方根函数 sqrt
        }
};
```

```
int main( )
{
    CLine line1;                              //定义 CLine 类的对象 line1
    float L;                                  //定义保存两点之间距离的变量 L
    line1.getpoint(0,0,10,10);                //（5）调用 getpoint 函数
    L=line1.getlength();                      //（6）调用 getlength 函数
    printf("线段的长度：%6.2f\n",L);           //输出两点之间的距离
    return 0;
}
```

运行结果：

```
线段的长度： 14.14
Press any key to continue
```

程序分析：

（1）定义 CBasic 作为基类。

（2）保护类型。

类的成员类型除了 public（公有类型）和 private（私有类型），还有 protected（保护类型）。如果不涉及继承，则保护类型与私有类型相同，一般不允许在类外访问。

（3）派生类 CLine 的基类（父类）是 CBasic。

定义派生类的格式为

```
class 派生类名: 继承类型 基类名
```

继承类型可分为 public、protected 和 private 三种，通常使用 public 类型。

① 使用 public 类型：基类的公有成员也是派生类的公有成员，基类的保护成员也是派生类的保护成员，基类的私有成员不能直接被派生类访问，但是可以通过调用基类的公有成员和保护成员来访问，如表 5-2 所示。

表 5-2 使用 public 类型的成员情况

	类 A 的公有成员	类 A 的保护成员	类 A 的私有成员
类 A	可以访问	可以访问	可以访问
派生类 B	可以访问	可以访问	不可以访问
其他类 C	可以访问	不可以访问	不可以访问

② 使用 protected 类型：基类的公有成员和保护成员将成为派生类的保护成员，如表 5-3 所示。

表 5-3 使用 protected 类型的成员情况

	类 A 的公有成员	类 A 的保护成员	类 A 的私有成员
类 A	可以访问	可以访问	可以访问
派生类 B	可以访问	可以访问	不可以访问
其他类 C	不可以访问	不可以访问	不可以访问

③ 使用 private 类型：基类的所有成员都成为派生类的私有成员，如表 5-4 所示。

表 5-4　使用 private 类型的成员情况

	类 A 的公有成员	类 A 的保护成员	类 A 的私有成员
类 A	可以访问	可以访问	可以访问
派生类 B	不可以访问	不可以访问	不可以访问
其他类 C	不可以访问	不可以访问	不可以访问

（4）派生类 CLine 新增了公有成员函数 getlength()。getlength()函数的功能是计算并返回两点之间的距离。

CLine 的数据成员 x1、y1、x2 和 y2 继承自 CBsica 类。数据成员 x1、y1、x2 和 y2 是 CBsica 类的保护成员，如果是私有成员，则不能被 CLine 的成员函数访问。

（5）调用 line1 对象的 getpoint 方法给保护数据成员赋值。

该方法继承自 CBsica 类。因为是公有成员函数，所以可以直接访问。

（6）调用 line1 对象的 getlength 方法计算两点之间的距离，并将计算的结果赋值给变量 L。getlength 方法是派生类 CLine 新增加的方法。

计算两点之间的距离（即线段长度）需要使用数学库函数 sqrt，因此需要在预处理中包含头文件 math.h。

*5.3.2　多重继承

【例 5-9】建立一个基本几何形类 CBasic，这个类包含两个点的坐标。将这两个点视为直线段的端点或圆直径的端点。以 CBasic 为基类，新建 CLine 类和 CCircle 类。在 CLine 类中增加成员函数计算线段的长度，在 CCircle 类中增加成员函数计算圆的周长和面积。再以这 3 个类为基础，定义一个派生类，增加计算并返回圆周长的功能。

解题思路：

在例 5-8 的基础上，新建 CBasic 类的派生类 CCircle，在 CCircle 类中增加成员函数计算圆的周长和面积。再以 CLine 类和 CCircle 类为父类，新建 CLC 类。在 CLC 类中增加计算并返回圆周长的功能。类的层次关系如图 5-5 所示。

程序代码：

```
#include <stdio.h>
#include <math.h>
class CBasic                                                    //基类 CBasic
{
public:
    void getpoint(float px1, float py1,float px2,float py2)
    {
        x1=px1;
        y1=py1;
        x2=px2;
        y2=py2;
    }
```

```
protected:
    float x1;
    float y1;
    float x2;
    float y2;
};
class CLine: virtual public CBasic                        //（1）派生类 CLine
{
    public:
        float getlength()
        {
            return sqrtf((x2-x1)*(x2-x1)+(y2-y1)*(y2-y1));
        }
};
class CCircle: virtual public CBasic                      //（2）派生类 CCircle
{
    public:
        float getarea()
        {
            float r;
            r=sqrtf((x2-x1)*(x2-x1)+(y2-y1)*(y2-y1))/2;
            return r*r*3.14;
        }
};
class CLC: public CLine, public CCircle                   //（3）派生类 CLC
{
    public:
        float getcir()
        {
          return getlength()*3.14;                        //（4）计算圆的周长
        }
};
int main( )
{
    CLine line1;
    CCircle circle1;
    CLC linecir;
    line1.getpoint(0,0,10,10);
    printf("线段的长度：%6.2f\n",line1.getlength());       //输出两点之间的直线距离
    circle1.getpoint(0,0,10,10);
    printf("圆的面积：%6.2f\n",circle1.getarea());          //输出圆的面积
    linecir.getpoint(0,0,10,10);
    printf("圆的直径：%6.2f\n",linecir.getlength());        //（5）输出圆的直径
    printf("圆的周长：%6.2f\n",linecir.getcir());           //输出圆的周长
    printf("圆的面积：%6.2f\n",linecir.getarea());          //输出圆的面积
    return 0;
}
```

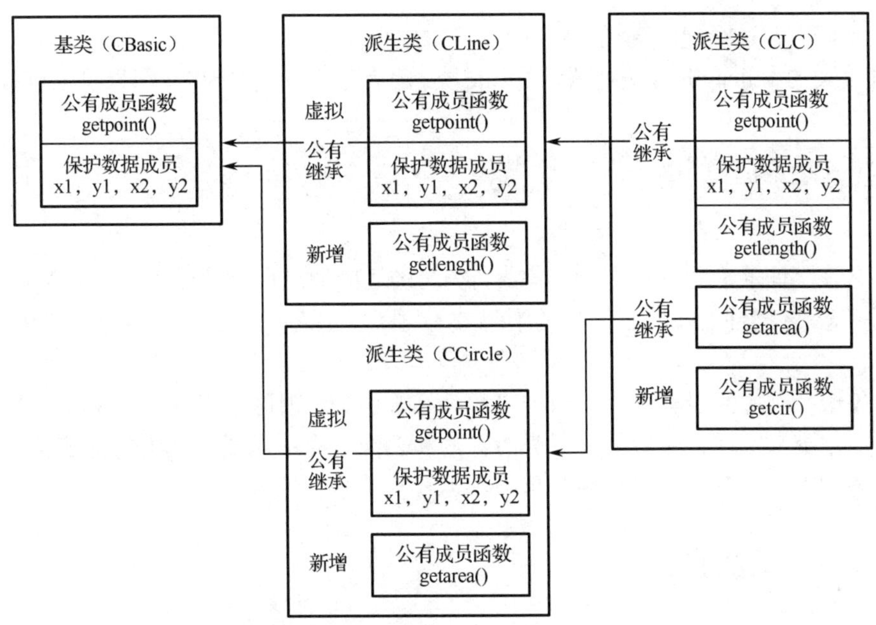

图 5-5

运行结果：

```
线段的长度： 14.14
圆的面积：157.00
圆的直径： 14.14
圆的周长： 44.41
圆的面积：157.00
Press any key to continue
```

程序分析：

（1）派生类 CLine 虚拟继承 CBasic 类。

（2）派生类 CCircle 虚拟继承 CBasic 类。

（3）派生类 CLC 多重继承。

定义多重继承的格式为

```
class 派生类名: virtual 继承类型 基类名 1, virtual 继承类型 基类名 2
```

CLC 类继承了 CLine 类与 CCircle 类，而 CLine 类与 CCircle 类都继承了 CBsica 类，因此 CLC 继承了两个 getpoint()成员函数和双份的数据成员（x1、y1、x2、y2），当调用 getpoint()时，这些重复的类成员使计算机系统无法做出正确的选择。要解决这个问题，需采用 C++语言中的虚拟继承技术。虚拟继承的格式如下：

```
class 派生类名: virtual 继承类型 基类名
```

在继承类型前加上关键字 virtual，可以实现虚拟继承。使用虚拟继承后，当系统碰到多重继承时就会自动先加入一个 CBsica 类的复制，当再次请求一个 CBsica 类的复制时就会被忽略，保证继承类成员的唯一性。

（4）计算并返回圆的周长。

CLC 类新增的成员函数 getcir 调用了 CLine 类的公有成员函数 getlength。如果 getlength 是私有成员，则不能被访问。

（5）输出并返回圆的直径。

CLC 类的 getlength 方法继承自 CLine 类。因为是公有成员函数，所以可以直接访问。

*5.4 多态性与抽象类

多态按字面的意思是指多种形态。当类与类之间通过继承关联形成层次结构时，就会用到多态。多态性是指发出同样的消息被不同类型的对象接收时可能导致完全不同的行为。

如果一个类中至少有一个函数被声明为纯虚函数，则这个类就是抽象类。C++的接口使用抽象类来实现。接口描述了类的行为和功能，而不需要完成类的特定实现。

多态的实现有三种方式：函数重载、运算符重载和纯虚函数。

5.4.1 函数重载

函数重载是指两个以上的函数具有相同的函数名，但是形参的个数、类型或者顺序不同，编译器根据实参和形参的类型及个数的最佳匹配自动确定调用哪一个函数。

【例 5-10】编写两个名为 sum 的重载函数，分别求两个整数之和及两个实数之和。

解题思路：

求两个整数之和的 sum 函数有两个 int 型参数，返回值是 int 型。求两个实数之和的 sum 函数有两个 double 型参数，返回值是 double 型。

程序代码：

```
#include <stdio.h>
int sum(int m, int n)                          //（1）定义 sum 函数
{
    printf("整数");
    return m + n;
}
double sum(double m, double n)                 //（2）定义 sum 函数
{
    printf("实数");
    return m + n;
}
int main()
{
    int a, b;
    printf("输入两个整数 a,b：");
    scanf("%d,%d",&a,&b);                      //给变量 a、b 赋值
    printf(" a + b = %d\n",sum(a,b));          //（3）输出 a + b 的值
    double x, y;
    printf("输入实数 x,y：");
    scanf("%lf,%lf",&x,&y);                    //给变量 x、y 赋值
    printf(" x + y = %lf\n",sum(x, y));        //（4）输出 x + y 的值
```

```
    return 0;
}
```

运行结果：

```
输入两个整数 a,b: 123,30
整数  a + b = 153
输入两个实数 x,y: 123,92.1
实数  x + y = 215.100000
Press any key to continue
```

程序分析：

（1）函数 sum 的返回值和形参都是 int 型，返回值是两整数之和。

（2）函数 sum 的返回值和形参都是 double 型，返回值是两实数之和。本函数与前一个函数虽同名，但返回值和形参不同，所以本质上是两个不同的函数。

（3）以 int 型的 a、b 为实参时，编译器会调用形参与之匹配的 sum(int m, int n)。

（4）以 double 型的 x、y 为实参时，编译器会调用 sum(double m, double n)。

即使输入的是 1 和 2 两个整数，“scanf("%lf,%lf",&x,&y);”语句也会自动将 1 和 2 以 double 型的格式赋给 x 和 y 两个变量，因为格式控制符是“%lf”，而前一个 scanf() 函数的格式控制符是“%d”。

5.4.2 运算符重载

运算符重载是指对 C++内置的运算符重新进行定义，赋予其另一种功能，以适应不同的数据类型。可以重载 C++中已经有的大多数运算符，不能重载“.”“.*”“::”“?:”等运算符。重载之后的运算符，其优先级和结合性都不改变。

【例 5-11】编写两个重载运算符的函数，分别执行复数的加、减法运算。

解题思路：

复数的加、减运算需要将复数的实数部分和虚数部分分别进行，可设计加法运算符（+）和减法运算符（-）的重载函数实现题目的要求。

程序代码：

```
#include <stdio.h>
class Complex                                    //定义复数类 Complex
{
  public:
    Complex(double r = 0.0, double i = 0.0)      //带参数的构造函数
    {
        real=r;
        imag=i;
    }
    Complex operator + (Complex &c2) ;           //（1）声明重载运算符+的成员函数
    Complex operator - (Complex &c2) ;           //定义重载运算符-的成员函数
    void display()   ;                           //输出复数
  private:
    double real;                                 //复数实部
    double imag;                                 //复数虚部
};
```

```
Complex Complex::operator + (Complex &c2)      //（2）定义重载运算符+的函数
{
    Complex c;                                 //（3）创建对象 c
    c.real = real + c2.real;                   //对象 c 的 real 与对象 c2 的 real 相加
    c.imag = imag + c2.imag;                   //对象 c 的 imag 与对象 c2 的 imag 相加
    return c;                                  //返回对象 c
}
Complex Complex::operator - (Complex &c2)      //定义重载运算符-的函数
{
    Complex c;                                 //创建对象 c
    c.real = real - c2.real;                   //对象 c 的 real 与对象 c2 的 real 相减
    c.imag = imag - c2.imag;                   //对象 c 的 imag 与对象 c2 的 imag 相减
    return c;                                  //返回对象 c
}
void Complex::display()                        //定义输出复数的函数 display
{
    printf("(%g, %g)\n",real,imag);
}
int main()
{
    Complex c1(5.1, 6), c2(3, -11), c3;        //（4）定义复数类的对象，并给 c1、c2 赋值
    printf("c1 = ");
    c1.display();                              //调用 display 函数输出对象 c1 的复数
    printf("c2 = ");
    c2.display();                              //调用 display 函数输出对象 c2 的复数
    c3 = c1 + c2;                              //（5）使用重载运算符完成复数的加法
    printf("c3 = c1 + c2 = ");
    c3.display();                              //调用 display 函数输出对象 c3 的复数
    c3 = c1 - c2;                              //使用重载运算符完成复数的减法
    printf("c3 = c1 - c2 = ");
    c3.display();                              //调用 display 函数输出对象 c3 的复数
    return 0;
}
```

运行结果：

```
c1 = (5.1, 6)
c2 = (3, -11)
c3 = c1 + c2 = (8.1, -5)
c3 = c1 - c2 = (2.1, 17)
Press any key to continue
```

程序分析：

（1）声明重载运算符+的函数。

重载运算符函数的形式为

```
函数类型  函数名（形参）;
```

本例“Complex operator + (Complex &c2)”中：

函数名是由关键字 operator 和要重载的运算符+构成的，即“operator +”。

函数类型，即函数的返回类型为类 Complex。

函数的形参是“Complex &c2”。

（2）定义重载运算符+的成员函数。

（3）创建对象 c：

```
c.real = real + c2.real;                //对象 c 的 real 与对象 c2 的 real 相加
c.imag = imag + c2.imag;                //对象 c 的 imag 与对象 c2 的 imag 相加
return c;                               //返回对象 c
```

（4）定义复数类的对象，并给 c1、c2 赋值。

（5）使用重载运算符完成复数的加法。

5.4.3 纯虚函数

纯虚函数是一个在基类中声明的虚函数，在该基类中没有定义具体的操作内容，要求各派生类根据实际需要定义自己的版本。

带有纯虚函数的类称为抽象类。

抽象类是为抽象和设计的目的而声明，将有关的数据和行为组织在一个继承层次结构中，保证派生类具有要求的行为。对暂时无法实现的函数，可以声明为纯虚函数，留给派生类去实现。

【例 5-12】定义两个以抽象类为基类的派生类，一个计算矩形的面积，一个计算三角形的面积。

解题思路：

在抽象类中定义一个纯虚函数 getArea，在两个派生类中各定义一个 getArea 函数，分别计算矩形的面积和三角形的面积。

程序代码：

```
#include <stdio.h>
class Shape                                     //基类
{
    public:
        virtual double getArea() = 0;           //（1）定义纯虚函数 getArea
        void setWH(double w,double h)           //给私有数据成员赋值的公有成员函数
        {
            width = w;
            height = h;
        }
    protected:                                  //私有成员
        double width;                           //矩形的长或三角形的底
        double height;                          //矩形的宽或三角形的高
};
class Rectangle: public Shape                   //（2）派生类 Rectangle
{
    public:
        double getArea()                        //（3）重新定义 getArea 函数
        {
            return (width * height);
        }
};
class Triangle: public Shape                    //派生类 Triangle
```

```
{
    public:
        double getArea()                            //重新定义 getArea 函数
    {
        return (width * height)/2;
    }
};
int main(void)                                      //主函数
{
    Rectangle   r1;
    Triangle   t1;
    double s;
    r1.setWH(5,7);                                  //（4）调用 setWH 函数
    s=r1.getArea();                                 //（5）调用 getArea 函数
    printf("长方形面积: %6.2lf\n",s);                 //输出对象的面积
    t1.setWH(5,7);
    s=t1.getArea();
    printf("三角形面积: %6.2lf\n",s);                 //输出对象的面积
    return 0;
}
```

运行结果：

```
长方形面积:  35.00
三角形面积:  17.50
Press any key to continue
```

程序分析：

（1）定义纯虚函数。

定义纯虚函数的格式为

```
virtual 函数类型 函数名(参数表) = 0;
```

注意

因类 Shape 中有纯虚函数，所以类 Shape 是一个抽象类。因此，类 Shape 只能作为基类来使用，不能定义类 Shape 的对象。

（2）定义派生类 Rectangle。

C++中引入了虚函数的机制，在派生类中可以对基类中的成员函数进行覆盖（重定义）。

（3）在派生类 Rectangle 中重新定义 getArea 函数。

（4）调用 setWH 函数给类中的私有数据成员 width、height 赋值。

（5）调用 getArea 函数，并将函数的返回值赋给变量 s。

*5.5　基本的输入/输出

程序输入/输出数据时，数据是流动的，所以称为数据流。数据流从设备（如键盘、磁盘驱动器、网络连接等）流向内存，称为输入；数据流从内存流向设备，称为输出。

C++中，设备（如显示器、打印机、磁盘驱动器、网络连接等）都当成文件来对待。

“流”是字节序列，即以字节为单元的数据流。处理“流”的类称为“流”或“流类”。程序建立一个流对象，指定这个流对象与某个设备（文件）建立连接后，可以通过操作系统向所连接的设备（文件）输出数据，或从所连接的设备输入数据。输入又称为读操作，在流数据抽象中被称为（从流中）提取；输出又称为写操作，在流数据抽象中被称为（向流中）插入。

5.5.1 标准输入/输出流

C++标准库提供了丰富的处理“流”的类（即输入/输出流，或称 I/O 流）。下面介绍最基本和最常见的流——标准输入/输出流。

类 ostream 是输出流，对象 cout 是 ostream 类的实例（即 ostream 类型的对象）。与对象 cout 连接的是标准输出设备显示器。

类 istream 是输入流，对象 cin 是 istream 类的实例（即 istream 类型的对象）。与对象 cin 连接的是标准输入设备键盘。

类 ostream 和 istream 都被封装在<iostream>类库中。“stream”意为流，“iostream”即输入/输出流。cin 和 cout 对象分别对应于标准输入流和标准输出流。

【例 5-13】在显示屏上输出“欢迎词：Hello C++ 98”。

程序代码：

```
#include <iostream>                                   //（1）包含 iostream 类库
using namespace std;                                  //（2）使用标准（std）命名空间
int main( )
{
    char str[] = "Hello C++ ";
    cout << "欢迎词：" << str << 90+8 << endl;        //（3）将 cout 与<<结合使用输出数据
    return 0;
}
```

运行结果：

```
欢迎词：Hello C++ 98
Press any key to continue
```

程序分析：

（1）包含 iostream 类库，作用类似于 C 语言中的“#include <stdio.h>”。在 C++中也保留了这种老式的语法，即可以用“#include <iostream.h>”来声明包含 iostream 类库。

（2）使用标准命名空间。命名空间是一种对库函数、对象或变量的名字进行统一管理的方法，以避免同名所引起的混乱。std 是 C++标准库定义的标准命名空间。

iostream 库中定义的名字都在命名空间 std 中。

如果本行语句的前一行采用“#include <iostream>”，则一定要使用命名空间，即“using namespace std;”。如果采用“#include <iostream.h>”，则不能使用命名空间（即删掉本行语句）；否则，会引起编译错误，提示找不到命名空间。

（3）将 cout 与插入运算符“<<”结合使用，输出“欢迎词：Hello C++ 98”。

在 C++中，插入运算符“<<”用于传送数据到一个输出流对象。将 cout 与“<<”

结合使用，就是传送字节到标准输出流对象 cout。运算符“<<”被重载以便输出各种内置数据类型（整型、浮点型、double 型、字符串和指针）的数据项。编译器会根据要输出数据项的数据类型，选择合适的“<<”来输出（包括显示）数据。

有关运算符重载的内容可参见 5.4.2 节。

在一个语句中可以使用多个“<<”来输出多个数据项。数据项可以是常量，也可以是变量。“endl”用于在行末添加一个换行符。

如果把程序中的“using namespace std;”语句删掉，则本行语句中的“cout”需改写成“std::cout”，“endl”改写成“std:: endl”，以声明“cout”和“endl”是 std 命名空间的名字。

【例 5-14】用键盘输入学号、姓名，在显示器上输出学号、姓名。

程序代码：

```
#include <iostream>                                    //包含 iostream 类库
using namespace std;                                   //使用标准（std）命名空间
int main( )
{
    int num;
    char name[50];
    cout << "请输入您的学号  姓名：  ";
    cin >>num>> name;                                                    //（1）输入数据
    cout << "您的学号：" <<num<< " 姓名："<< name << endl;              //（2）输出数据
    return 0;
}
```

运行结果：

```
请输入您的学号 姓名：  20190101 吴用
您的学号：20190101 姓名：吴用
Press any key to continue
```

程序分析：

（1）将 cin 与流提取运算符“>>”结合使用输入数据。

在 C++中，提取运算符“>>”用于从输入流对象中提取对象。将 cin 与“>>”结合使用，就是提取标准输入流对象 cin 中的数值赋给变量 num、name 等。运算符“>>”被重载用来输入各种内置数据类型（整型、浮点型、double 型、字符串和指针）的数据项。编译器会根据输入变量的数据类型，选择合适的“>>”来提取输入的数据，并把它赋给相应的变量。

在一个语句中可以使用多个“>>”来输入多个变量的值。每输入一个数据，输入一个空格，再输入下一个数据，输入完最后一个数据，回车结束。

（2）将 cout 与流插入运算符“<<”结合使用输出数据，可参见例 5-13 的程序分析。

5.5.2 输入/输出流中的函数

插入运算符与操纵符（manipulator）一起工作，可以控制输出格式。很多操纵符都定义在 ios_base 类（如 hex()）和 iomanip 头文件中（如 setprecision()）。

setw 和 width 仅影响紧随其后的域，但其他流格式操纵符保持有效，直至发生改变。

为了调整输出，可以通过在流中放入 setw 操纵符或调用 width 成员函数为每个项指定输出宽度。dec、oct 和 hex 操纵符设置输入和输出的默认进制。

【例 5-15】控制显示宽度和对齐方式。

程序代码：

```
#include <iostream>
#include <iomanip>                                    //（1）包含 I/O 流控制头文件
#include <string.h>                                   //（2）包含字符数组函数头文件
using namespace std;
int main()
{
  double score[] = { 1.2, 345.67, 2.3, 456.78, 3.4, 567.89 };
  char name[][12] = {"Rollaldo","Bailey","Ronaldinho","Maradona","Messi","Batistuta"};
  for (int i=0;i<2;i++)                               //（3）在循环条件中初始化循环变量 i
      cout << setw(12) <<name[i]                      //（4）指定下一个输出项的宽度
          << setw(10) << score[i] << endl;
  for (i=2;i<4;i++)
      cout << setiosflags(ios_base::left)                    //（5）设置输出格式
          << setw(12) << name[i]
          << resetiosflags(ios_base::left)                   //（6）终止输出格式
          << setw(10) << score[i] << endl;
  for (i=4;i<6;i++)
  {
      cout.width(12);                                        //（7）控制输出宽度
      cout << setiosflags(ios_base::left)
          << name[i]
          << setw(10) << score[i]<< endl;
  }
  return 0;
}
```

运行结果：

```
    Rollaldo       1.2
      Bailey    345.67
Ronaldinho         2.3
Maradona        456.78
Messi       3.4
Batistuta   567.89
Press any key to continue
```

程序分析：

（1）包含 I/O 流控制头文件 iomanip，该文件中定义了参数化的流操纵器 setw 和 setprecision。

（2）包含字符数组函数头文件 string.h。

（3）在循环条件中初始化循环变量 i，这是 C++新增的功能。

（4）用控制符 setw(n)设置下一个输出项的宽度为 *n* 个字符。

（5）用 setiosflags(ios_base::left)函数将输出格式设置为左对齐。

（6）用 resetiosflags(ios_base::left)函数终止前面设置的输出格式，恢复为默认值。默认值是右对齐。

（7）语句“cout.width(n);”用于调用 cout 对象的成员函数 width。实参为 n，即设置下一个输出项的宽度为 n 个字符。

【例 5-16】控制显示精度。

程序代码：

```
#include <iostream>
#include <iomanip>
using namespace std;
int main()
{
    double n = 12.345678;
    cout << "默认状态——————————"
        << n << endl;                              // （1）默认状态
    cout << "多种有效数字位数————"
        << setw(10) << setprecision(1) << n         // （2）域宽为 10，1 位有效数字
        << setw(10) << setprecision(3) << n
        << setw(10) << setprecision(5) << n         //域宽为 10，5 位有效数字
        << setw(10) << setprecision(7) << n
        << setw(10) << setprecision(9) << n
        << endl;
    cout.fill('*');                                // （3）用*代替空格
    cout << "默认是右对齐————————"
        << setw(10) << setprecision(5) << n
        << setw(10) << n << endl;                   // （4）域宽为 10
    cout << "设置为左对齐两位小数——";
    cout.precision(2);                             // （5）设置显示 2 位小数
    cout << setiosflags(ios::left|ios::fixed )     // （6）设置左对齐，以固定小数位显示
        << setw(10) << n
        << setw(10) << n << endl;
    cout << "左对齐与右对齐——————"
        << setw(10) << n
        << resetiosflags(ios_base::left)           // （7）清除左对齐
        << setw(10) << n << endl;
    cout.fill(' ');                                //在显示区域空白处用空格填充
    cout << "科学记数法————————";
    cout << resetiosflags(ios::left|ios::fixed)    // （8）清除固定小数位格式
        << setiosflags(ios::scientific)            // （9）设置科学记数法显示
        << setw(10) << n << endl;
    return 0;
}
```

运行结果：

```
默认状态——————————12.3457
多种有效数字位数————     1e+001      12.3    12.346  12.34568 12.345678
默认是右对齐————————****12.346****12.346
设置为左对齐两位小数——12.35*****12.35*****
左对齐与右对齐——————12.35**********12.35
科学记数法———————— 1.23e+001
Press any key to continue
```

程序分析：

（1）默认状态。

（2）设置显示域宽为 10，除小数点外有 1 位有效数字。

因为小数点前有两位数，只能采用科学记数法来表示，所以显示为“1e+001”。

域宽为 10，5 位有效数字的显示为“　　12.346”。最后一位有效数字是四舍五入的结果。

（3）在显示区域空白处用*填充。

域宽为 10，5 位有效数字的显示为“****12.346”。

（4）设置显示域宽只对下一个输出项有效，设置有效数字在重新设置前一直有效。因此输出效果与前一个数的输出效果相同，都是“****12.346”。

（5）设置实数显示 2 位小数，本设置在重新设置前一直有效。

（6）设置左对齐，以一般实数方式显示。

（7）清除左对齐，恢复为默认的右对齐。

（8）清除之前设置的定点格式。

（9）设置为采用科学记数法显示。

5.5.3 数据文件的操作

在 C++的标准类库 fstream 中定义了 3 个类，用于文件的操作，如表 5-5 所示。

表 5-5　文件操作类

类　名	功　能
ofstream	输出文件流，用于创建文件并向文件写入信息
ifstream	输入文件流，用于从文件中读取信息
fstream	具有 ofstream 和 ifstream 两种功能，可以创建文件，向文件写入信息，也可以从文件中读取信息

编写进行文件处理的程序，必须在源代码文件中包含 iostream.h 和 fstream.h 两个头文件。

【例 5-17】将结构体数组中的数据写入文本文件。再从文本文件中读取，写入另一个结构体数组，并输出到屏幕上。

程序代码：

```
#include <fstream>                                   //（1）包含头文件
#include <iomanip>
#include <iostream>
using namespace std;
//初始化 student 结构体数组 a
struct student
{
    long int num;
    char name[20];
}a[3]={{2019010101,"张塞北"},{2019010102,"李江南"},{2019010103,"赵东方"}};
student b[3];                                         //定义 student 结构体数组 b
int main ()
{
```

```
    ofstream outfile;                                //（2）定义对象 outfile
    outfile.open("data.txt");                        //（3）以写模式打开文件 data.txt
    for(int i=0; i<3;i++)
    {
        outfile << a[i].num<< endl;                  //（4）向文件写入数据
        outfile << a[i].name<< endl;
    }
    outfile.close();                                 //（5）关闭打开的文件
    ifstream infile;                                 //（6）定义对象 infile
    infile.open("data.txt");                         //以读模式打开文件 data.txt
    cout << "从文件中读取的内容：" << endl;
    for(i=0; i<3;i++)
    {
        infile >> b[i].num;                          //从文件中读取数据
        infile >> b[i].name;
        cout << setw(12) << b[i].num
              << setw(10) << b[i].name << endl;      //在屏幕上显示数据
    }
    infile.close();                                  //关闭打开的文件
    return 0;
}
```

运行结果：

```
从文件中读取的内容：
  2019010101     张塞北
  2019010102     李江南
  2019010103     赵东方
Press any key to continue
```

程序分析：

（1）包含 I/O 流头文件 fstream.h。

（2）定义 ofstream 类的对象 outfile，用于创建文件并向文件写入信息。

（3）以写模式打开文件 data.txt。若文件 data.txt 不存在，则先创建该文件。

open()函数的功能是把文件输入流与一个指定的磁盘文件相关联。

（4）把 student 结构体数组 a 的 num 成员写入 data.txt 文件。

（5）关闭 data.txt 文件。

close()函数的功能是关闭与一个文件输入流关联的磁盘文件。

（6）定义 ifstream 类的对象 infile，用于从文件中读取信息。

5.5.4 字符串的处理方法

C 语言中，通过创建字符数组来表示字符串变量，例如：

```
char str[] = "C program";
```

用字符数组表示字符串时，执行连接、复制、比较等操作都需要显式调用库函数；当字符串长度不确定时，需要用 new 动态创建字符数组，最后用 delete 释放；当字符串实际长度大于为它分配的空间时，会产生数组下标越界的错误。为了解决以上编写代码烦琐等隐患，C++中增加了一种新的数据类型——字符串类（string）。

string 类型实际上是对字符数组操作的封装。

C++中常用处理字符串的操作符如表 5-6 所示。

表 5-6　常用处理字符串的操作符

操 作 符	示　例	说　明
+	s + t	将 s 和 t 连接成一个新字符串
=	s = t	用 t 更新 s，即将 t 的值赋给 s
==	s == t	判断 s 与 t 是否相等
!=	s != t	判断 s 与 t 是否不相等
<	s < t	判断 s 是否小于 t（按字典顺序比较）
<=	s <= t	判断 s 是否小于或等于 t（按字典顺序比较）
>	s > t	判断 s 是否大于 t（按字典顺序比较）
>=	s >= t	判断 s 是否大于或等于 t（按字典顺序比较）
[i]	s[i]	访问字符串中下标为 i 的字符

【例 5-18】初始化字符串 s1，输入字符串 s2。判断这两个字符串是否相等，并将两个字符串连接成一个字符串。

程序代码：

```
#include <string>                                          //包含头文件
#include <iostream>
using namespace std;
int main()
{
    string s1 = "ABC";                                     //初始化字符串 s1
    cout << "字符串  s1: " << s1 << endl;
    string s2;
    cout << "输入字符串  s2: ";
    cin >> s2;                                             //输入字符串 s2
    cout << "字符串  s2  的长度: " << s2.length() << endl;  //输出字符串 s2 的长度
    if (s1==s2)                                            //判断 s1 与 s2 是否相等
        cout << "s1 == s2 " <<   endl;
    else
         cout << "s1 != s2 " <<   endl;
    s1 += s2;                                              //等价于 s1 = s1 + s2;
    cout << "s1 = s1 + s2: " << s1 << endl;
    cout << "字符串  s1  的长度: " << s1.length() << endl;  //显示字符串的长度
    return 0;
}
```

运行结果：

```
字符串 s1: ABC
输入字符串 s2: defg
字符串 s2 的长度: 4
s1 != s2
s1 = s1 + s2: ABCdefg
字符串 s1 的长度: 7
Press any key to continue
```

程序分析：

C++增加了数据类型 string，使对字符串的处理像 int 型数据一样简单、方便，而且具有一些特殊的功能。例如，调用 string 类的 length 方法可以计算出字符串的长度。

5.6 习题

1．什么是类？什么是对象？如何对类进行定义？

2．将例 5-2 程序中的成员函数 dataout 改为私有成员，要实现相同的功能，且 CStudent 类的成员数量不能改变，程序应如何改写？

3．将例 5-4 中的学生信息进行细化，把数据成员“成绩”拆成两个成员“数学成绩”（maths）和“英语成员”（engs）。题目的要求和编程方法不变，应如何修改例题中的程序。

4．参考例 5-8，以 CBasic 类为基类，派生一个 Ccube 类。Ccube 类至少要有一个成员函数 cvol，作用是计算长方体的质量。将 CBasic 类中的 4 个数据成员 x1、y1、x2 和 y2 理解为长方体的长、宽、高和密度。（提示：将原程序中的 CLine 类改写为 Ccube 类。）

*5．参考例 5-9，以 CLine 类为基类，派生一个 Csphere 类。Csphere 类至少要有一个成员函数 svol，svol 的作用是求圆球的体积。将 CBasic 类中的 4 个数据成员 x1、y1、x2 和 y2 理解为圆球直径端点的坐标。（提示：将原程序中的 CLC 类改写为 Csphere 类。）

*6．构造函数和析构函数的作用是什么？

*7．什么是多态性？什么是抽象类？纯虚函数与抽象类有什么关系？

*8．以例 5-17 中的程序为基础，在结构体中增加 1 个成员记录学生的成绩（score），将 10 个学生的信息写入文本文件。再从文本文件读取，写入另一个结构体数组，并按成绩从高到低的顺序输出到屏幕上。

第 6 章
创意图形的可视化程序设计

前面几章介绍的程序设计是基于控制台模式的。控制台模式是文本模式，而不是图形模式，在屏幕上显示的图案也是由字符组成的。目前，大多数应用程序采用图形模式，而编程方法也采用可视化程序设计。VC++是一个功能强大、应用广泛的可视化程序开发工具。从本章开始，介绍 VC++程序设计的基本原理和方法。

学习目标

- 了解 Windows 应用程序的特点。
- 掌握 MFC 应用程序向导的使用。
- 了解 MFC 程序框架和 GDI 的概念。
- 掌握 GDI 的常用绘图工具和绘图函数的使用。

6.1 Windows 编程基础

Windows 编程涉及多方面的知识，本节简单介绍其中与 VC++程序设计有关的内容。

6.1.1 基本概念

了解和掌握 Windows 编程的基本概念是学习和掌握编写 Windows 应用程序的基础。下面介绍几个 Windows 编程的基本概念。

1. 窗口

窗口是系统管理应用程序的基本单位。每一个 Windows 应用程序都有一个或多个窗口。应用程序的运行过程就是窗口内部、窗口与窗口之间、窗口与系统之间进行数据处理与数据交换的过程。程序运行的结果通常是将数据以不同的形态（文本、图形、图像、音频等）呈现出来。

2. 对象

Windows 应用程序中，对象的概念与上一章所讲的有所区别。上一章所讲的对象是类的实例，Windows 应用程序中的对象是 Windows 的规范部件，如窗口、菜单、按钮、对话框、程序模块等。这些规范部件都具有规范的形态和操作模式。尽管表现形式有很大的差异，但这些部件也是类的实例，而且是同一个基类的派生类的实例，因此这两类对象本质上是相同的，都是类的实例。只不过 Windows 的规范部件是微软公司专为 Windows 应用程序开发的一系列类的实例，并且大多以可视化的形态呈现出来，而上一章所讲的类和对象都是代码。

编写 Windows 应用程序，大部分工作是以可视化的方式创建控件（对象），然后通过对话框设置控件的属性，即为对象的数据成员赋值。

3. 控件

控件是指对数据和方法的封装，这种特殊的对象是 Windows 应用程序的重要组成部分。控件的属性是决定控件形状、颜色等性质的数据成员，方法是实现控件功能的成员函数。

4. 事件

在 Windows 环境运行应用程序时，系统产生的动作（如定时器）和用户产生的动作称为事件。单击鼠标、按下键盘的 R 键、将 U 盘插入 USB 接口等，都将产生事件。而且，事件的划分非常细致，鼠标左键被按下产生的是鼠标左键被按下的事件；松开手指时，鼠标左键弹出产生的是鼠标左键弹起的事件；另外，还有单击鼠标左键、双击鼠标左键和单击鼠标右健等操作产生的各种事件。

5. 消息

消息是程序中对象之间进行交互的一种方式，是 Windows 发送的信息，以报道所发生的事件。当鼠标被按下时，产生了按下鼠标的事件，Windows 侦测到这一事件，随即发送一个消息到消息队列中，这个消息附带了一系列相关的信息，如按了鼠标的哪个键、事件发生在哪个窗口（或按下了哪个按钮）、鼠标指针或光标的位置（坐标）等。

6. 事件驱动机制

事件驱动机制的过程如下：

① 用户触发一个事件；

② 系统发送一个消息到消息队列，以报道该事件；

③ 每个消息一般都保存了各自的处理函数指针，每个消息都有相应的处理函数。

④ 程序从消息队列中读取消息，并根据不同的消息调用相应的函数，如 onClick()、onButton()等。

Windows 应用程序的执行顺序是由事件的触发顺序决定的，也就是消息产生的顺序。事件发生的顺序不是由程序员在编写程序时设计好的，而是在程序运行过程中由用户按自己的使用意图操作软件时形成的。例如，用户运行程序时，可能先按按钮 A，再按按钮 B；也可能先按按钮 B，再按按钮 A。程序员要做的工作是，在开发应用程序时设计好按按钮 A 实现什么功能，按按钮 B 实现什么功能，通过分发消息、接收消息、处理消息来响应用户使用软件时可能触发的事件，从而实现与用户的交互，避免了死板的操作模式。

这种事件驱动机制或者说消息响应机制是 Windows 编程的最大特点。

7．图形设备接口

在传统的 DOS 环境中，想要在屏幕上显示或在打印机上打印一幅图形是一件非常复杂的事件，因为用户必须按照屏幕分辨率模式使用专用绘图函数在屏幕上绘图，或根据打印机类型及指令规则向打印机输送数据。而 Windows 则提供了一个抽象的接口，称为图形设备接口（Graphical Device Interface，GDI），使用户直接利用系统的 GDI 函数就能方便地实现图形和文本的输出，而不必关心与系统相连的外部设备的类型。

8．命名方式

VC++ 6.0 中的变量采用了匈牙利命名法。匈牙利命名法是由一个匈牙利裔工程师设计的一种程序设计的命名规范。

匈牙利命名法规定：变量名以意义明确的英文大小写混合字母序列构成。

基本原则是：

变量名 = 属性 + 类型 + 变量对象描述

其中，变量对象描述要求含义明确，可以采取变量对象英文名字的全称或一部分。

例如，用 hwnd 表示窗口句柄，其中 h 是类型描述，表示句柄（handle）；wnd 是变量对象描述，表示窗口（window）。

用 pfnSum 表示指向 Sum 函数的指针变量。其中，pfn 是类型描述，表示指向函数的指针（pointer to function）；Sum 是变量对象描述，即函数名 Sum（求和）。

用 g_cch 表示一个对字符进行计数的全局变量。其中，g_是属性描述，表示全局变量（global variable）；c 和 ch 分别是计数类型（count type）和字符类型（char），一起表示变量类型，这里忽略了变量对象描述。

6.1.2　编程方法

Windows 编程有两种基本的方法：一是基于 Windows API 编程，二是基于 MFC 编程。

1．基于 Windows API 编程（SDK 编程）

Windows API 编程是通过编写代码直接调用 Windows 的 API 函数进行编程。API 是 Application Programming Interface（应用程序接口）的简称。Windows API 包括几千个可供程序员调用的函数，包括窗口管理函数、系统服务函数和图形设备接口函数等。因为这些函数服务于应用程序，即供程序员在应用程序中调用它们来实现相应的功能，所以将这些函数称为 API 函数。

这种编程方法与传统的 C 语言编程方法相似，程序员需要一行一行编写代码。

2．基于 MFC 编程

MFC（Microsoft Foundation Classes，微软基础类库）是微软公司提供的一个类库（class libraries）。MFC 以 C++类的形式封装了 Windows API，结合面向对象的继承、多

态组成多个类，共有一百多个类。MFC不仅封装大多数Windows API函数，还包含一个应用程序框架，以减少应用程序开发人员的工作量。

基于MFC的程序设计是一种可视化的交互式程序设计。在VC++中新建一个MFC的工程，程序员选择所需对象并确定其属性，仅通过直观的操作方式即可完成界面的设计工作。系统会自动生成许多相关的文件，由此搭建起应用程序的“大框架”。搭建应用程序框架的工作无须程序员编写任何代码，程序员只需根据功能需求编写必要的细节代码段即可构成完整的应用程序。

本章重点介绍MFC绘图程序的设计，界面设计等内容将在第7章中介绍。

6.1.3 Windows编程的数据类型

Windows编程似乎与C和C++编程有很大的差别。产生这种差别的原因之一是微软公司为Windows编程制定了一系列术语和命名规范。下面介绍几个与数据类型相关的术语和命名规范。

1. 基本数据类型

微软将基本数据类型分得更细，并定义和采用基本数据类型的别名，别名全部采用英文大写字母。其作用主要有两点，一是与通常的C/C++语言中的基本数据类型相区别；二是助记，程序员一看到数据类型名就能“顾名思义”，知道这种数据类型的用处。

例如，VC++中作为颜色值的COLORREF类型、作为段地址和相关偏移地址的DWORD类型，就是C/C++语言中的unsigned long型（无符号长整数）。表6-1所示为Windows编程中常用的基本数据类型。

表6-1 Windows编程中常用的基本数据类型

Windows中的数据类型	对应的基本数据类型	说　明
BOOL	bool	布尔值
COLORREF	unsigned long	颜色值的32位值
DWORD	unsigned long	32位无符号整数，段地址和相关偏移地址
UINT	unsigned int	32位无符号整数
WORD	unsigned short	16位无符号整数

如果数据类型的前缀是P或LP，则表示该类型是一个指针或长指针数据类型。例如，LPVOID表示指向未定义类型的32位指针。

2. 句柄

句柄（handle）是VC++中一种特殊的数据类型，但并不是一种具体的、固定不变的数据类型或实体，而是代表了程序设计中的一个广义的概念。句柄一般是指获取另一个对象（窗口、按钮、图标、滚动条、输出设备、控制、文件）的方法，即一个特殊的编号。它的具体形式可能是一个整数、一个对象或者一个真实的指针，而它的目的是建立起与被访问对象之间的唯一的联系。

3. 类和指针

C 语言中有指向变量（基本数据类型）的指针、指向数组的指针、指向结构体的指针等。C++中增加了指向类的指针。VC++中，又增加了指向 MFC 类的指针。

VC++中指向 MFC 类的指针与 C ++中指向类的指针本质上是相同的。因为 VC++有一整套命名规范，所以指向 MFC 类的指针的命名也要符合这个规范。

表 6-2 所示为常用的预定义句柄和 MFC 类指针类型。

表 6-2　常用的预定义句柄和 MFC 类指针类型

Windows 句柄类型	样 本 变 量	说　明	MFC 类指针类型	样 本 变 量	说　明
HWND	hWnd	窗口句柄	CWnd*	pWnd	窗口指针
HDLG	hDlg	对话框句柄	CDialog*	pDlg	对话框指针
HDC	hDC	设备环境句柄	CDC*	pDC	设备环境指针
HPEN	hPen	画笔句柄	CPen*	pPen	画笔指针

数据类型前缀是 H，表示句柄类型；数据类型前缀是 C，表示类类型，通常是 MFC 类。变量的命名采用匈牙利命名法。

6.2　MFC 应用程序

VC++提供了创建 MFC 应用程序的向导（MFC AppWizard）。程序员先在应用程序向导的指引下创建应用程序的框架；然后根据程序设计的需要添加各种控件和资源，添加类、成员变量和成员函数等；最后根据实现程序功能的需要编写具体的代码。

6.2.1　MFC 应用程序向导

下面以“构建对话框应用程序”为例介绍一个可视化 MFC 应用程序。

【例 6-1】构建一个空的单文档应用程序。

程序设计步骤：

（1）启动 Visual C++ 6.0 集成开发环境，单击“文件”→“新建”命令，打开“新建”对话框。

（2）在“新建”对话框中选择“工程”选项卡，在列表框中选择“MFC AppWizard[exe]”选项，在“工程名称”文本框中输入工程名“T6_01”，在“位置”文本框中设置工程文件存放的文件夹为“E:\创意编程\第 6 章\T6_01”，如图 6-1 所示。

（3）单击“确定”按钮，打开“MFC 应用程序向导 - 步骤 1”对话框，如图 6-2 所示。

在“MFC 应用程序向导 - 步骤 1”对话框中有以下 3 种应用程序类型可供选择。

①“单文档”：在应用程序中，一次只能打开一个文档编辑窗口。

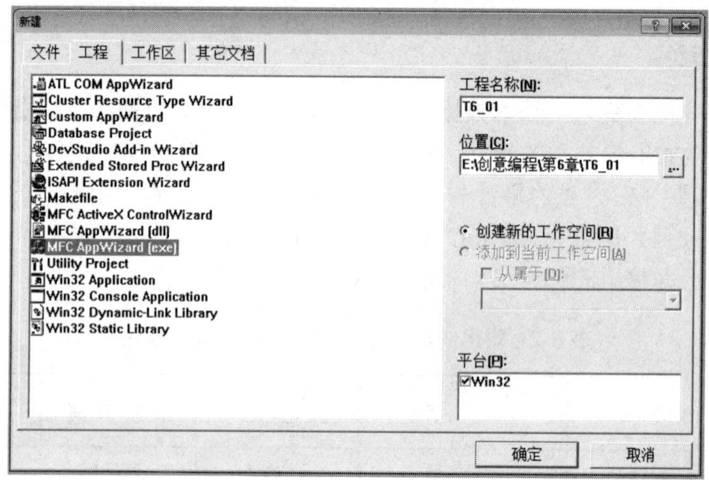

图 6-1

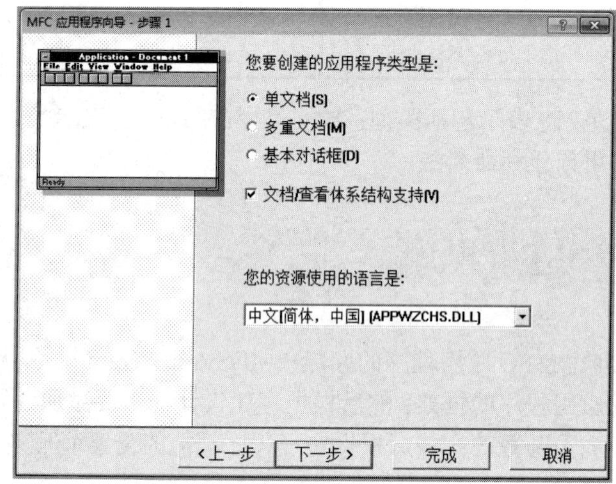

图 6-2

②“多重文档”：在应用程序中，可以同时打开多个文档编辑窗口。

③“基本对话框”：创建以对话框为基础的应用程序。

上述选项为单选。还有一个复选的选项：“文档/查看体系结构支持”。勾选此选项是允许生成文档/视图和非文档/视图结构程序，否则不允许。

（4）选择“单文档”单选按钮，勾选“文档/查看体系结构支持”复选框，单击“下一步”按钮，打开“MFC 应用程序向导 - 步骤 2 共 6 步”对话框，如图 6-3 所示。

（5）选择“否”单选按钮，单击“下一步”按钮，打开“MFC 应用程序向导 - 步骤 3 共 6 步”对话框，如图 6-4 所示。

（6）勾选“ActiveX 控件”复选框表示支持 ActiveX 控件，否则不支持。

选择“没有,不需要”单选按钮，勾选“ActiveX 控件”复选框，单击“下一步”按钮，打开“MFC 应用程序向导 - 步骤 4 共 6 步”对话框，如图 6-5 所示。

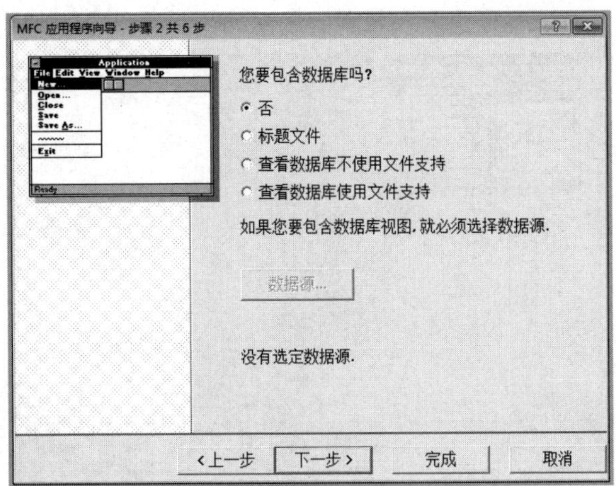

图 6-3

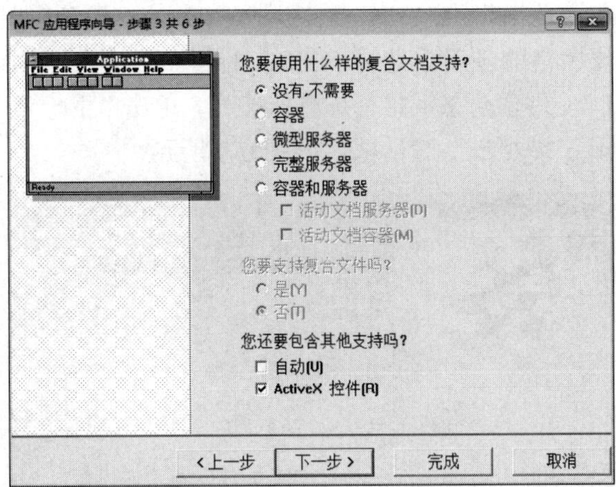

图 6-4

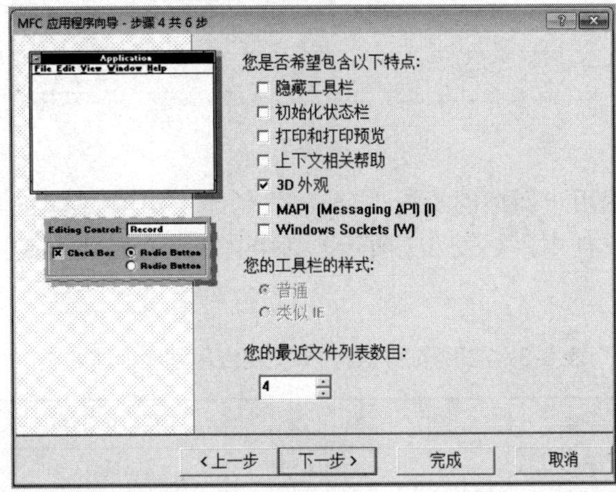

图 6-5

（7）“3D 外观”是指具有 3D 效果的程序界面。勾选“3D 外观”复选框，单击“下一步”按钮，打开“MFC 应用程序向导 - 步骤 5 共 6 步”对话框，如图 6-6 所示。

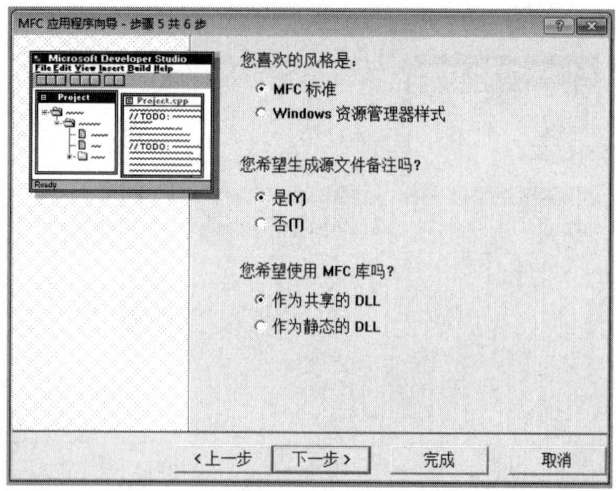

图 6-6

（8）“MFC 标准”是指标准 MFC 项目，“Windows 资源管理器样式”是指具有 Windows 资源管理器风格的项目。选择“MFC 标准”、“是”（在源文件中添加注释）和“作为共享的 DLL”（共享动态链接库）单选按钮，单击“下一步”按钮，打开“MFC 应用程序向导 - 步骤 6 共 6 步”对话框，如图 6-7 所示。

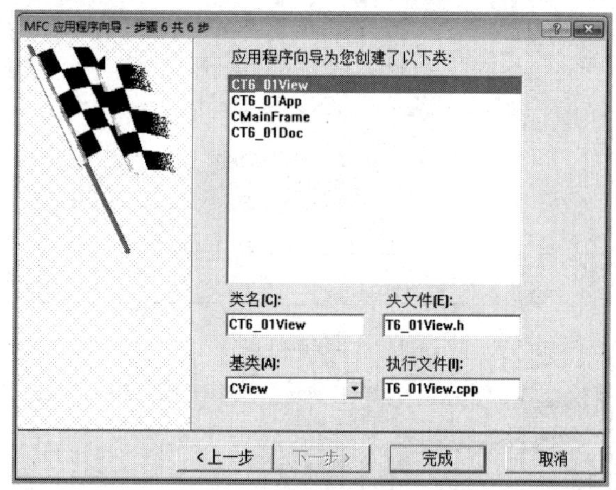

图 6-7

应用程序向导为用户新增的工程“T6_01”创建了 4 个类，这些类定义在不同的头文件和 C++源程序文件中，如表 6-3 所示。其中有 3 个类的类名是工程名“T6_01”与基类名的组合。

表 6-3　应用程序向导为单文档应用程序创建的类

类　型	类　名	基　类	头 文 件	执 行 文 件
视图	CT6_01View	CView	T6_01View.h	T6_01View.cpp
窗口应用程序	CT6_01App	CWinApp	T6_01.h	T6_01.cpp
框架窗口	CMainFrame	CFrameWnd	MainFrm.h	MainFrm. cpp
文档	CT6_01Doc	CDocument	T6_01Doc.h	T6_01Doc.cpp

（9）在“MFC 应用程序向导 - 步骤 6 共 6 步”对话框中确定类的名称及所在文件的名称，单击“完成”按钮，打开“新建工程信息”对话框，如图 6-8 所示。

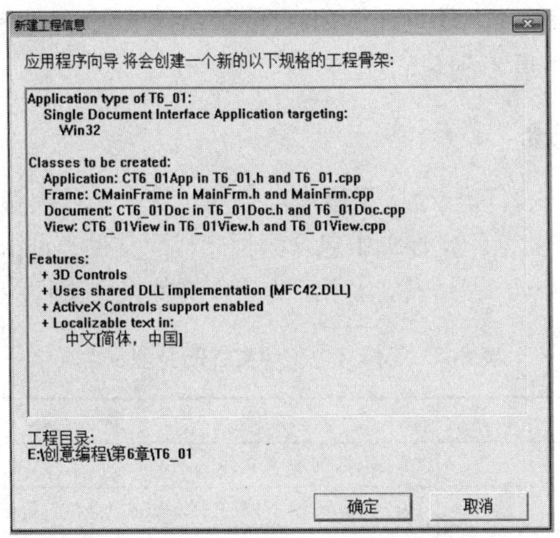

图 6-8

（10）在“新建工程信息”对话框中显示将要创建的文件清单，单击“确定”按钮完成对话框应用程序的创建。

运行结果：

工程 T6_01 的运行结果是生成一个窗口，如图 6-9（左）所示。单击“帮助”→“关于”命令，打开一个消息窗口，显示程序的相关信息，如图 6-9（右）所示。

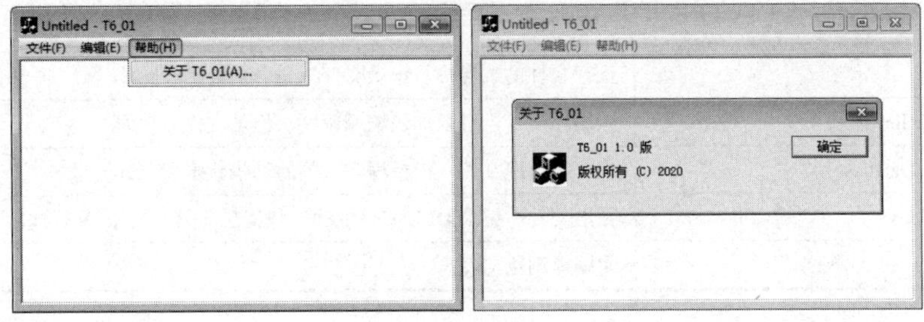

图 6-9

单击“确定”按钮（或单击消息窗口右上角的按钮），可以关闭消息窗口，返回主窗口。单击“文件”→“退出”命令（或单击窗口右上角的按钮），可以关闭主窗口，退出程序。

程序分析：

VC++ 6.0 根据程序员的简单操作自动生成了相应的应用程序框架，包括相应的程序代码，但这个程序并不能实现有意义的具体功能。要实现有意义的具体功能，需要程序员编写相应的代码。

6.2.2 MFC 应用程序框架

Windows 应用程序有两个主函数，一是 WinMain 函数，二是窗口过程函数 WndProc。

WinMain 函数等价于 C 程序中的 main 函数。该函数的基本功能是作为执行程序的入口，并进行基本初始化工作。

在使用 MFC 应用程序向导创建应用程序时，MFC 将这两个函数隐藏在应用程序框架内部，因此在程序中看不到它们。

1. 项目文件和配置

VC++是用文件夹来管理一个应用程序项目的，这个文件夹称为“工作文件夹”，且文件夹名就是项目名，在工作文件夹中包含源程序代码文件（.cpp、.h）、项目文件（.dsp）及项目工作区文件（.dsw）等。表 6-4 所示为工作文件夹中文件的类型及含义。

表 6-4　工作文件夹中文件的类型及含义

类　型	含　义
.cpp(C Plus Plus)，.h	C++文件，C++头文件
.opt	关于开发环境的参数文件，如工具条位置等信息
.aps(AppStudio File)	资源辅助文件，二进制格式
.clw	ClassWizard 信息文件
.dsp(DeveloperStudio Project)	项目文件
.dsw(DeveloperStudio Workspace)	项目工作区文件
.plg	编译信息文件
.hpj(Help Project)	帮助文件项目
.mdp(Microsoft DevStudio Project)	旧版本的项目文件
.bsc(Browse Info File)	浏览信息文件
.map	执行文件的映像信息记录文件
.pch(Pre-Compiled File)	预编译文件，可以加快编译速度，但是文件非常大
.pdb(Program Database)	程序数据库文件，记录程序有关的一些数据和调试信息
.exp(Export File)	导出文件，记录 DLL 文件中的一些信息，只有编译 DLL 才会生成
.ncb(No Compile Browser)	无编译浏览文件

StdAfx.h 是每个 MFC 程序的类中必须包括的文件，一般由 AppWizard 自动生成，包括编译 MFC 类所必需的定义。

除上述文件外，还有相应的 Debug（调试）或 Release（发行）、Res（资源）等子文件夹。单文档应用程序项目 T6_01 中，各文件的组织如图 6-10 所示。

2. 项目管理和项目工作区

在项目工作区窗口有三个视图，如图 6-11 所示。

（1）ClassView（类视图）。

项目工作区窗口的 ClassView 页面用于显示和管理项目中所有的类。以打开的项目 T6_01 为例，ClassView 页面显示出“T6_01 classes”的树状节点，在它的前面是一个图标和一个套在方框中的符号“+”，单击符号“+”或双击图标，T6_01 中的所有类名将被显示，如图 6-11（左）所示。

图 6-10

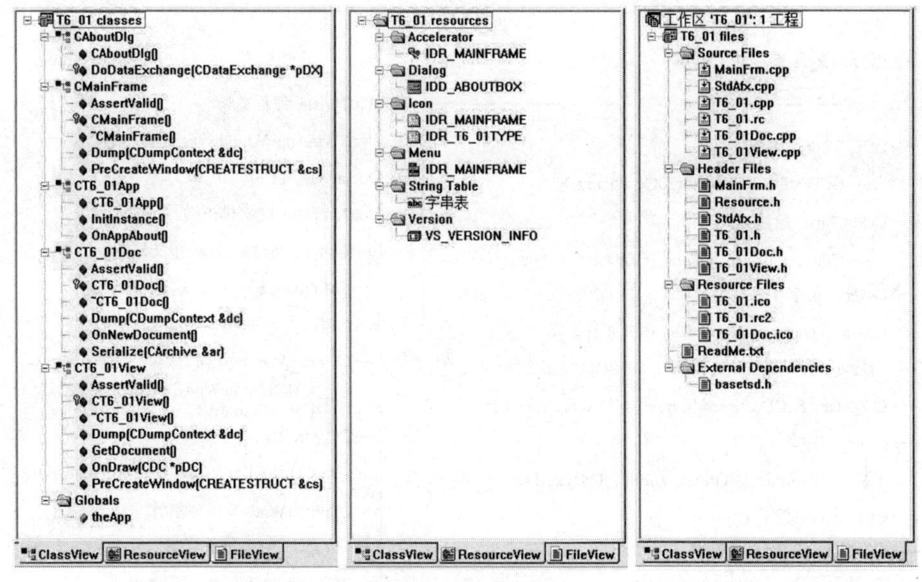

图 6-11

除了表 6-3 介绍的 4 个类，还有 1 个 CAboutDlg 类。这个类是“关于（About）对话框”（Dlg）类。“关于对话框”是显示程序相关信息的消息窗口，参见图 6-9。

（2）ResourceView（资源视图）。

单击项目工作区窗口底部的 ResourceView 标签，打开 ResourceView 页面，如图 6-11（中）所示。

（3）FileView（文件视图）。

单击项目工作区窗口底部的 FileView 标签，打开 FileView 页面。FileView 页面将项目中的所有文件（C++源文件、头文件、资源文件、Help 文件等）分类，并按树状层次结构来显示，如图 6-11（右）所示。

6.2.3 MFC 类的组织结构

MFC 是用来编写 Windows 应用程序的 C++类集，该类集以层次结构组织起来，其中封装了大部分 Windows API 函数和 Windows 控件，它所包含的功能涉及整个 Windows 操作系统。

MFC 不仅为用户提供了 Windows 图形环境下应用程序的框架，而且提供了创建应用程序的组件。

MFC 提供了大量的基类供程序员根据不同的应用环境进行扩充，并允许在编程过程中自定义和扩展应用程序中的类；具有较好的移植性，可移植于众多的平台；很好地保持了程序的向下兼容性。

MFC 应用程序向导为单文档应用程序项目 T6_01 自动创建了类 CAboutDlg、类 CT6_01View、类 CT6_01App、类 CMainFrame 和类 CT6_01Doc。这些类分别派生自 CDialog、CView、CWinApp、CFrameWnd 和 CDocument 等 MFC 类。

MFC 类之间的继承和派生关系如图 6-12 所示。

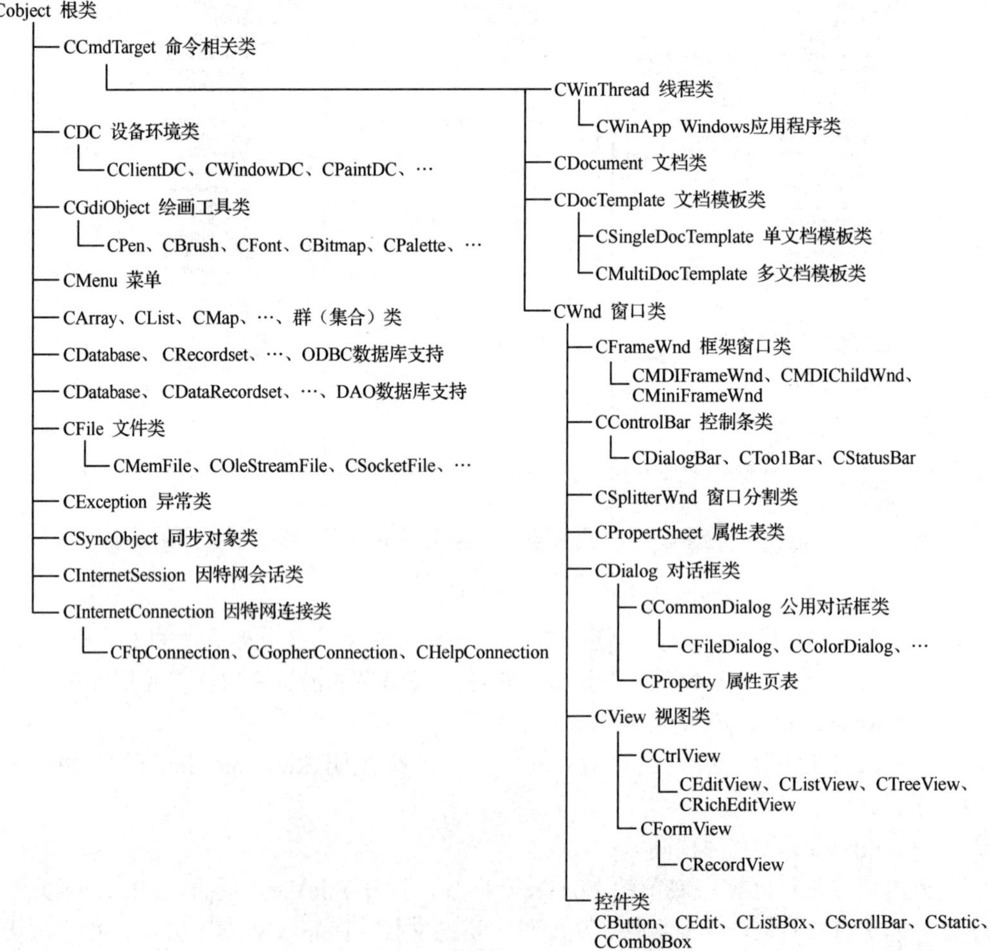

图 6-12

6.3　GDI 绘图

Windows 图形设备接口（GDI）是为处理与设备无关的图形而设计的。设备无关性是指操作系统屏蔽了硬件设备的差异，程序员在编程时无须考虑特殊的硬件设置。

6.3.1　GDI 和 CDC

1．GDI

利用 GDI 提供的众多函数，程序员可以方便地使用显示器、打印机、键盘等输入/输出设备处理图形、文本等信息。

GDI 具有如下特点：

（1）不允许程序直接访问物理显示硬件，通过称为“设备环境”的抽象接口间接访问显示硬件；

（2）程序需要与显示硬件（显示器、打印机等）进行通信时，必须首先获得与特定窗口相关联的设备环境；

（3）用户无须关心具体的物理设备类型；

（4）Windows 参考设备环境的数据结构完成数据的输出。

常用的 GDI 函数有设备环境函数（如 GetDC、CreateDC、DeleteDC）、画线函数（如 LineTo、Polyline、Arc）和填充画图函数（如 Ellipse、FillRect、Pie）等。

MFC 以抽象类 CGdiObject（绘画对象类）作为基类，封装了这些函数，派生出多个子类（如 CBitmap、CBrush、CFont、CPalette、CPen 和 CRgn 等），作为应用程序的图形设备接口。绘画对象类的子类及说明如表 6-5 所示。

表 6-5　绘画对象类的子类及说明

类　名	说　明
CBitmap	位图是一种位矩阵，每一个显示像素都对应于其中的一个或多个位。用户可以利用位图来表示图像，也可以利用它来创建画刷
CBrush	画刷定义了一种位图形式的像素，利用它对区域内部填充颜色或样式
CFont	字体是一种具有某种样式和尺寸的所有字符的完整集合，常常被当成资源存于磁盘中，其中一些还依赖于某种设备
CPalette	调色板是一种颜色映射接口，允许应用程序在不干扰其他应用程序的前提下，充分利用输出设备的颜色描绘能力
CPen	画笔是一种用来画线及绘制有形边框的工具，用户可以指定它的颜色及宽度，以及指定它画实线、点线或虚线等
CRgn	区域是由多边形、椭圆或二者组合形成的一种范围，利用它可以进行填充、裁剪及鼠标点中测试等

2．设备环境

设备环境类（CDC 类）及其子类支持设备描述表对象。CDC 类是一个较大的类，包括许多成员函数，如映射函数、绘画工具函数、区域函数等，通过 CDC 对象的成员函数可以完成所有的绘画工作。

6.3.2 基本绘图工具

1. 画笔（CPen 类的实例）

画笔的线型有实线、虚线、点线、点画线、双点画线、不可见线和内框线等 7 种。这些线型的预定义标识都以 PS_作为前缀，如表 6-6 所示。

表 6-6 画笔的线型

线 型	含 义	图 例
PS_SOLID	实线	————————————
PS_DASH	虚线	- - - - - - - - - - - - - - - - - - - -
PS_DOT	点线	....
PS_DASHDOT	点画线	—·—·—·—·—·—·—·—·—·—
PS_DASHDOTDOT	双点画线	—··—··—··—··—··—··—··—··
PS_NULL	不可见线	
PS_INSIDEFRAME	内框线	————————————

创建一支画笔，可以使用 CPen 类的 CreatePen 函数，其原型如下：

```
BOOL CreatePen( int nPenStyle, int nWidth, COLORREF crColor );
```

其中，参数 nPenStyle、nWidth、crColor 分别用来指定画笔的线型、宽度和颜色，若 nWidth 为 n，则笔宽为 n 个像素；为 0，则笔宽取默认的 1 个像素，与 nWidth 等于 1 的效果相同。

Windows 定义绘图颜色的形式如下：

```
RGB(nRed, nGreen,nBlue)
```

例如：

红色	RGB(255,0,0)	绿色	RGB(0,255,0)
蓝色	RGB(0,0,255)	紫色	RGB(255,0,255)
白色	RGB(255,255,255)	黑色	RGB(0,0,0)
深灰色	RGB(30,30,30)	浅灰色	RGB(150,150,150)

又如：

```
CPen mypen;                                    //定义一个画笔类的变量 mypen
mypen.CreatePen(PS_SOLID, 2, RGB(255,0,0) );   //为变量 mypen 赋值
```

定义一个画笔类的变量，就是创建一个画笔类的实例，即创建一个名为 mypen 的对象。

为变量 mypen 赋值，即调用对象的成员函数 CreatePen 为数据成员赋值，就是设置这个对象的属性，本例中将这支画笔设置为一支笔宽为 2 且绘制红色实线的画笔。

2. 画刷

画刷的属性通常包括填充色、填充图案和填充样式三种。画刷的填充色和画笔颜色一样，都使用 COLORREF 颜色类型；画刷的填充图案通常是用户定义的 8×8 位图；而填充样式往往是 CDC 内部定义的一些特性，它们都是以 HS_为前缀的标识，如图 6-13 所示。

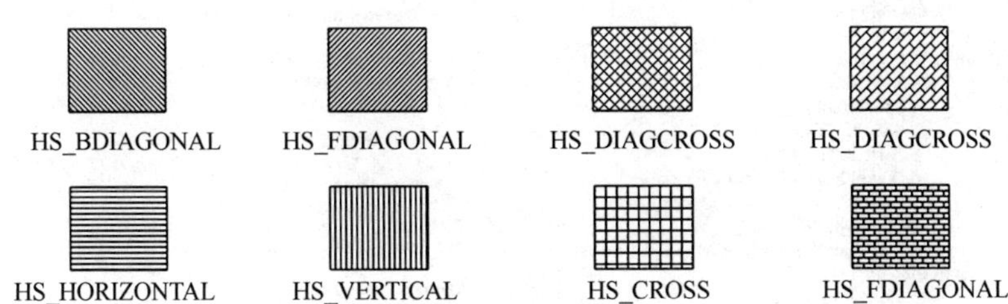

图 6-13

CBrush 类根据画刷属性提供了相应的创建函数，即提供了成员函数为相应的数据成员赋值。例如，创建填充色画刷和填充样式画刷的函数为 CreateSolidBrush 和 CreateHatchBrush，它们的原型如下：

```
BOOL CreateSolidBrush( COLORREF crColor );                    //创建填充色画刷
BOOL CreateHatchBrush( int nIndex, COLORREF crColor );        //创建填充样式画刷
```

其中，nIndex 用来指定画刷的填充样式，而 crColor 表示画刷的填充色。

注意

（1）画刷的创建也可在其构造函数中进行，它具有下列原型：

```
CBrush( COLORREF crColor );
CBrush( int nIndex, COLORREF crColor );
CBrush( CBitmap*    pBitmap );
```

（2）画刷也可用位图来指定其填充图案，但该位图应该是 8×8 像素，若位图太大，Windows 则只使用其左上角的 8×8 像素。

（3）画刷仅对绘图函数 Chord、Ellipse、FillRect、FrameRect、InvertRect、Pie、Polygon、PolyPolygon、Rectangle、RoundRect 有效。

6.3.3 常用绘图函数

1. 画点

SetPixelV 函数用来在指定的位置用指定的颜色画一个点。其函数原型如下：

```
BOOL SetPixelV(int x, int y, COLORREF crColor);
```

GetPixel 函数用来获取指定点的颜色。其函数原型如下：

```
COLORREF GetPixel( int x, int y ) const;
```

【例 6-2】使用画点函数绘制一个三角形。

程序设计步骤：

（1）参考例 6-1 创建一个空的单文档应用程序，工程名称为“T6_02”。

（2）打开项目工作区窗口的 ClassView 页面，如图 6-14（左）所示。

```
T6_02 classes
  CAboutDlg
  CMainFrame
  CT6_02App
  CT6_02Doc
  CT6_02View
    AssertValid()
    CT6_02View()
    ~CT6_02View()
    Dump(CDumpContext &dc)
    GetDocument()
    OnDraw(CDC *pDC)
    PreCreateWindow(CREATESTRUCT &cs)
  Globals
ClassView | ResourceView | FileView
```

```
/////////////////////////////////////////////////
// CT6_02View drawing

void CT6_02View::OnDraw(CDC* pDC)
{
    CT6_02Doc* pDoc = GetDocument();
    ASSERT_VALID(pDoc);
    // TODO: add draw code for native data here
}

/////////////////////////////////////////////////
// CT6_02View diagnostics

#ifdef _DEBUG
void CT6_02View::AssertValid() const
{
    CView::AssertValid();
}
```

图 6-14

（3）双击节点“OnDraw[CDC *pDC]”，打开“T6_02View.cpp”编辑窗口，并定位到指定的函数“void CT6_02View::OnDraw(CDC* pDC)”，如图 6-14（右）所示。

注释“// TODO: add draw code for native data here”的意思是“待编写：在此处为本函数的数据添加绘图的代码”。

（4）添加了绘图代码和注释后的 OnDraw 函数如下：

```
// CT6_02View drawing                              ①系统注释
void CT6_02View::OnDraw(CDC* pDC)                  //②OnDraw 函数的首部
{
    CT6_02Doc* pDoc = GetDocument();               //注：获取当前文档对象的指针
    ASSERT_VALID(pDoc);                            //③检查文档对象
    // TODO: add draw code for native data here    系统生成的注释
    int i;                                                 //定义循环变量 i
    for(i=0; i<100; i++)                                   //④循环 100 次
        pDC->SetPixelV(100+i, 50+i, RGB(0,0,255));         //⑤画点
    for(i=0; i<100; i++)
        pDC->SetPixelV(200+i, 150-i, RGB(255,0,0));        //⑥画点
    for(i=0; i<200; i++)
        pDC->SetPixelV(300-i, 50, RGB(0,255,0));           //⑦画点
}
```

（5）编译程序，执行程序。

运行结果：如图 6-15（左）所示。

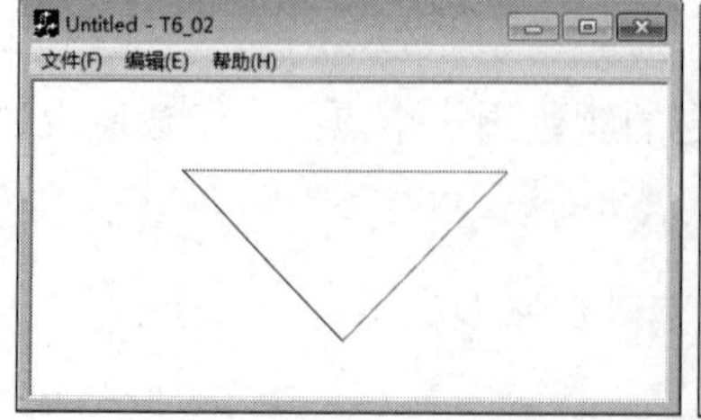

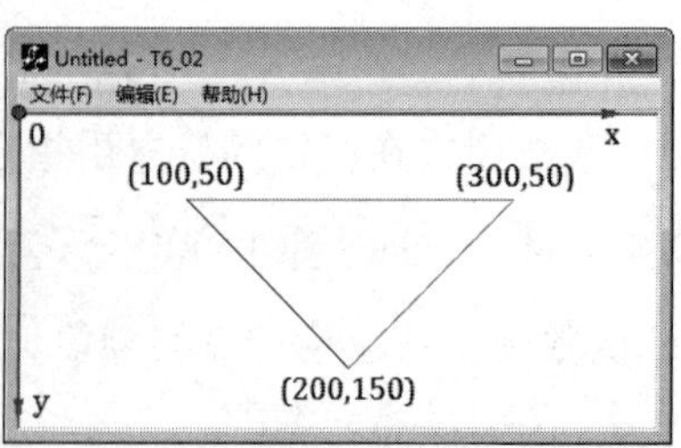

图 6-15

程序分析：

① 本行的英文是系统注释，意为 CT6_02View 类的绘图。

“T6_02”是用户输入的工程文件名，“CT6_02View”是系统自动生成的 CView 类（视图类）的派生类。

② OnDraw 函数的首部，函数的类型是 void，即无返回值类型。

OnDraw 函数是 CT6_02View 类的成员函数。

OnDraw 函数的形参 pDC 是指向 CDC 类的指针。

CDC 类是设备环境类，用户可以通过 CDC 对象的成员函数进行绘图。

③ 调用 ASSERT_VALID 函数对当前文档对象的内部进行一致性检查，如果表达式为 false，则会弹出一个显示警告信息的对话框。

④ 循环 100 次，循环体内只有一条画点的语句，意味着画 100 个点。

⑤ 如图 6-15（右）所示，文档窗口的坐标原点在左上角，x 轴的正方向向右，y 轴的正方向向下。

通过指针 pDC 调用 CDC 对象的成员函数 SetPixelV 在指定的位置用指定的颜色画一个点。函数 SetPixelV 的前两个参数是画点的坐标，第 3 个参数是画点的颜色。因为循环变量 i 从 0 递增至 100，所以 100+i, 50+i 表示从(100, 50)到(200, 150)画 100 个点，画点的效果是一条直线。第 3 个参数是 RGB(0,0,255)，表示画点的颜色为蓝色。

⑥ 函数的参数 200+i, 150−i 表示从(200, 150)到(300, 50)画 100 个点；颜色属性是 RGB(255,0,0)，为红色。

⑦ 颜色属性为 RGB(0, 0,255)，即从(300, 50)到(100, 50)画 200 个绿色的点。

2．设置当前位置

MoveTo 函数用于设置当前位置，不但可以更新当前位置，而且可以返回更新前的当前位置。其函数原型如下：

```
CPoint MoveTo( int x, int y );
```

3．线

LineTo 函数是经当前位置所在点为直线起点，另指定直线终点，画出一段直线。其函数原型如下：

```
BOOL LineTo( int x, int y );
```

【例 6-3】使用设置当前位置和线函数绘制一个四边形。

程序设计步骤：

（1）参考例 6-1 和例 6-2 创建一个空的单文档应用程序，工程名称为“T6_03”，打开“T6_03View.cpp”编辑窗口，定位到 OnDraw 函数。

（2）在“// TODO: add draw code for native data here”的下一行开始，添加如下代码。

```
int point[4][2]={{50,150},{150,250},{250,150},{150,50}};        //①初始化顶点
for(int i=0; i<4; i++)
      pDC->LineTo(point[i][0],point[i][1]);                     //②画线
pDC->MoveTo(point[3][0]+250,point[3][1]);                       //③设置当前位置(400,50)
```

```
    for(i=0; i<4; i++)
        pDC->LineTo(point[i][0]+250,point[i][1]);                //④画线
```

（3）编译程序，执行程序。

运行结果：如图 6-16（左）所示。

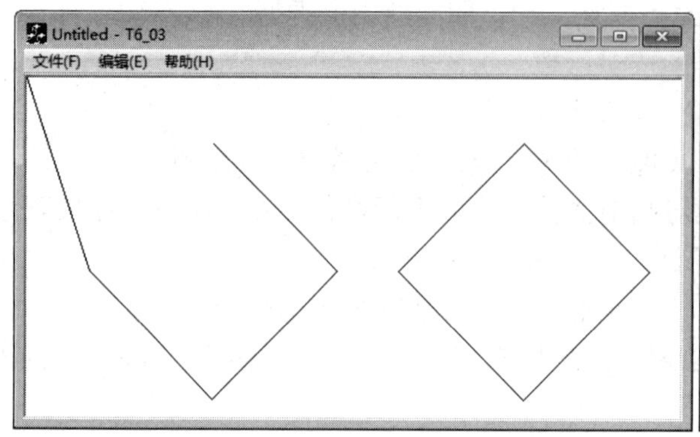

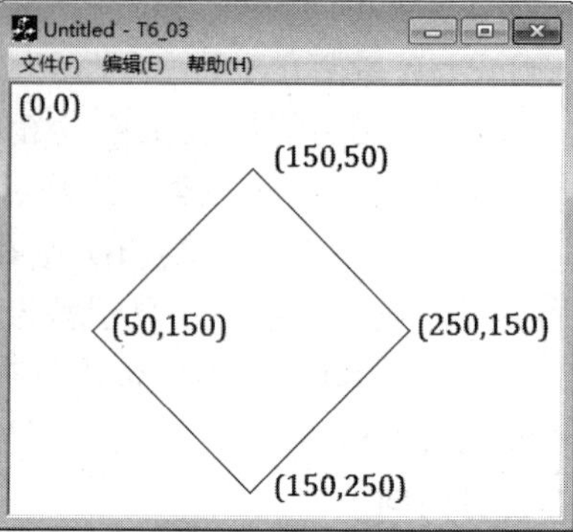

图 6-16

程序分析：

① 用二维数组变量 point[4][2]保存四边形 4 个顶点的坐标值，如图 6-16（右）所示。

② 调用函数 LineTo 从当前位置画一条直线到指定的点。默认的当前位置是坐标原点，所以第一条直线的起点是(0, 0)，终点是(50, 150)。

前一条直线的终点是后一条直线的当前位置，所以只有第一条直线不符合要求，后三条直线都符合要求。

③ 调用函数 MoveTo 将坐标(point[3][0]+250,point[3][1])设置为当前位置，即(400,50)。

④ 调用函数 LineTo 画线。

因为 LineTo 函数不能设置颜色，所以只能使用当前颜色画线。默认的当前颜色是黑色。

4．矩形

CDC 提供的 Rectangle 函数用于矩形的绘制，其原型如下：

```
BOOL Rectangle( int x1, int y1, int x2, int y2 );
```

其中，参数 x1,y1 表示矩形的左上角坐标，x2,y2 表示矩形的右下角坐标。

【例 6-4】使用矩形函数绘制 5 个内外嵌套的红色矩形。

程序设计步骤：

（1）参考例 6-1 和例 6-2 创建一个空的单文档应用程序，工程名称为“T6_04”，打开“T6_04View.cpp”编辑窗口，定位到 OnDraw 函数。

（2）在“// TODO: add draw code for native data here”的下一行开始，添加如下代码。

```
CPen myPen;                                         //①定义一个画笔类的对象 myPen
myPen.CreatePen( PS_SOLID, 2, RGB(255,0,0));        //②创建画笔
CPen *poldPen = pDC->SelectObject(&myPen);          //③将画笔选入当前设备环境
int x1=150,y1=100,x2=250,y2=160;                    //④初始化变量
```

```
for(int i=80; i>=0; i-=20)
    pDC->Rectangle(x1-i,y1-i,x2+i,y2+i);            //⑤绘制矩形
pDC->SelectObject(poldPen);                          //恢复设备环境
```

（3）编译程序，执行程序。

运行结果：如图 6-17（左）所示。

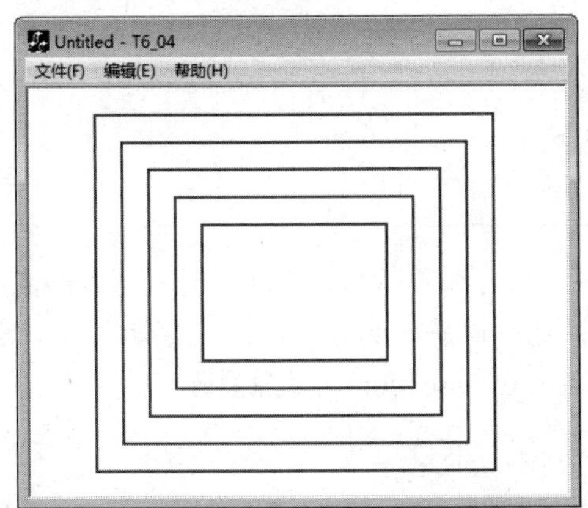

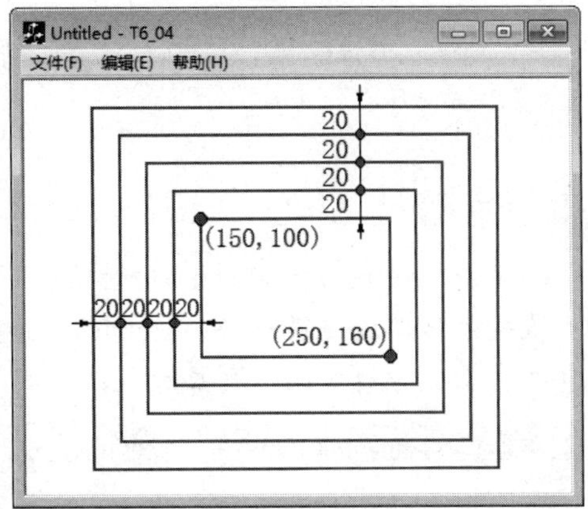

图 6-17

程序分析：

① 定义一个 CPen 类（画笔类）的对象，取名 myPen。也可以说，myPen 是一个数据类型为画笔的变量名。

② 创建画笔，调用对象 myPen 的成员函数 CreatePen 为数据成员赋值，也就是设置 myPen 的属性，即给变量 mypen 赋值。

第 1 个参数设置画笔的线型为“PS_SOLID”，PS_SOLID 是实线。

第 2 个参数设置画笔的线宽为“2”，表示线宽为 2 个像素。

第 3 个参数设置画笔的颜色为“RGB(255,0,0)”，表示画笔的当前颜色为红色。

③ 调用 SelectObject 函数将画笔 mypen 选入当前设备环境（DC），并将原画笔的地址保存到指针变量 poldPen 中，以便在退出 OnDraw 函数前，将设备环境恢复为原状。

④ 初始化变量，如图 6-17（右）所示。

最小矩形的左上角坐标为(150,100)，右下角坐标为(250,160)。

⑤ 调用 Rectangle 函数绘制矩形。循环变量 i 的增幅为 20，20 是相邻两个矩形的边距。

5．椭圆弧

通过调用 CDC 的 Arc 函数可以画一条椭圆弧线或者整个椭圆。

Arc 函数原型如下：

```
BOOL Arc( int x1, int y1, int x2, int y2, int x3, int y3, int x4, int y4 );
```

如图 6-18 所示，参数(x1,y1)和(x2,y2)分别是外接矩形左上角和右下角坐标，参数(x3,y3)是弧线的起点，参数(x4,y4)是弧线的终点。

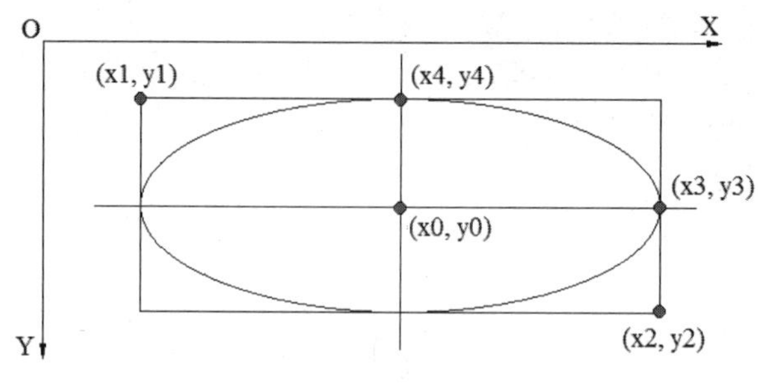

图 6-18

注意

（1）默认的旋转方向为逆时针方向，即所画的椭圆弧从起点逆时针旋转到终点，画小段的弧线。通过调用 SetArcDirection 函数可以将绘制方向改为顺时针方向。若旋转方向为顺时针方向，则画大段的弧线。SetArcDirection 函数原型如下：

```
int SetArcDirection( int nArcDirection );
```

该函数成功调用时返回以前的绘制方向，nArcDirection 可以是 AD_CLOCKWISE（顺时针）或 AD_COUNTERCLOCKWISE（逆时针）。

（2）当参数 x3=x4 且 y3=y4 时，该函数所画的图形为圆或椭圆。

（3）当外接矩形的边长相等，即外接正方形时，该函数所画的图形为圆弧或圆。

【例 6-5】使用椭圆弧函数绘制蓝色的圆弧、椭圆弧、椭圆和圆。

程序设计步骤：

（1）参考例 6-1 和例 6-2 创建一个空的单文档应用程序，工程名称为“T6_05”，打开“T6_05View.cpp”编辑窗口，定位到 OnDraw 函数。

（2）在“// TODO: add draw code for native data here”的下一行开始，添加如下代码。

```
CPen myPen(PS_SOLID, 2, RGB(0,0,255));                //①初始化画笔 myPen
CPen* poldPen = pDC->SelectObject(&myPen);            //画笔选入当前设备环境
pDC->Rectangle(40,40,200,200);                        //画外接矩形
pDC->Arc(40,40,200,200,200,120,120,40);               //②画圆弧
pDC->SetArcDirection(AD_CLOCKWISE);                   //③设置旋转方向
pDC->Rectangle(240,60,400,180);
pDC->Arc(240,60,400,180,400,120,320,60);              //④画椭圆弧
pDC->Rectangle(440,60,600,180);
pDC->Arc(440,60,600,180,600,40,600,40);               //⑤画椭圆
pDC->Rectangle(640,40,800,200);
pDC->Arc(640,40,800,200,0,0,0,0);                     //⑥画圆
pDC->SelectObject(poldPen);                           //恢复设备环境
```

（3）编译程序，执行程序。

运行结果：如图 6-19（上）所示。

程序分析：

① 初始化画笔 myPen，设置 myPen 为实线、线宽为 2 的蓝色画笔。在例 6-5 中，先定义画笔 myPen，再设置画笔的线型、线宽和颜色等属性。本例将其合并为一条语句。

本例中各个点的坐标如图 6-19（下）所示。

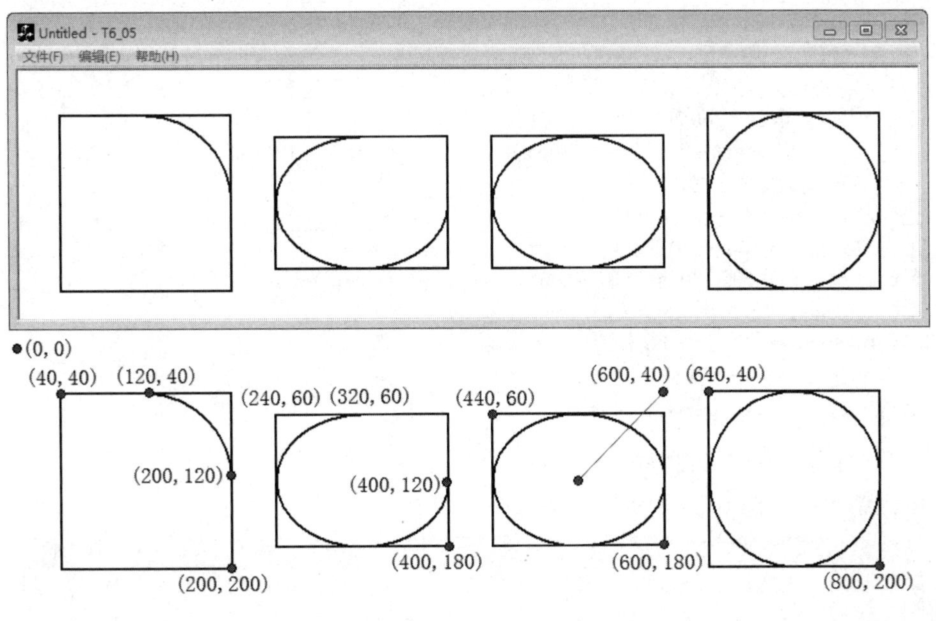

图 6-19

② 第 1 个图形是圆弧。因为默认旋转方向是逆时针方向，所以画笔从点(200,120)沿逆时针方向旋转到(120,40)画圆弧。

③ 调用 SetArcDirection 函数设置顺时针方向为正方向。

④ 第 2 个图形是椭圆弧。画笔从点(400,120)沿顺时针方向旋转到(320,60)画椭圆弧。

⑤ 第 3 个图形是椭圆。当参数中的起点和终点相同时，画出来的图形是椭圆（或圆）。

参数中的起点（或终点）并不一定在弧线上，本例中的参数点(600,40)就没有在椭圆上。系统会自动计算出椭圆的中心和参数点的连线与椭圆的交点，以这个交点作为弧线的起点或终点。

⑥ 第 4 个图形是圆。因为外切四边形是正方形，且起点和终点相同，所以画出来的图形是圆。

6．饼图

调用 CDC 的 Pie 函数可以画一个椭圆饼图或者整个椭圆，并用当前画刷进行填充。Pie 函数原型如下：

```
BOOL Pie( int x1, int y1, int x2, int y2, int x3, int y3, int x4, int y4 );
```

其中参数的作用与 Arc 函数的参数相同。

【例 6-6】 使用饼图函数绘制蓝色的饼图，并用绿色进行填充。

程序设计步骤：

（1）参考例 6-1 和例 6-2 创建一个空的单文档应用程序，工程名称为“T6_06”，打开“T6_06View.cpp”编辑窗口，定位到 OnDraw 函数。

（2）在“// TODO: add draw code for native data here”的下一行开始，添加如下代码。

```
CPen myPen(PS_SOLID, 2, RGB(0,0,200));            //①初始化画笔 myPen
CPen* poldPen = pDC->SelectObject(&myPen);        //将画笔选入当前设备环境
CBrush myBrush(RGB(120,200,120));                 //②构造画刷 myBrush
CBrush* poldBrush = pDC->SelectObject(&myBrush)   //将画刷选入当前设备环境
pDC->Rectangle(40,40,200,200);                    //③画矩形
pDC->Pie(40,40,200,200,200,120,120,40);           //④画饼图
pDC->SetArcDirection(AD_CLOCKWISE);               //设置旋转方向
pDC->Rectangle(240,60,400,180);
pDC->Pie(240,60,400,180,400,120,320,60);
pDC->Rectangle(440,60,600,180);
pDC->Pie(440,60,600,180,600,40,600,40);           //⑤画椭圆形饼图
pDC->Rectangle(640,40,800,200);
pDC->Pie(640,40,800,200,0,0,0,0);                 //⑥画圆形饼图
pDC->SelectObject(poldPen);
pDC->SelectObject(poldBrush);
```

（3）编译程序，执行程序。

运行结果： 如图 6-20 所示。

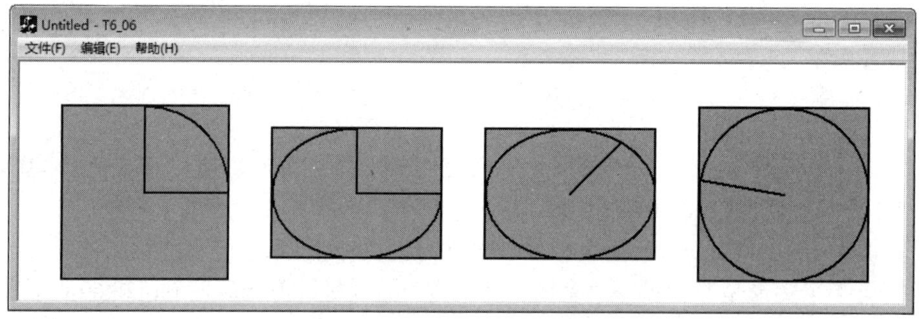

图 6-20

程序分析：

① 初始化画笔 myPen，设置 myPen 为实线、线宽为 2 的蓝色画笔。本例中颜色值为 RGB(0,0,200)，是色调比较暗的蓝色，介于纯蓝色（RGB(0,0,255)）和黑色（RGB(0,0,0)）之间。

本例中各个点的坐标如图 6-19（下）所示。

② 构造画刷 myBrush。画刷的颜色值为 RGB(120,200,120)。

③ 第 1 个图形是矩形，并用画刷设定的颜色填充矩形内部。

在例 6-5 中以用默认的颜色（白色）填充矩形内部，所以先画矩形，再画矩形内部的图线，否则会被矩形的填充色覆盖。

④ 第 2 个图形是饼图，并用画刷设定的颜色填充饼图内部。

⑤ 第 3 个图形是椭圆形饼图，并用画刷设定的颜色填充饼图内部。

因为参数中的起点和终点相同，所以画出来的饼图是椭圆。

参数中的起点和终点(600,40)没有在椭圆上。系统会自动计算出椭圆的中心和参数点的连线与椭圆的交点，并且画出椭圆的中心到交点的连线。

⑥ 第 4 个图形是圆形饼图，并用画刷设定的颜色填充饼图内部。

因为外切四边形是正方形，且起点和终点相同，所以画出来的饼图是圆形的。

参数中的起点和终点(0,0)没有在圆周上。系统会自动计算出圆心和参数点的连线与圆的交点，并且画出圆心到交点的连线。

6.4　科学与艺术的融合——创意图形编程

本节利用前面介绍的 MFC 编程知识结合相关的数学知识绘制几种创意图形。

6.4.1　渐变色的圆形与方形嵌套图案

【例 6-7】用红、紫、蓝的渐变色绘制圆形与正方形嵌套图案，如图 6-21 所示。

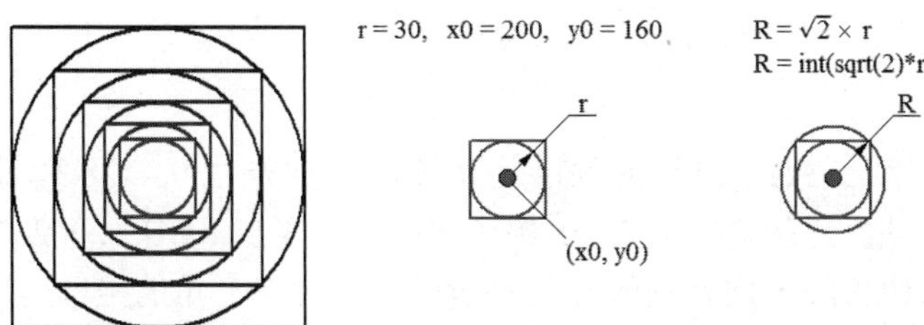

图 6-21

程序设计步骤：

（1）参考例 6-1 和例 6-2 创建一个空的单文档应用程序，工程名称为“T6_07”，打开“T6_07View.cpp”编辑窗口，定位到 OnDraw 函数。

（2）在“// TODO: add draw code for native data here”的下一行开始，添加如下代码。

```
int r=30, x0=200,y0=160;                                    //初始化变量 r、x0、y0
for(int i=0; i<10; i++)                                     //绘制 5 个圆形和 5 个正方形
{
    CPen mypen(PS_SOLID,2,RGB(255-i*28.3,0,i*28.3));        //①初始化画笔 myPen
    CPen *pOldPen = pDC->SelectObject(&mypen);              //画笔选入当前设备环境
    if (i%2==1)                                             //循环变量为奇数
    {
        pDC->MoveTo(x0-r,y0-r);                             //②将左上角设置为当前点
        pDC->LineTo(x0+r,y0-r);                             //③画线至右上角
        pDC->LineTo(x0+r,y0+r);                             //画线至右下角
        pDC->LineTo(x0-r,y0+r);                             //画线至左下角
        pDC->LineTo(x0-r,y0-r);                             //画线至左上角
        r=int(sqrt(2)*r);                                   //计算下一个圆的半径
    }
    else                                                    //循环变量为偶数
        pDC->Arc(x0-r,y0-r,x0+r,y0+r,x0-r,y0,x0-r,y0);      //④ 用画圆弧的函数画圆
    Sleep(200);                                             //⑤ 暂停 200 毫秒
}
```

（3）在程序开头部分添加如下预处理命令：

```
#include <math.h>       //包含 math.h 头文件
```

（4）编译程序，执行程序。

运行结果：如图 6-22 所示。

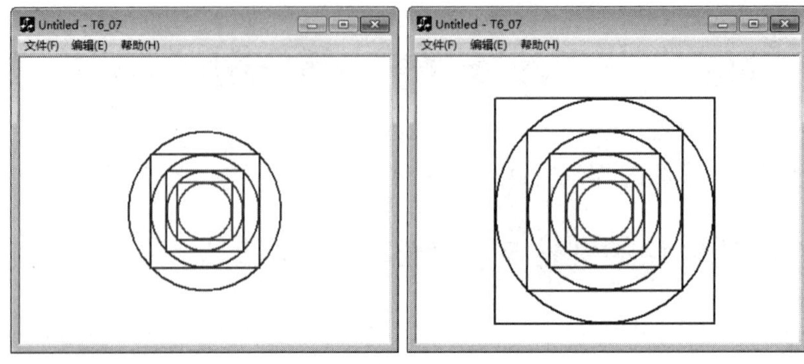

图 6-22

程序分析：

① 初始化画笔 myPen，画笔的颜色是 RGB(255−i*28.3, 0, i*28.3)。因为 i 的值是从 0 递增至 9，所以颜色是从 RGB(255, 0, 0)（红色）渐变至 RGB(0, 0, 255)（蓝色）。

② 正方形的边长等于内切圆的直径，所以正方形左上角的坐标为(x0−r, y0−r)，右下角的坐标为(x0+r, y0+r)。

③ 如果用矩形函数画正方形，则需要设置透明的画刷，或先画大图再画小图，参考例 6-3，否则正方形内的图形会被填充色覆盖。

④ 与上一点的原因相同，本例采用圆弧函数画圆。

⑤ Sleep(n)是延时函数。参数 n 是正整数，单位是毫秒（ms）。例如，Sleep(200)是延时 200 毫秒，即程序执行到此语句时暂停 200 毫秒，再执行下一语句。

6.4.2 绘制玫瑰线图案

【例 6-8】用玫瑰色绘制玫瑰线图案。

数学中的玫瑰线方程及其几何意义如下：

$$x = a \times \sin(n\theta) \times \cos\theta$$

$$y = a \times \sin(n\theta) \times \sin\theta$$

曲线的几何形状取决于方程参数 a 和 n 的取值。参数 a 控制花瓣的长短，参数 n 控制花瓣数量。如图 6-23 所示，n 为偶数时，花瓣数为 $2n$；n 为奇数时，花瓣数为 n。

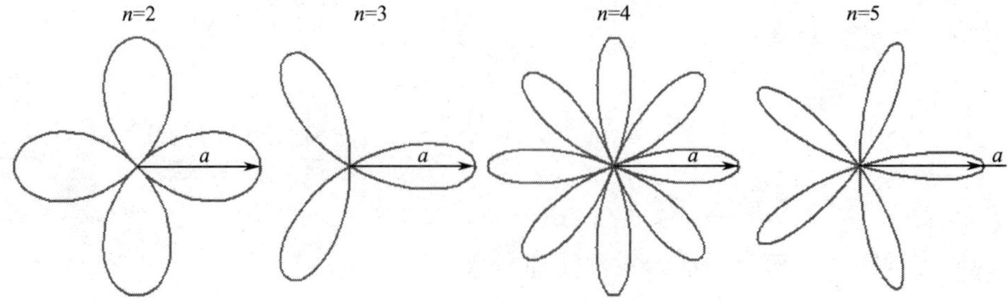

图 6-23

程序设计步骤：

（1）参考例 6-1 和例 6-2 创建一个空的单文档应用程序，工程名称为“T6_08”，打开“T6_08View.cpp”编辑窗口，定位到 OnDraw 函数。

（2）在“// TODO: add draw code for native data here”的下一行开始，添加如下代码。

```
int a1=150, a2=100;                     //①外玫瑰线和内玫瑰线的 a 参数
float n=2;                              //玫瑰线参数 n 为 2，花瓣数量为 4
int x11, y11, x12, y12;                 //外玫瑰线上两个点的坐标
int x21, y21, x22, y22;                 //内玫瑰线上两个点的坐标
int x10=170, y10=170;                   //②外玫瑰线中心坐标
int x20=440, y20=170;                   //内玫瑰线中心坐标
int x30=710, y30=170;                   //玫瑰花中心坐标
int i=0;                                //初始化循环变量 i
float pp=(float)3.14159/72;             //③设置绘制玫瑰线的精度
x11=a1*cos(i*n*pp)*cos(i*pp);           //外玫瑰线上起点的 x 坐标
y11=a1*cos(i*n*pp)*sin(i*pp);           // y 坐标
x21=a2*cos(i*n*pp)*cos(i*pp);           //内玫瑰线上起点的 x 坐标
y21=a2*cos(i*n*pp)*sin(i*pp);           // y 坐标
for(i=1; i<145; i++)                    //循环 144 次，绘制玫瑰线图案
{
    CPen myPen (PS_SOLID,2,RGB(255,0,255));          //初始化画笔 myPen
    CPen *pOldPen = pDC->SelectObject(&myPen);       //保存原画笔，启用 myPen
    //以下 4 行代码画外玫瑰线，中心坐标为(x10, y10)
    x12=a1*cos(i*n*pp)*cos(i*pp);                    //外玫瑰线上某点的 x 坐标
    y12=a1*cos(i*n*pp)*sin(i*pp);                    //外玫瑰线上某点的 y 坐标
    pDC->MoveTo(x10+x11,y10+y11);                    //画笔移动至前一点
    pDC->LineTo(x10+x12,y10+y12);                    //从前一点画到第二点
    //以下 2 行代码把“第二点”保存为下一循环的“前一点”
    x11=x12;
    y11=y12;
    //画内玫瑰线，与画外玫瑰线同理，中心坐标为(x20, y20)
    x22=a2*cos(i*n*pp)*cos(i*pp);
    y22=a2*cos(i*n*pp)*sin(i*pp);
    pDC->MoveTo(x20+x21, y20+y21);
    pDC->LineTo(x20+x22, y20+y22);
    x21=x22;
    y21=y22;
    //画玫瑰花，中心坐标为(x30, y30)
    pDC->MoveTo(x30+x21,y30+y21);          //画笔移动至内玫瑰线上的点
    pDC->LineTo(x30+x11,y30+y11);          //在内玫瑰线与外玫瑰线之间画线
}
pDC->SelectObject(pOldPen);                //恢复保存在 pOldPen 变量中画笔属性
```

（3）在程序开头部分添加如下预处理命令：

```
#include <math.h>       //包含 math.h 头文件
```

（4）编译程序，执行程序。

运行结果：如图 6-24 所示。

图 6-24

程序分析：

① 根据三角函数的特性可知，玫瑰线是具有周期性的曲线。不同的参数决定了玫瑰线的大小、叶子的数目和周期的可变性。本例中绘制两条玫瑰线，外玫瑰线的参数 a1=150，内玫瑰线参数 a2=100；参数 n 都等于 2，即花瓣数量为 4。

② 因为要画 3 个图案，所以设置了 3 个中心坐标。

③ float pp=(float)3.14159/72，循环 144 次，绘制玫瑰线图案。

本例中，玫瑰线的周期是 2π，π=3.14159，设置绘制玫瑰线的精度为 144，即用 144 条直线段近似地表示曲线。设置变量 pp 来表示增幅，即

$$pp = 2\pi/144$$

得

$$pp = 3.14159/72$$

注意

n 为偶数时，玫瑰线的周期是 2π；n 为奇数时，玫瑰线的周期是 π。

当 n=3/2 时，花瓣数量为 2*3=6，玫瑰线的周期是 2*2π=4π；若绘图的精度仍为 144，则

$$pp = 4\pi/144$$

得

$$pp = 3.14159/36$$

若将绘图的精度设为 288，则 pp = 3.14159/72，循环条件表达式为“i < 289”，效果如图 6-25 所示。

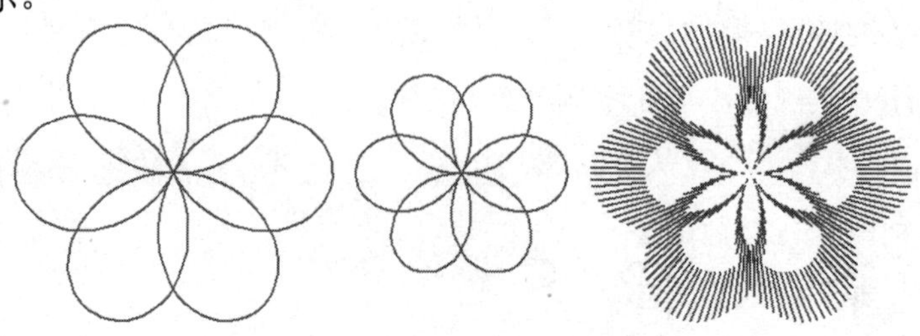

图 6-25

当 n=6/5 时，花瓣数量为 2*6=12，玫瑰线的周期是 5*2π=10π，效果如图 6-26 所示。

图 6-26

当 n=11/10 时，花瓣数量为 2*11=22，玫瑰线的周期是 10*2π=20π，效果如图 6-27 所示。

图 6-27

当 n=7/10 时，花瓣数量为 2*7=14，玫瑰线的周期是 10*2π=10π，效果如图 6-28 所示。

图 6-28

6.4.3 摆线

【例 6-9】绘制摆线，以及沿一条直线运动的圆。

摆线是指一个圆在一条定直线上滚动时，圆周上一个定点的轨迹。如图 6-29 所示，圆上定点的初始位置为坐标原点，定直线为 X 轴。

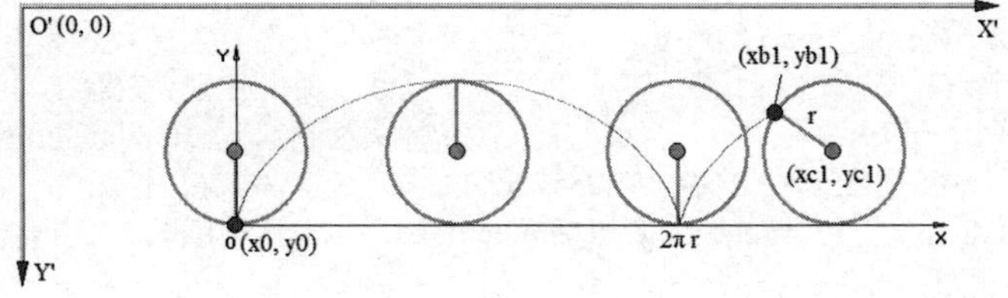

图 6-29

数学中的摆线方程及其几何意义如下：

$$x = r \times (t - \sin t)$$
$$y = r \times (1 - \cos t)$$

r 为圆的半径，t 是圆的半径所经过的弧度（滚动角）。

当 t 由 0 变到 2π 时，动点就画出了摆线的一支，称为一拱；

当 t 等于 0 时，x=0，y=0；

当 t 等于 2π 时，x=2πr，y=0。

再向前继续滚动，动圆上定点描画出第二拱、第三拱、…，所有这些拱的形状都是完全相同的，每一拱的拱高为 $2r$，拱宽为 $2\pi r$，周期为 2π。

程序设计步骤：

（1）参考例 6-1 和例 6-2 创建一个空的单文档应用程序，工程名称为“T6_09”，打开“T6_09View.cpp”编辑窗口，定位到 OnDraw 函数。

（2）在“// TODO: add draw code for native data here”的下一行开始，添加如下代码。

```
int r = 60;                                     //滚动圆的半径 r
float pp = 3.14159/180;                         //①设置绘制摆线的精度
int x0 = 180, y0 = 180;                         //自定义的坐标原点
int xL = x0 + 600,   yL = y0 - 150;             //②X 轴端点的 x 坐标，Y 轴端点的 y 坐标
int xb, yb;                                     //摆线上某一点的坐标
int xc1, yc1= y0 - r, xc2 = x0, yc2 = y0;       //③滚动圆前后两个圆心的坐标
int i, j;                                       //循环变量
CPen myPen(PS_SOLID, 1, RGB(0,0,0));            //定义黑色画笔
CPen *pOldPen = pDC->SelectObject(&myPen);      //启用自定义的画笔
      //以下 5 行代码绘制 X 轴和箭头（绘制一个三角形表示箭头）
pDC->MoveTo(x0, y0);
pDC->LineTo(xL, y0);                            //绘制 X 轴
pDC->LineTo(xL - 12, y0 + 2);                   //三角形的第 1 条边
pDC->LineTo(xL - 12, y0 - 2);                   //三角形的第 2 条边
pDC->LineTo(xL, y0);                            //三角形的第 3 条边
      //以下 5 行代码绘制 Y 轴和箭头（绘制一个三角形表示箭头）
pDC->MoveTo(x0, y0);
pDC->LineTo(x0, yL);                            //绘制 Y 轴
pDC->LineTo(x0 + 2, yL + 12);                   //三角形的第 1 条边
pDC->LineTo(x0 - 2, yL + 12);                   //三角形的第 2 条边
pDC->LineTo(x0, yL);                            //三角形的第 3 条边
pDC->TextOut(xL - 10, y0 + 3, "X");             //在指定位置输出文本"X"
pDC->TextOut(x0 - 16, yL + 1, "Y");             //在指定位置输出文本"Y"
pDC->TextOut(x0 - 10, y0 + 1, "O");             //在指定位置输出文本"O"
for(i=0; i<486; i++)                            //循环次数为 360+126，即画 1.35 个拱
{
    xb = x0 + r * (i * pp - sin(i * pp));       //④摆线上第 i 点的 x 坐标
    yb = y0 - r * (1 - cos(i * pp));            //摆线上第 i 点的 y 坐标
    xc1 = x0 + i * pp * r;                      //⑤滚动到第 i 点时圆心的 x 坐标
    CPen myPen(PS_SOLID,2,RGB(255,255,255));            //定义白色画笔
    CPen *pOldPen = pDC->SelectObject(&myPen);          //启用自定义画笔
        //⑥ 用白色画笔抹掉前一个滚动圆
    pDC->Arc(xc2 - r - 1, yc2 - r - 1, xc2 + r + 1, yc2 + r + 1, 0, 0, 0, 0);
```

```
    {
        CPen myPen (PS_SOLID, 3, RGB(0,255,0));             //⑦定义绿色画笔
        CPen *pOldPen = pDC->SelectObject(&myPen);         //启用自定义画笔
            //用绿色画笔画一个滚动圆
        pDC->Pie(xc1 - r, yc1 - r, xc1 + r, yc1 + r, xb, yb, xb, yb);
    }
    xc2=xc1;                                               //⑧保存第 i 点时圆心的 x 坐标
    yc2=yc1;                                               //保存第 i 点时圆心的 y 坐标
    {
        CPen pen(PS_SOLID, 1, RGB(0,0,0));                 //定义黑色画笔
        CPen *pOldPen = pDC->SelectObject(&pen);           //启用黑色画笔
        pDC->MoveTo(x0, y0);
        pDC->LineTo(xL, y0);                               //重新绘制 X 轴
        pDC->MoveTo(x0, y0);
        pDC->LineTo(x0, yL);                               //重新绘制 Y 轴
    }
    for(j=0; j<=i; j++)                                    //⑨绘制摆线上的 0 到 i 点
    {
        xb = x0 + r * (j * pp - sin(j * pp));
        yb = y0 - r * (1 - cos(j * pp));
        pDC->SetPixelV(xb, yb, RGB(255,0,0));              //绘制红色的点
    }
    Sleep(20);                                             //暂停 20 毫秒
}
pDC->SelectObject(pOldPen);                        //恢复保存在 pOldPen 变量中画笔属性
```

（3）在程序开头部分添加如下预处理命令：

```
#include <math.h>                                  //包含 math.h 头文件
```

（4）编译程序，执行程序。

运行结果：如图 6-30 所示。

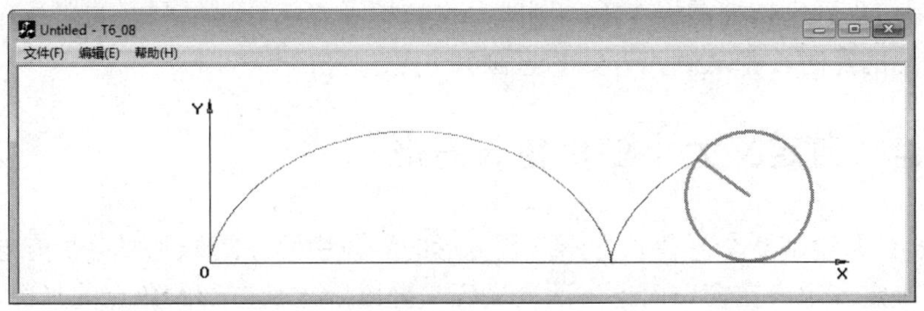

图 6-30

如果不用白色画笔抹掉前一个滚动圆，则效果如图 6-11 所示。

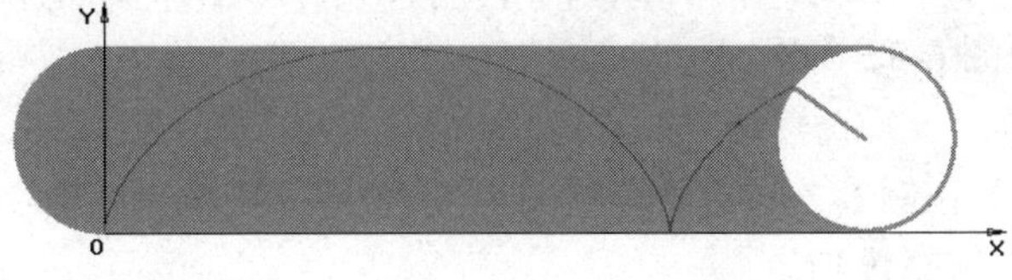

图 6-31

程序分析：

① 摆线的周期是 2π，π=3.14159，设置绘制摆线的精度为 360，即用 360 个点近似地表示摆线的 1 个拱。用变量 pp 来表示步距，即

pp = 2π/360

得

pp = 3.14159/180

本例采用循环结构来绘制摆线，循环次数 486 = 360+126，共绘制 1.35 个拱。

② X 轴端点的坐标为(xL, y0)，即(x0 + 600, y0)；

Y 轴端点的坐标为(x0, yL)，即(x0 , y0 − 150)。

③ 滚动圆滚动到某点的圆心坐标为(xc1, yc1)，前一个点的圆心坐标为(xc2, yc2)。

④ 计算摆线上第 i 点的坐标，(x0, y0)是自定义的坐标原点。因为屏幕坐标 Y 轴的正方向向下，而用户坐标 Y 轴的正方向向上，所以 yb = y0 − r * (1 − cos(i * pp))。

⑤ 计算滚动到第 i 点时圆心的 x 坐标：xc1 = x0 + i * pp * r。

y 坐标在定义时已赋值：yc1= y0 − r。

⑥ 用白色画笔抹掉前一个滚动圆，否则循环多少次屏幕上就会有多少个圆。

⑦ 用一对花括号把定义与启用绿色画笔的语句括起来，否则会产生错误“'myPen' : redefinition”（重复定义了'myPen'）。

⑧ 保存第 i 点时圆心的坐标：

```
xc2=xc1; yc2=yc1;
```

循环到 i 时，用绿色画笔画一个滚动圆：

```
pDC->Pie(xc1 - r, yc1 - r, xc1 + r, yc1 + r, xb, yb, xb, yb);
```

循环到 i+1 时，用白色画笔画一个稍微大一点的滚动圆，将前一个滚动圆抹掉：

```
pDC->Arc(xc2 - r - 1, yc2 - r - 1, xc2 + r + 1, yc2 + r + 1, 0, 0, 0, 0);
```

⑨ 用白色画笔抹掉前一个滚动圆时，也抹掉了一部分已经画好的摆线。因此，每次画摆线上的点时，都从 0 点开始一直画到 i 点。

6.4.4 自定义大小随机色长方形

【例 6-10】绘制 9 个彩色长方形。长方形的颜色由程序随机生成；长方形大小和位置由用户确定。用户在窗口内单击两次鼠标左键以确定长方形对角点的坐标。

用 int 型数组 xy[9][4]来保存 9 个长方形两个对角点的 x 坐标和 y 坐标。

第 1 个长方形对角点的坐标为(xy[0][0], xy[0][1])和(xy[0][2], xy[0][3])；

第 2 个长方形对角点的坐标为(xy[1][0], xy[1][1])和(xy[1][2], xy[1][3])；

以此类推，如图 6-32 所示。

程序设计步骤：

（1）参考例 6-1 和例 6-2 创建一个空的单文档应用程序，工程名称为“T6_10”，打开“T6_10View.h”编辑窗口。

（2）为“CT6_10View”类增加私有数据成员，代码如下：

```
private:
    CString m1[9];                //第 1 个对角点的坐标等信息的字符串
    CString m2[9];                //第 2 个对角点的坐标等信息的字符串
    COLORREF cRGB[9];             //保存每个长方形的颜色
    int n,m;                      //第 n 次单击鼠标，第 m 个长方形
    int xy[9][4];                 //保存每个长方形两对角的 x、y 坐标
```

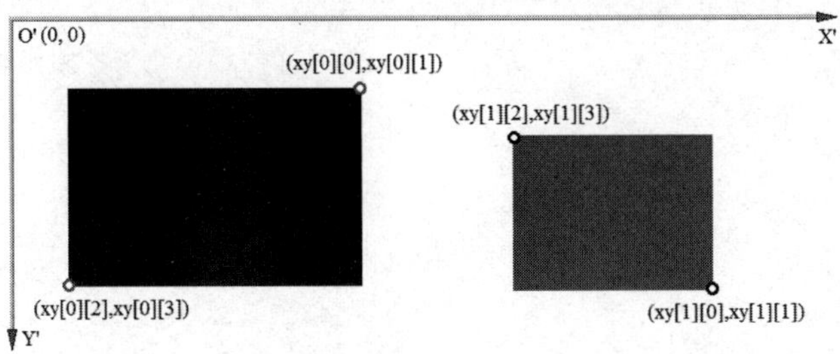

图 6-32

（3）在“T6_10View.cpp”编辑窗口中定位到构造函数 CT6_10View()。在“// TODO: add construction code here”的下一行开始，添加如下代码。

```
    n=0;                          //初始化数据成员 n
    m=0;                          //初始化数据成员 m
```

（4）单击“查看(V)”→“建立类向导”命令，打开“MFC ClassWizard”（MFC 类向导）对话框，如图 6-33 所示。

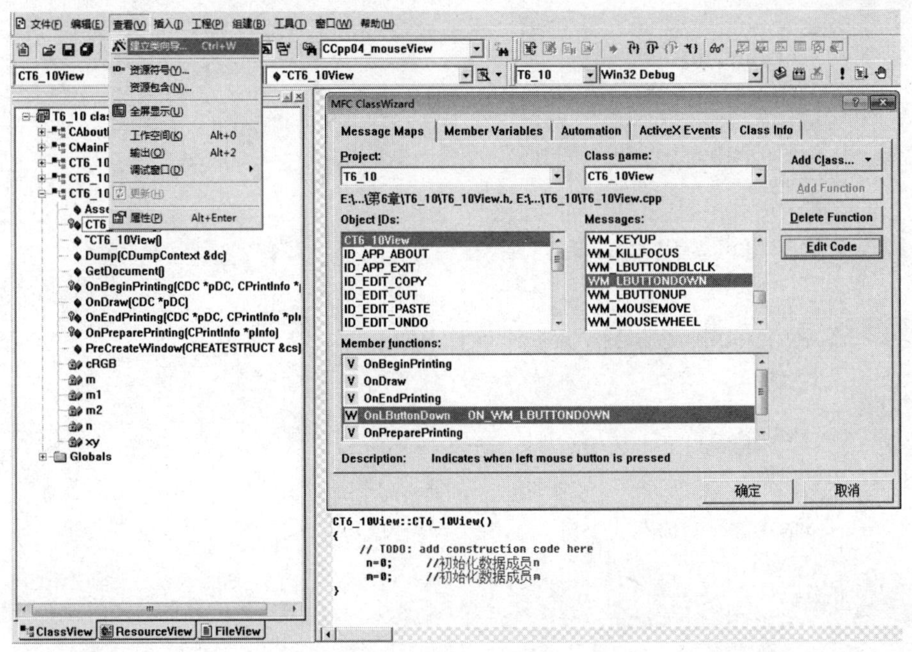

图 6-33

（5）选择“Object IDs”列表框中的“CT6_10View”选项，选择“Messages:”列表框中的“WM_LBUTTONDOWN”（单击鼠标左键的消息）选项；单击“Add Function”

按钮，为“CT6_10View”类增加成员函数“OnLButtonDown()”。

（6）单击“Edit Code”按钮，进入代码编辑窗口；在“// TODO: Add your message handler code here and/or call default”的下一行开始，添加如下代码。

```
int i=0;                                    //随机颜色的选项
if (n%2==0)                                 //第 1 个角点
{
    if (m>9)                                //完成了一组，重新初始化 n 和 m
    {
        n=0;
        m=0;
    }
    xy[m][0]=point.x;                       //将单击鼠标时的 x 坐标赋给数组 xy
    xy[m][1]=point.y;                       //将单击鼠标时的 y 坐标赋给数组 xy
    m1[m].Format("第%d 个图形, 第 1 个角点：x=%d, y=%d", m+1, xy[m][0], xy[m][1]);
    //上一行将坐标信息等转换成字符串并赋给数据变量 m1
}
else                                        //第 2 个角点
{
    xy[m][2]=point.x;
    xy[m][3]=point.y;
    m2[m].Format("第%d 个图形, 第 2 个角点：x=%d, y=%d", m+1, xy[m][2], xy[m][3]);
    srand((unsigned int)time(NULL));        //激活随机数
    i = rand() % 7;                         //生成 7 以内的随机数
    switch (i)
    {
        case 0:
            cRGB[m]=RGB(255,0,0);           //赤色
            break;
        case 1:
            cRGB[m]=RGB(255, 165, 0);       //橙色
            break;
        case 2:
            cRGB[m]=RGB(255, 255, 0);       //黄色
            break;
        case 3:
            cRGB[m]=RGB(0, 255, 0);         //绿色
            break;
        case 4:
            cRGB[m]=RGB(0,127,255);         //青色
            break;
        case 5:
            cRGB[m]=RGB(0, 0, 255);         //蓝色
            break;
        default:
            cRGB[m]=RGB(139, 0, 255);       //紫色
    }
    m++;
}
n++;
Invalidate();                               //使窗口失效，以引起窗口重绘
```

（7）在“T6_10View.cpp”编辑窗口中定位到 OnDraw(CDC* pDC)函数。

（8）在“// TODO: add draw code for native data here”的下一行开始，添加如下代码。

```
int x=10,y=10,i=0;
for(i=0; i<m; i++)
{
    pDC->TextOut(x, y+40*i, m1[i]);
    pDC->TextOut(x, y+16+40*i, m2[i]);
    CPen mypen(PS_SOLID,2,cRGB[i]);                        //初始化画笔 myPen
    CPen *pOldPen = pDC->SelectObject(&mypen);             //将画笔选入当前设备环境
    CBrush myBrush(cRGB[i]);                               //构造画刷 myBrush
    CBrush* poldBrush = pDC->SelectObject(&myBrush);       //将画刷选入当前设备环境
    pDC->Rectangle(xy[i][0],xy[i][1],xy[i][2],xy[i][3]);
    pDC->SelectObject(pOldPen);
}
```

（9）编译程序，执行程序。

运行结果：如图 6-34 所示。

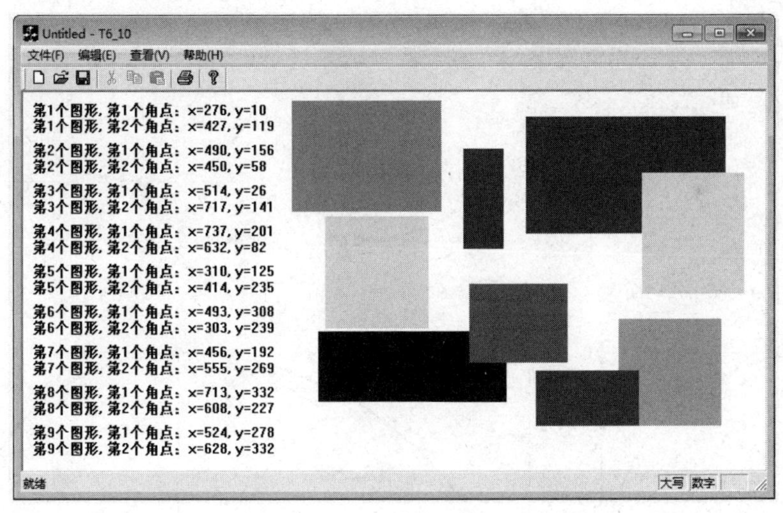

图 6-34

程序分析：

① 本例的重点是为“CT6_10View”类增加数据成员和函数成员。

②“CT6_10View”类是“MFC 应用程序向导”创建的视图类，它的基类是“CView”，头文件是“T6_10View.h”，执行文件是“T6_10View.cpp”。

③ 在头文件“T6_01View.h”中，为该类增加私有数据成员 m1、m2、cRGB、n、m、xy 等。

④ 在执行文件“T6_10View.cpp”中，给构造函数 CT6_10View()增加代码，初始化用户新增的数据成员 n、m。

⑤ 在执行文件“T6_10View.cpp”中，增加成员函数“OnLButtonDown()”。该函数的主要功能是获取单击鼠标时的坐标，作为长方形对角点的坐标；其次是随机选取赤、橙、黄、绿、青、蓝、紫七色中的一种，作为创建画笔和画刷的颜色。

⑥ 在执行文件“T6_10View.cpp”中，为成员函数“OnDraw()”增加绘制长方形和显示文字信息的代码。

注意

本例有相当大的扩展空间，稍做修改即可绘制其他图形，如圆形；可以将坐标、颜色等数据以数据文件的形式保存到硬盘等外部存储设备，以备随时调用等。

6.4.5 斐波那契螺旋线

【例 6-11】 绘制斐波那契螺旋线。

斐波那契螺旋线又称黄金螺旋线，是根据斐波那契数列画出来的曲线。这种图形在自然界中普遍存在，在艺术设计中也得到广泛应用。斐波那契螺旋线的参考图形和几何参数如图 6-35 所示。

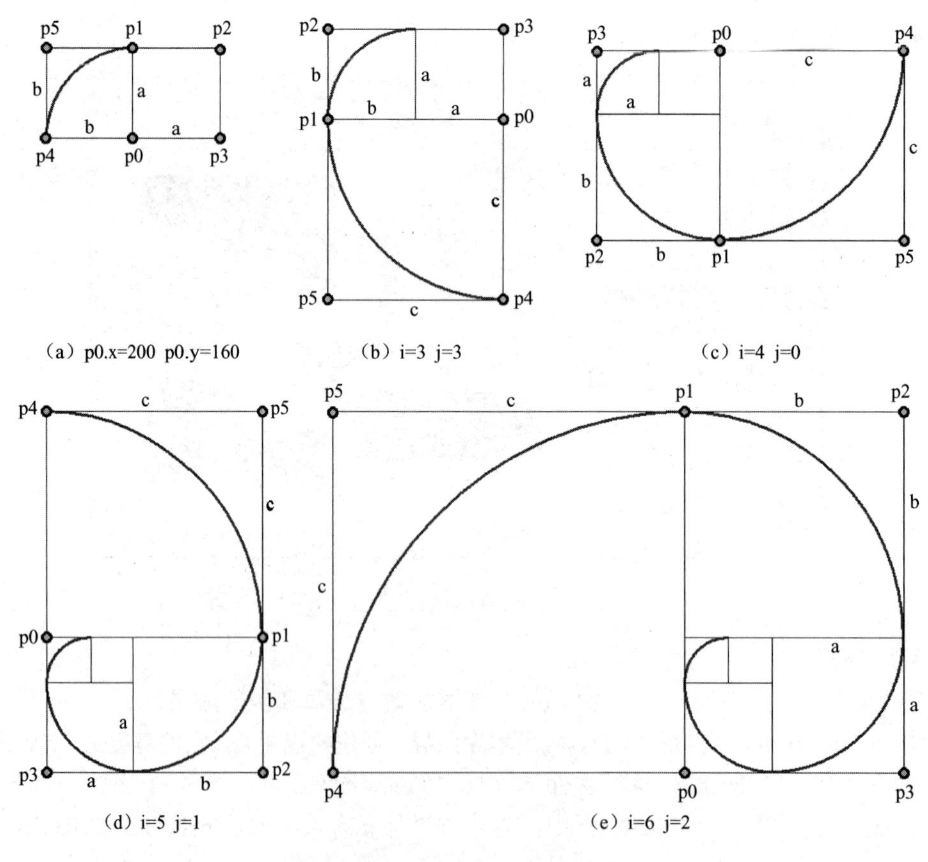

图 6-35

在例 2.11 中介绍过斐波那契数列，该数列的前 6 项为 1、1、2、3、5、8。

绘制斐波那契螺旋线的三个规则如下。

第一，斐波那契数列的第 1 项和第 2 项都是 1，为了避免两段圆弧的半径相等，从数列的第 2 项开始画圆弧。

第二，从数列的第 2 项开始，每 1 项对应 1 个 90° 的圆弧，圆弧的半径为该项的数值，如对应第 3 项的圆弧半径为 2。

第三，相邻的两段圆弧相切。

程序设计步骤：

（1）参考例 6-1 和例 6-2 创建一个空的单文档应用程序，工程名称为“T6_11”，打开“T6_11View.cpp”编辑窗口，定位到 OnDraw 函数。

（2）在“// TODO: add draw code for native data here”的下一行开始，添加如下代码。

```
int a=20, b=20, c;                          //数列前两项 a、b 和第三项 c
int i, j, n=8;                              //循环变量 i，switch 变量 j，数列的项数 n
CPoint   p0,p1,p2,p3,p4,p5;                 //①各点的坐标
p0= CPoint(200, 160);                       //②为圆心 p0 赋值
{
    p1=CPoint(p0.x,p0.y-b);                 //③计算线框各个角点的坐标
    p2=CPoint(p0.x+a,p0.y-b);
    p3=CPoint(p0.x+a,p0.y);
    p4=CPoint(p0.x-b,p0.y);
    p5=CPoint(p0.x-b,p0.y-b);
    CPen mypen(PS_SOLID,1,RGB(0,0,255));                            //画直线的画笔
    CPen *pOldPen = pDC->SelectObject(&mypen);                      //画笔选入当前设备环境
    pDC->MoveTo(p0);                        //将画笔移动到起点
    pDC->LineTo(p1);                        //这 6 行画第 1 个线框
    pDC->LineTo(p2);
    pDC->LineTo(p3);
    pDC->LineTo(p4);
    pDC->LineTo(p5);
    pDC->LineTo(p1);
}
{
    CPen mypen(PS_SOLID,3,RGB(255,0,0));                            //画圆弧的画笔
    CPen *pOldPen = pDC->SelectObject(&mypen);                      //画笔选入当前设备环境
    pDC->Arc(p0.x-b,p0.y-b,p0.x+b,p0.y+b, p1.x,p1.y,p4.x,p4.y);     //画前两段圆弧
}
for (i=3; i<=n; i++)                        //从第 3 项开始，直至第 n 项
{
    c = a + b;                              //将前两项之和赋给第 3 项
    j = i % 4;                              //将 i 除以 4 的余数赋给变量 j
    switch (j)                              //④判断第 i 项属于哪种类型
    {
    case 0:                                 //按第 1 种类型计算各点的坐标
        p0=CPoint(p0.x,p0.y-a);
        p1=CPoint(p0.x,p0.y+c);
        p2=CPoint(p0.x-b,p0.y+c);
        p3=CPoint(p0.x-b,p0.y);
        p4=CPoint(p0.x+c,p0.y);
        p5=CPoint(p0.x+c,p0.y+c);
        break;
    case 1:                                 //按第 2 种类型计算各点的坐标
        p0=CPoint(p0.x-a,p0.y);
```

```
            p1=CPoint(p0.x+c,p0.y);
            p2=CPoint(p0.x+c,p0.y+b);
            p3=CPoint(p0.x,p0.y+b);
            p4=CPoint(p0.x,p0.y-c);
            p5=CPoint(p0.x+c,p0.y-c);
            break;
        case 2:                              //按第 3 种类型计算各点的坐标
            p0=CPoint(p0.x,p0.y+a);
            p1=CPoint(p0.x,p0.y-c);
            p2=CPoint(p0.x+b,p0.y-c);
            p3=CPoint(p0.x+b,p0.y);
            p4=CPoint(p0.x-c,p0.y);
            p5=CPoint(p0.x-c,p0.y-c);
            break;
        case 3:                              //按第 4 种类型计算各点的坐标
            p0=CPoint(p0.x+a,p0.y);
            p1=CPoint(p0.x-c,p0.y);
            p2=CPoint(p0.x-c,p0.y-b);
            p3=CPoint(p0.x,p0.y-b);
            p4=CPoint(p0.x,p0.y+c);
            p5=CPoint(p0.x-c,p0.y+c);
        }
        {
            CPen mypen(PS_SOLID,1,RGB(0,0,255));              //画直线的画笔
            CPen *pOldPen = pDC->SelectObject(&mypen);        //画笔选入当前设备环境
            pDC->MoveTo(p0);                                  //将画笔移动到起点
            pDC->LineTo(p1);                                  //这 6 行画第 i 个线框
            pDC->LineTo(p2);
            pDC->LineTo(p3);
            pDC->LineTo(p4);
            pDC->LineTo(p5);
            pDC->LineTo(p1);
        }
        {
            CPen mypen(PS_SOLID,3,RGB(255,0,0));              //画圆弧的画笔
            CPen *pOldPen = pDC->SelectObject(&mypen);        //将画笔选入当前设备环境
            pDC->Arc(p0.x-c,p0.y-c,p0.x+c,p0.y+c, p1.x,p1.y,p4.x,p4.y);    //画第 i 段圆弧
        }
        a = b;                               //将第 2 项赋给下一轮的第 1 项
        b = c;                               //将第 3 项赋给下一轮的第 2 项
    }
```

（3）编译程序，执行程序。

运行结果：如图 6-36 所示。

程序分析：

① 使用 CPoint 类的对象来处理各点的坐标。定义 p0、p1、p2、p3、p4、p5 为 CPoint 类的对象，用对象的数据成员 x 和 y 保存各点的 x 坐标和 y 坐标。

② 第一段圆弧的圆心为 p0 (200,160)，即 x 坐标等于 200，y 坐标等于 160。

赋值的语句如下：

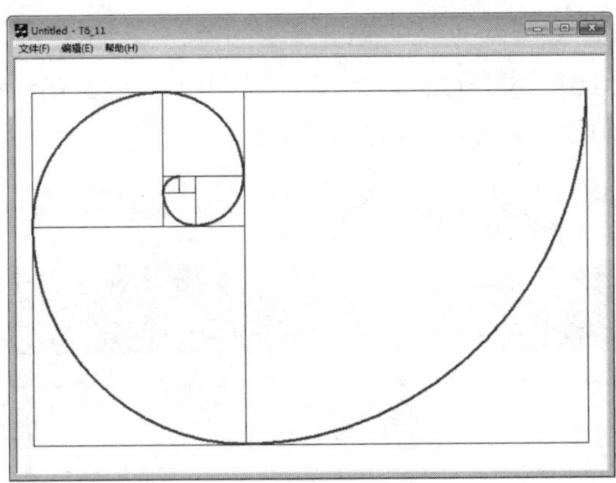

图 6-36

```
p0.x=200;
p0.y=160;
```

等价于

```
p0= CPoint(200, 160);
```

③ 画线框的顺序为：p0→p1→p2→p3→p4→p5→p1。

圆弧的圆心为：p0。

圆弧的始点和终点为：p1、p4。

④ 因为每段圆弧都是 90°，4 段圆弧之和为 360°，所以从第 3 段圆弧开始，计算各点坐标的方法共有 4 种。

6.5　习题

1. 什么是 GDI?

2. 画笔和画刷的区别是什么？如何定义画笔和画刷？

3. 绘制如图 6-37 所示的图形。

4. 绘制如图 6-38 所示的图形，图中多个顶点均匀分布于一个圆周上，各点之间用线连接。顶点的数量和颜色可以自己选择。

图 6-37

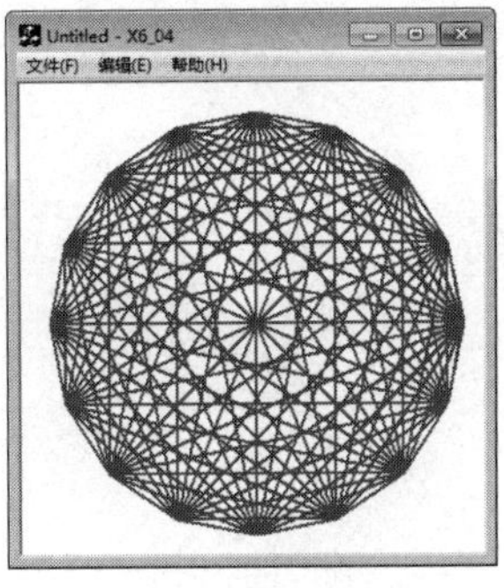

图 6-38

5．定义画笔和画刷，绘制 7 个彩虹七色的正方形，如图 6-39 所示。彩虹七色的 RGB 值是：赤色(255,0,0)，橙色(255, 165, 0)，黄色(255, 255, 0)，绿色(0, 255, 0)，青色(0, 127, 255)，蓝色(0, 0, 255)，紫色(139, 0, 255)。

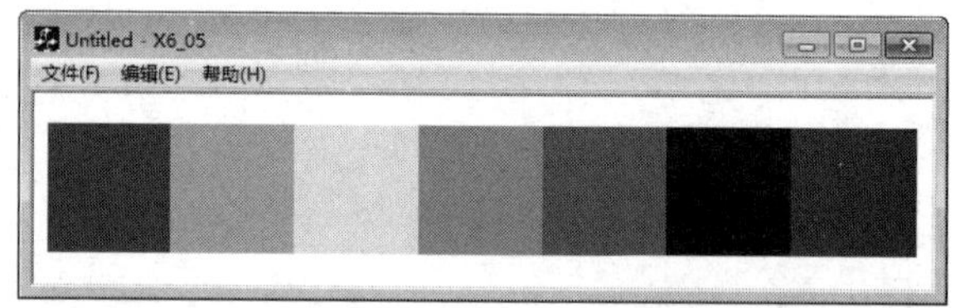

图 6-39

6．绘制如图 6-40 所示的圆的渐开线图案。

基圆的方程为：

$$xc = a \times \cos t$$
$$yc = a \times \sin t$$

渐开线的方程为：

$$x = a \times (\cos t + t \times \sin t)$$
$$y = a \times (\sin t - t \times \cos t)$$

7．绘制如图 6-41 所示的圆的渐开线彩虹图案。

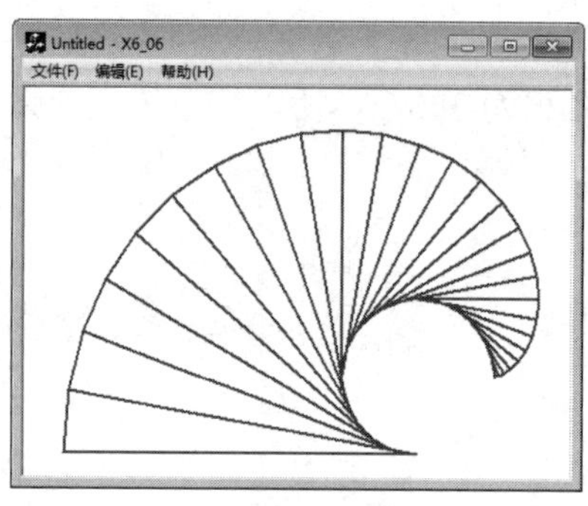

图 6-40

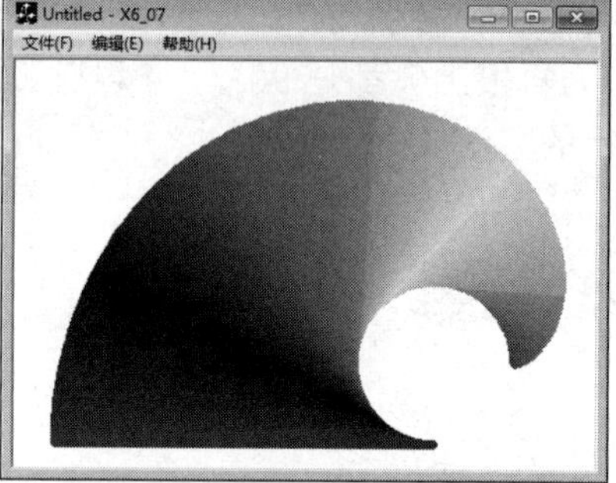

图 6-41

第 7 章

常用控件和游戏编程

通过编写代码来创建新控件是一项需要较高编程能力的工作，要求程序员精通面向对象程序设计。使用 VC++提供的控件来开发应用程序则简捷得多。MFC 的控件子层次结构包括若干类，使用这些类可建立所见即所得的静态文本、命令按钮、组合框、滚动条、编辑框等控件。这些控件为 Windows 应用程序提供了各种人机交互的界面。本章介绍几种常用控件的使用方法，并利用这些控件设计一个简单的图像播放程序和一个学习型游戏。

学习目标

- 了解使用控件编写应用程序的基本原理和基本方法。
- 掌握使用 MFC 应用程序向导创建对话框应用程序的方法。
- 掌握如何使用资源编辑器为应用程序添加和编辑资源。
- 掌握添加类、成员变量和成员函数的方法，以及为成员函数编写代码的方法。

7.1 创建 MFC 对话框应用程序

创建 MFC 应用程序的步骤通常是先在 MFC 应用程序向导的指引下创建一个应用程序的框架；然后添加菜单、对话框等资源，添加类、成员变量和成员函数的声明等；最后根据实现功能的需要编写具体的函数代码。本节介绍 MFC 应用程序向导的使用，并分析、介绍 MFC 应用程序框架和 MFC 类的组织结构。

7.1.1 使用 MFC 应用程序向导

使用 MFC 应用程序向导创建一个最基本的对话框应用程序。

【例 7-1】构建一个最基本的对话框应用程序。

操作步骤：

（1）启动 Visual C++ 6.0 集成开发环境，单击“文件”→“新建”命令，打开“新建”对话框。

（2）在“新建”对话框中选择“工程”选项卡，在列表框中选择“MFC AppWizard[exe]”选项，在“工程名称”文本框中输入工程名“T7_01”，在“位置”文本框中设置工程文件存放的文件夹为“E:\创意编程\第 7 章\T7_01”，如图 7-1 所示。

（3）单击“确定”按钮，打开“MFC 应用程序向导 - 步骤 1”对话框，如图 7-2 所示。

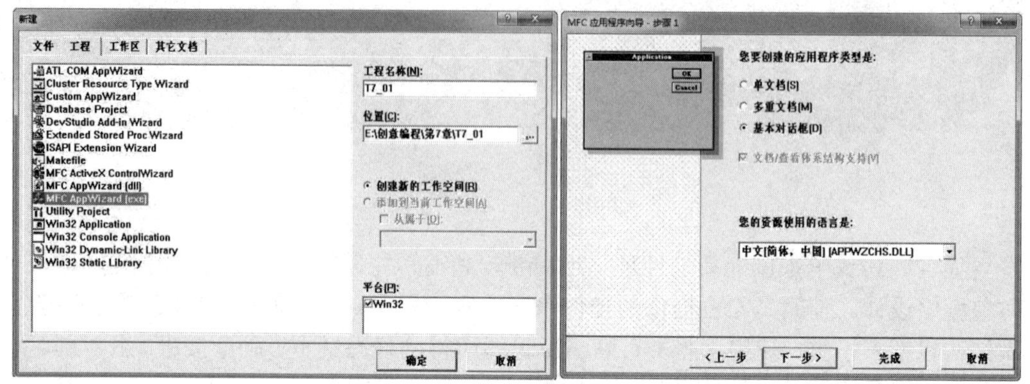

图 7-1

图 7-2

（4）选择“基本对话框”单选按钮，单击“下一步”按钮，打开“MFC 应用程序向导 - 步骤 2 共 4 步”对话框，如图 7-3 所示。

（5）勾选“3D 外观”复选框，单击“下一步”按钮，打开“MFC 应用程序向导 - 步骤 3 共 4 步”对话框，如图 7-4 所示。

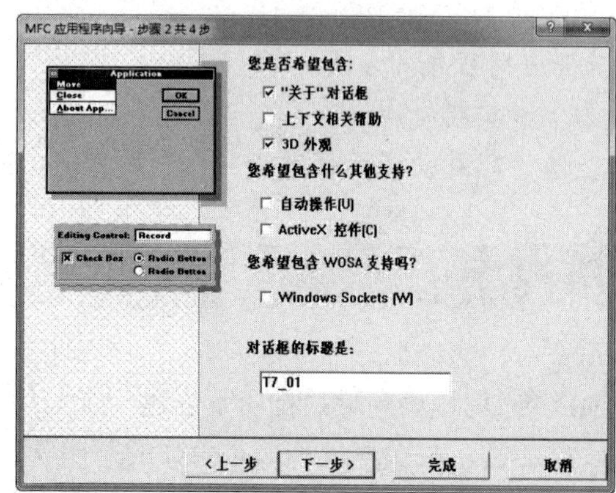

图 7-3

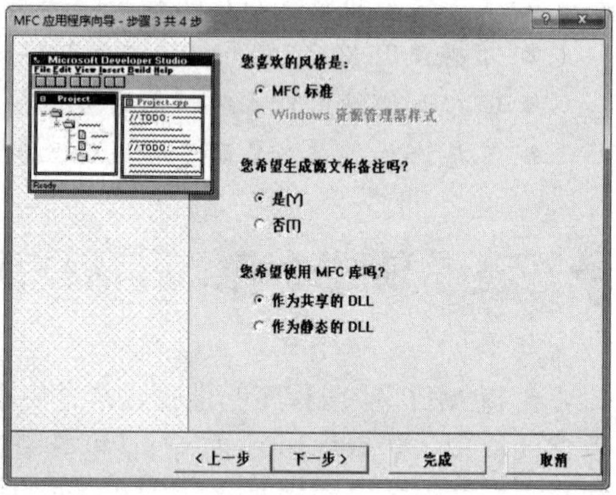

图 7-4

（6）选择“MFC 标准”、“是”和“作为共享的 DLL”单选按钮，单击“下一步”按钮，打开“MFC 应用程序向导 - 步骤 4 共 4 步”对话框，如图 7-5 所示。

（7）在“MFC 应用程序向导 - 步骤 4 共 4 步”对话框中确定类的名称及所在文件的名称，单击“完成”按钮，打开“新建工程信息”对话框，如图 7-6 所示。

（8）在“新建工程信息”对话框中显示将要创建的文件清单，单击“确定”按钮，完成对话框应用程序的创建。

（9）创建的对话框如图 7-7 所示。

程序分析：

与上一章介绍的创建单文档应用程序类似，无须编写任何程序代码，MFC 应用程序向导根据用户的选择自动生成了相应的基本应用程序框架，在一个名为“T7_01”的对话框中添加了两个按钮控件和一个静态文本控件。

图 7-5

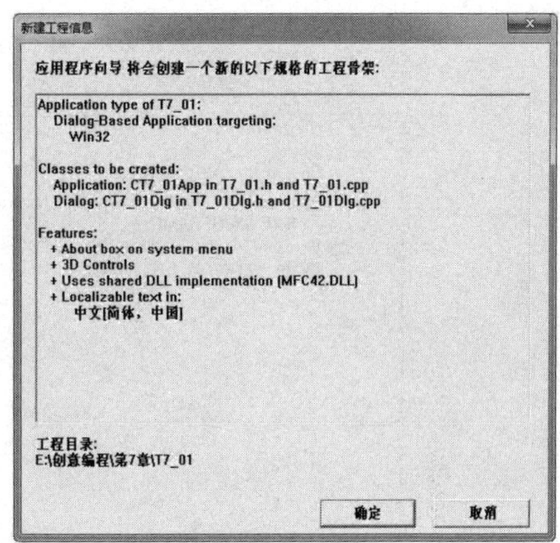

图 7-6

程序运行的结果如图 7-8 所示。单击“确定”或“取消”按钮，都将关闭对话框，并退出程序。虽然本程序并没有实现有实际作用的功能，但它搭建了一个框架，只要添加成员函数，并编写相应的代码来响应单击按钮控件或单击文本控件之类的事件，就可实现特定的功能。

图 7-7

图 7-8

对话框应用程序的框架与前一章介绍的单文档应用程序框架基本相同，文件类型、项目工作区窗口中三个视图的内容也与单文档应用程序基本相同，此处不再赘述。

7.1.2 添加对话框资源

下面通过实例介绍添加对话框资源及设置对话框属性的方法。

【例 7-2】添加对话框资源和设置对话框属性。

操作步骤：

（1）参考例 7-1 创建一个空的对话框应用程序，工程名称为“T7_02”。

（2）单击“插入”→“资源”命令，打开“插入资源”对话框，如图7-9所示。

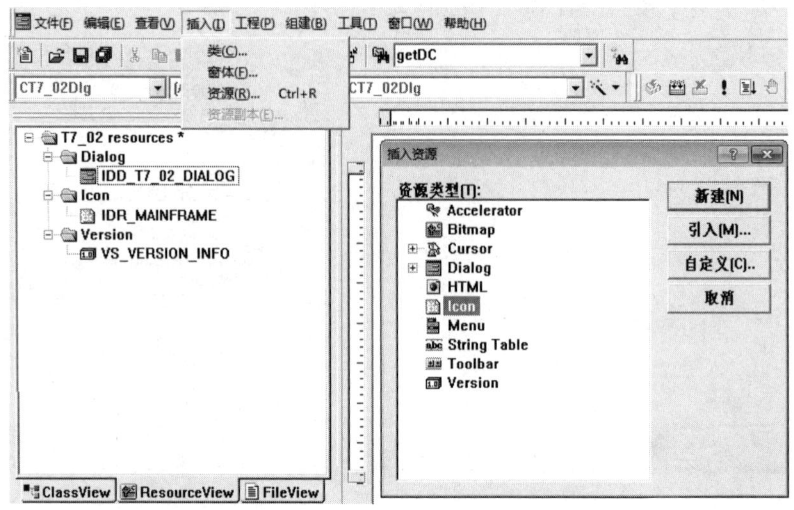

图7-9

（3）选择“资源类型”列表框中的“Icon”（图标）选项，单击“新建”按钮。在项目工作区窗口的ResourceView页面中可以看到新建图标的ID——IDI_ICON1。系统默认的图标是ID为IDR_MAINFRAME的图标，如图7-10所示。

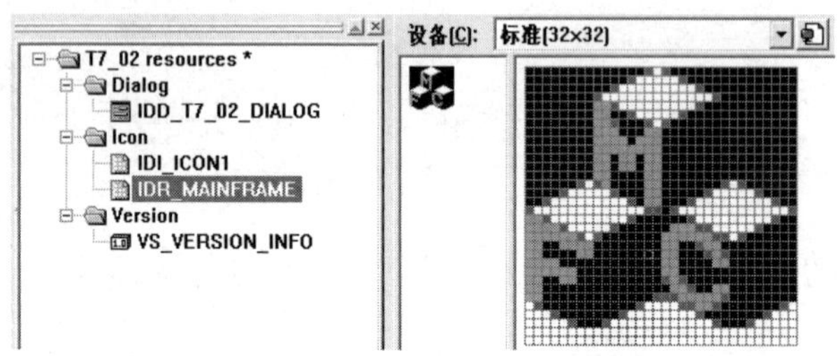

图7-10

（4）双击ResourceView页面中的“IDI_ICON1”图标，使用“图形工具栏”中的绘画工具绘制一个新的图标，如图7-11所示。也可以从其他图形中剪切或复制后粘贴过来，但需要注意图形的大小。

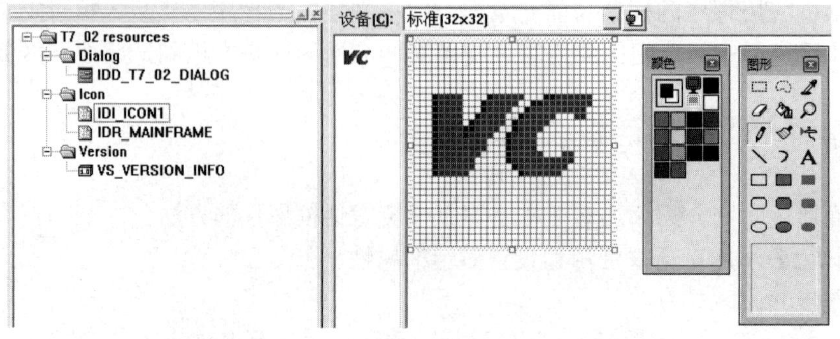

图7-11

（5）双击 ResourceView 页面中的“IDD_T7_02_DIALOG”选项，打开“T7_02”对话框，如图 7-12 所示。在对话框的空白处（避开对话框中的按钮和文字），单击鼠标右键，打开快捷菜单，如图 7-13 所示。单击快捷菜单中的“属性”命令，打开“对话 属性”对话框，如图 7-14 所示。

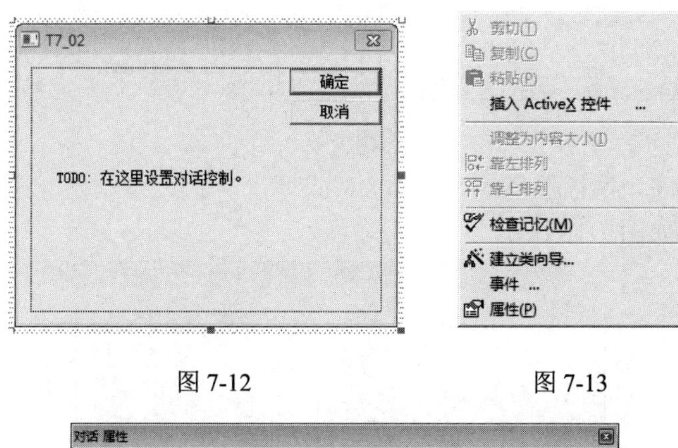

图 7-12　　　　图 7-13

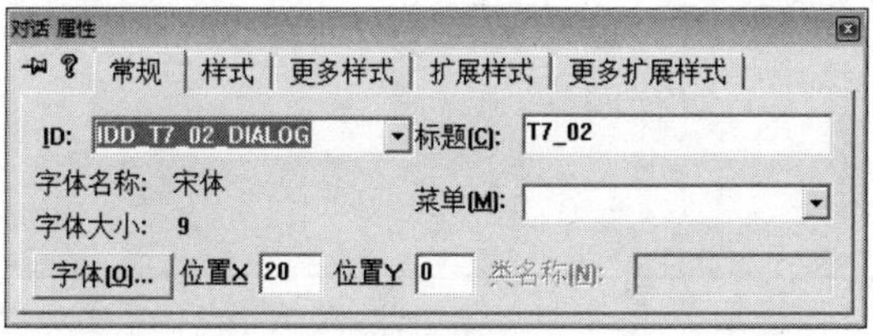

图 7-14

（6）在“对话 属性”对话框中，将“标题”改为“T7_02 对话框”，如图 7-15 所示；单击“字体”按钮，打开“选择对话字体”对话框，如图 7-16 所示；选择“华文隶书”和“小四”选项，单击“确定”按钮。

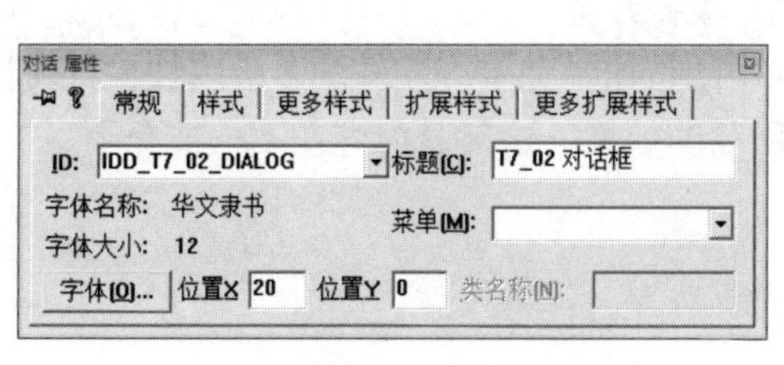

图 7-15

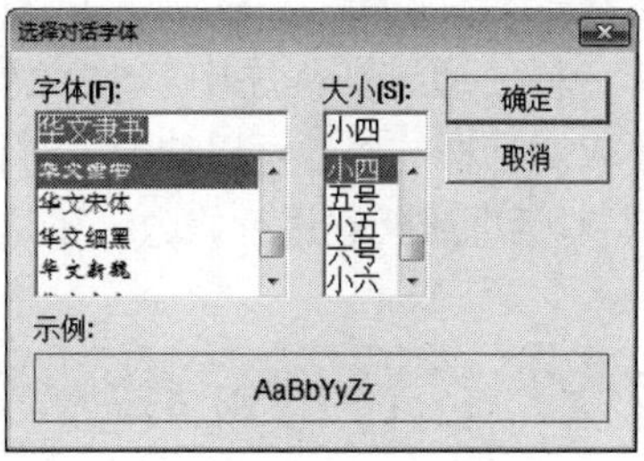

图 7-16

（7）双击 ClassView 页面中的“CT7_02Dlg[CWnd *pParent= NULL]”选项，打开源文件“T7_02 Dlg.cpp”编辑窗口，如图 7-17 所示。

将 CT7_02Dlg::CT7_02Dlg(CWnd* pParent /*=NULL*/)函数中的代码：

```
m_hIcon = AfxGetApp()->LoadIcon(IDR_MAINFRAME);
```

修改为

```
m_hIcon = AfxGetApp()->LoadIcon(IDI_ICON1);        //更改图标的 ID
```

```
T7_02 classes
  CT7_02App
    CT7_02App()
    InitInstance()
  CT7_02Dlg
    CT7_02Dlg(CWnd *pParent = NULL)
    DoDataExchange(CDataExchange *pDX)
    OnInitDialog()
    OnOK()
    OnPaint()
    OnQueryDragIcon()
    m_hIcon
  Globals
ClassView | ResourceView | FileView

//////////////////////////////////////////////////////
// CT7_02Dlg dialog

CT7_02Dlg::CT7_02Dlg(CWnd* pParent /*=NULL*/)
    : CDialog(CT7_02Dlg::IDD, pParent)
{
    //{{AFX_DATA_INIT(CT7_02Dlg)
    // NOTE: the ClassWizard will add member initial
    //}}AFX_DATA_INIT
    // Note that LoadIcon does not require a subsequ
    m_hIcon = AfxGetApp()->LoadIcon(IDR_MAINFRAME);
}

void CT7_02Dlg::DoDataExchange(CDataExchange* pDX)
{
    CDialog::DoDataExchange(pDX);
```

图 7-17

（8）编译程序，执行程序。

运行结果：如图 7-18 所示。

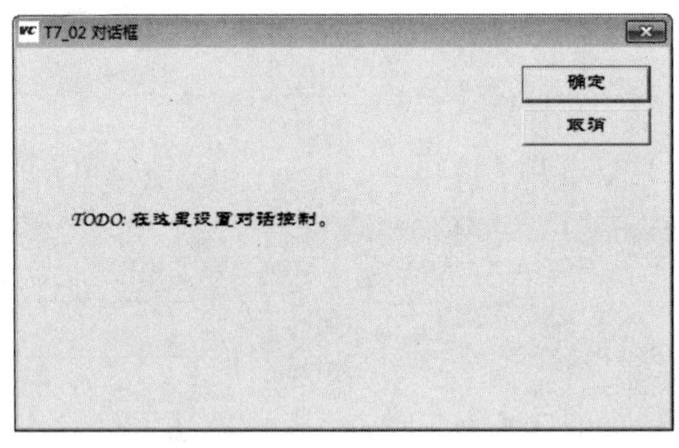

图 7-18

程序分析：

源代码中的“IDR_MAINFRAME”是系统默认图标的 ID，“IDI_ICON1”是用户绘制图标的 ID，经过修改源代码，将用户图标替换了系统默认图标。

比较图 7-18 与图 7-8 可以看出，对话框的图标、标题、字体和字号都有所改变。本例是在“对话 属性”对话框中修改标题、字体、字号等属性。实际上，也可以像修改图标一样，通过在程序中修改或添加代码来实现。

不仅对话框的属性可以修改，对话框中的按钮、文本等控件的多数属性也都可以通过“属性”对话框或代码进行修改，以达到所需的效果。这部分内容在下一节介绍。

7.2 控件的使用方法

控件是 Windows 图形用户界面的主要组成部分，用户通过操作控件对象完成与应用程序之间的交互。控件的使用集中体现了 Windows 操作系统面向对象的特点。

7.2.1 控件和控件工具栏

使用控件进行可视化程序开发时，用户可以像搭积木一样将所需的控件对象拖曳到对话框中的指定位置。设置控件对象的属性及编写一些简单的代码，就可以实现许多复杂的功能。

图 7-19 所示为系统提供的“控件”工具栏，以及对工具栏上各个按钮的说明。

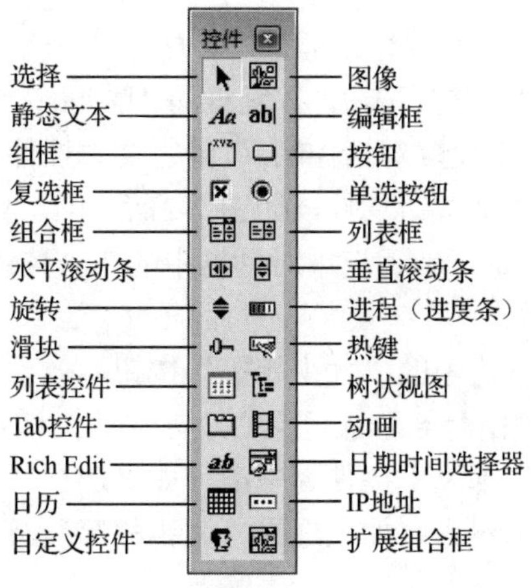

图 7-19

控件在使用之前需获得该控件的类对象指针或者定义一个对象，然后通过该指针或对象来引用其成员函数进行操作。

7.2.2 添加/删除控件和控件布局

1. 添加控件

向对话框添加一个控件的方法主要有以下两种。

（1）单击控件工具栏中的某控件，然后将鼠标指针移动到对话框内，鼠标指针变为“+”；在对话框指定的位置单击鼠标，此控件被添加到指定的位置。

（2）选中控件工具栏中的某控件，将其拖曳到对话框的指定位置后松开鼠标左键，此控件被添加到指定的位置。

2. 删除已添加的控件

单击对话框中需要删除的控件，如果控件的周围有 8 个蓝色实心小方块，表示此控件已经被选中，按键盘上的“Delete”键，即可将选中的控件删除。

3. 控件布局

打开对话框编辑器，VC++ 6.0 开发环境会显示“布局”工具栏，如图 7-20 所示。

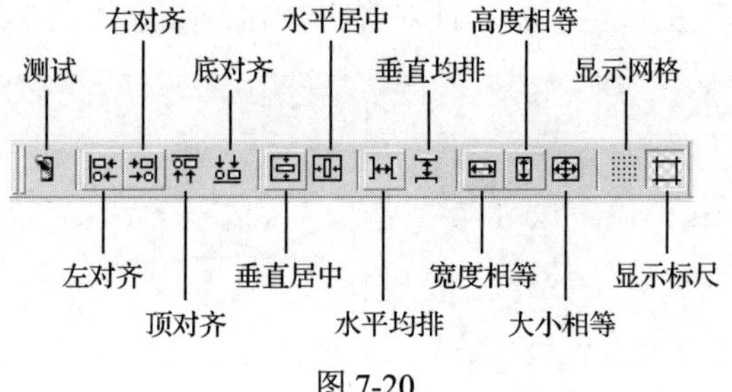

图 7-20

4．控件布局操作示例

（1）参考例 7-1 创建一个空的对话框应用程序。

（2）单击对话框中的“确定”按钮，按键盘的“Delete”键将其删除；同样删除“取消”按钮和“TODO: 在这里设置对话控制。”静态文本控件。

（3）在对话框中添加 3 个按钮控件，如图 7-21 所示。

（4）按住“Shift”键不放，然后选中对话框中的 3 个按钮，最后选中的按钮控件是“Button1”，如图 7-22 所示。

（5）单击“布局”工具栏中的“大小相等”按钮，效果如图 7-23 所示。

一次选中多个控件，周围有 8 个蓝色实心小方块的控件是主控件，其他控件的周围是空心的小方块。所有操作都以主控件为基准，如果选择“顶对齐”，则所有被选中控件的顶部都与主控件的顶部对齐；如果选择“大小相等”，则所有被选中控件都变得与主控件的大小相等。

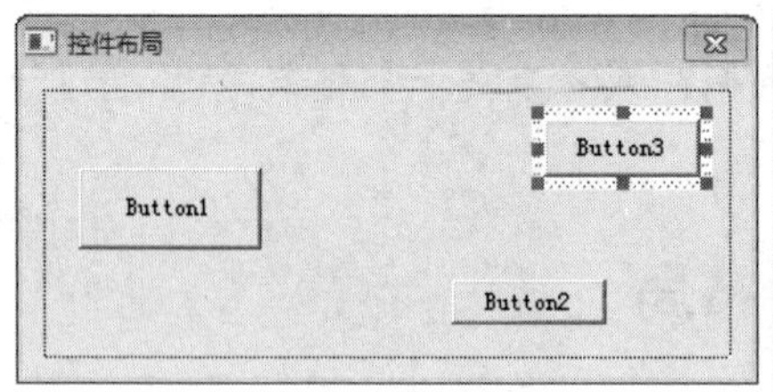

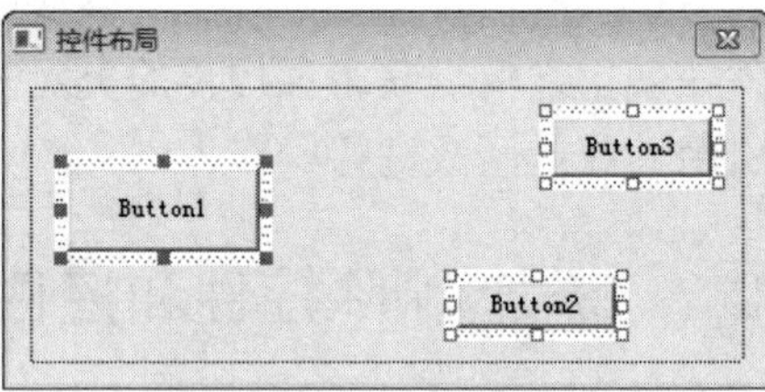

图 7-21　　图 7-22

（6）将按钮“Button1”移动到左边框线，将按钮“Button3”移动到右边框线，如图 7-24 所示。

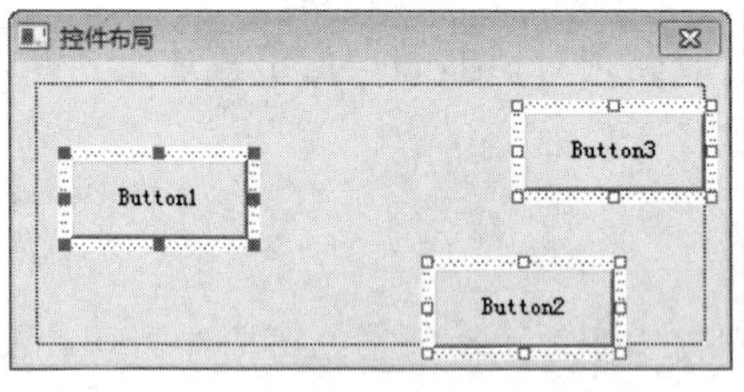

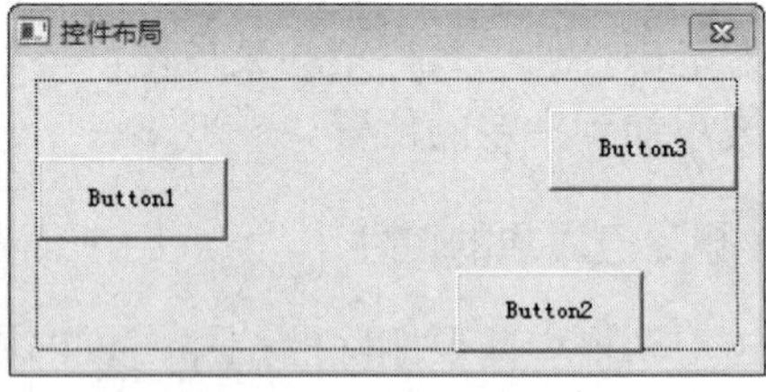

图 7-23　　图 7-24

（7）按住“Shift”键不放，然后选中对话框中的 3 个按钮，最后选中的按钮控件是“Button1”，如图 7-25 所示。

（8）单击“布局”工具栏中的“顶对齐”按钮，效果如图 7-26 所示。

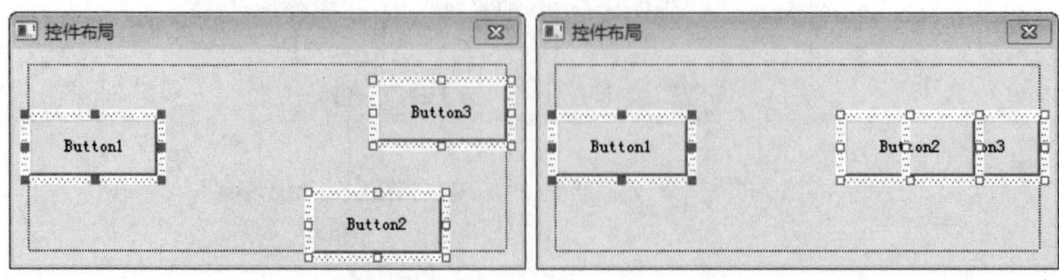

图 7-25　　图 7-26

（9）单击“布局”工具栏中的“水平均排”按钮，效果如图 7-27 所示。

（10）单击“布局”工具栏中的“测试”按钮，效果如图 7-28 所示。

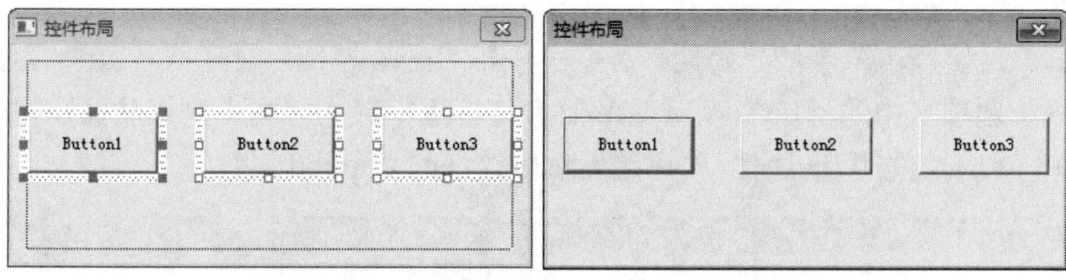

图 7-27　　　　图 7-28

测试的作用是模拟对话框的运行状态，以检验对话框和控件是否符合设计要求。

7.3　几个常用的控件

静态文本、按钮等控件是对话框应用程序开发中经常使用的控件，本节通过实例介绍几种常用控件的使用方法。

7.3.1　静态文本控件

静态文本控件是用来显示文本的控件。

默认情况下，所有静态文本控件的 ID（控件标识号）都是“IDC_STATIC”。如果需要为静态文本控件添加消息处理函数，则需要重新指定一个唯一的 ID。

通常，控件的 Caption 的属性是标题，而静态文本控件 Caption 的属性是文本。

静态文本控件的主要事件是 BN_CLICKEN 事件（单击事件），即使用鼠标单击静态文本控件。如果使用 BN_CLICKEN 事件，则需要选择静态文本控件的 Notify 属性。选择 Notify 属性，表示通知父窗口鼠标消息；不选择 Notify 属性，表示父窗口不会处理该控件的鼠标消息。

【例 7-3】创建一个对话框应用程序，将对话框的字体设置为隶书，字号为 4 号，颜色为深绿色。在对话框中添加两个静态文本控件，第一个显示“树上柳锦吹又少，”，第二个显示“下一句”；当单击“下一句”时，第二个改为显示“天涯何处无芳草。”。

操作步骤：

（1）参考例 7-1 创建一个空的对话框应用程序，工程名称为“T7_03”。

（2）单击对话框中的“确定”按钮，按键盘的“Delete”键将其删除；同样删除“取消”按钮和“TODO: 在这里设置对话控制。”静态文本控件。

（3）参考例 7-2，在对话框的空白处（避开对话框中的按钮和文字）单击鼠标右键，打开快捷菜单。单击快捷菜单中的“属性”命令，打开“对话 属性”对话框。在“对话 属性”对话框中，单击“字体”按钮，打开“选择对话字体”对话框，选择“隶书”和“四号”选项，单击“确定”按钮。

（4）在对话框中添加两个静态文本控件，并使用“布局”工具栏中的“大小相等”

“居中对齐”等工具调整好控件的大小和位置，如图 7-29 所示。

（5）将鼠标指针移至上方的静态文本（Static）控件，单击鼠标右键，打开快捷菜单，如图 7-30 所示。

（6）单击快捷菜单中的“属性”命令，打开“Text 属性”对话框。如图 7-31 所示，将“常规”选项卡中的“ID”改为“Text1”，“标题”改为“树上柳锦吹又少，”。

“ID”对应控件的 ID 属性，“标题”对应控件的 Caption 属性。

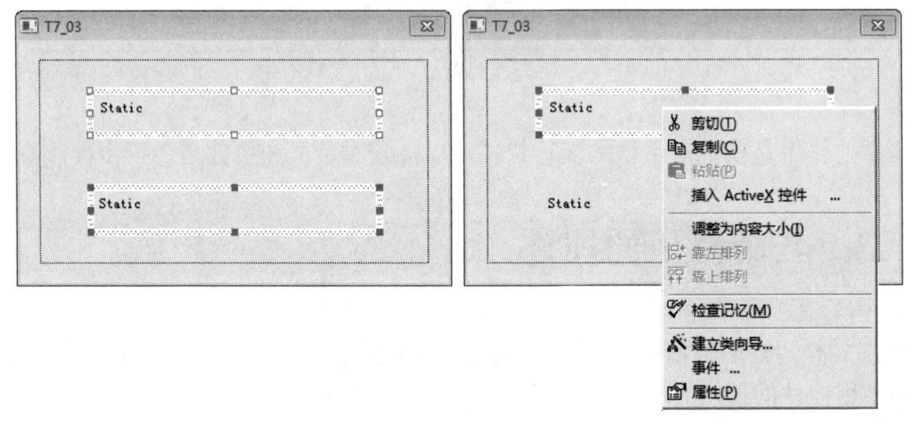

图 7-29　　　　图 7-30

（7）单击“样式”选项卡，在“排列文本”下拉列表中选择“居中”选项，勾选“垂直居中”和“凹陷”复选框，如图 7-32 所示。关闭“Text 属性”对话框。

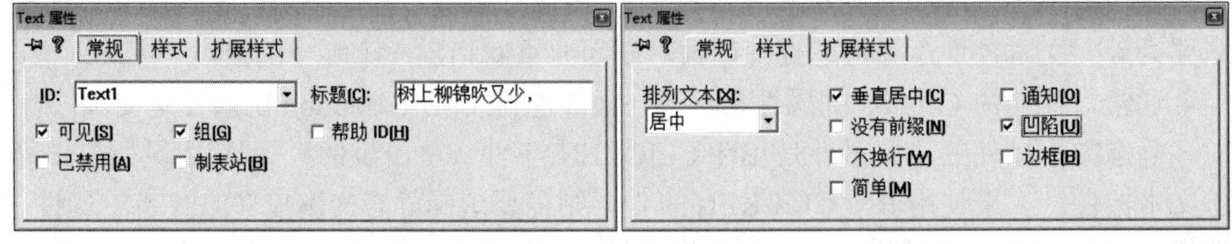

图 7-31　　　　图 7-32

（8）设置第二个静态文本控件的属性，将“常规”选项卡中的“ID”改为“Text2”，“标题”改为“下一句”，如图 7-33 所示。

（9）在“样式”选项卡中，除了选择“排列文本[X]:”中的“居中”，勾选“垂直居中”和“凹陷”复选框，还要勾选“通知”复选框，如图 7-34 所示。

“通知”对应控件的 Notify 属性。

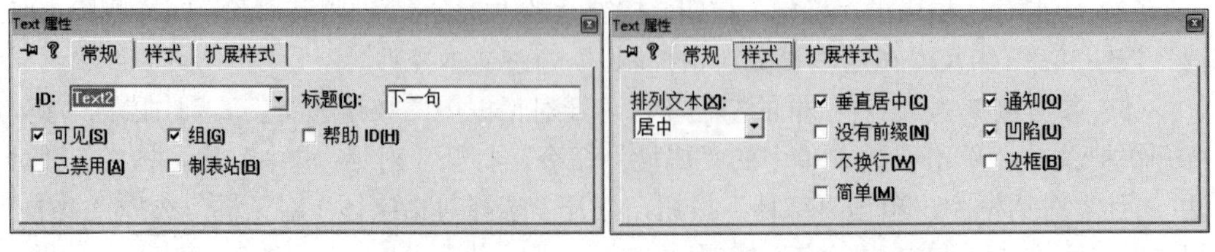

图 7-33　　　　图 7-34

（10）关闭“Text 属性”对话框，修改属性后的对话框效果如图 7-35 所示。

（11）将鼠标指针移至 ClassView 页面中的“CT7_03Dlg”，单击鼠标右键，打开快捷菜单，如图 7-36 所示。

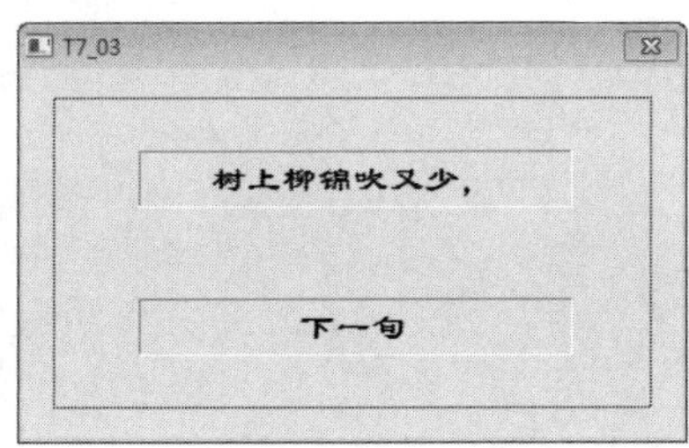

图 7-35

（12）单击快捷菜单中的“Add Windows Message Handler”（添加 Windows 消息句柄）命令，打开“New Windows Message and Event Handlers for class CT7_03Dlg”（类 CT7_03Dlg 的新 Windows 消息和事件句柄）对话框，如图 7-37 所示。

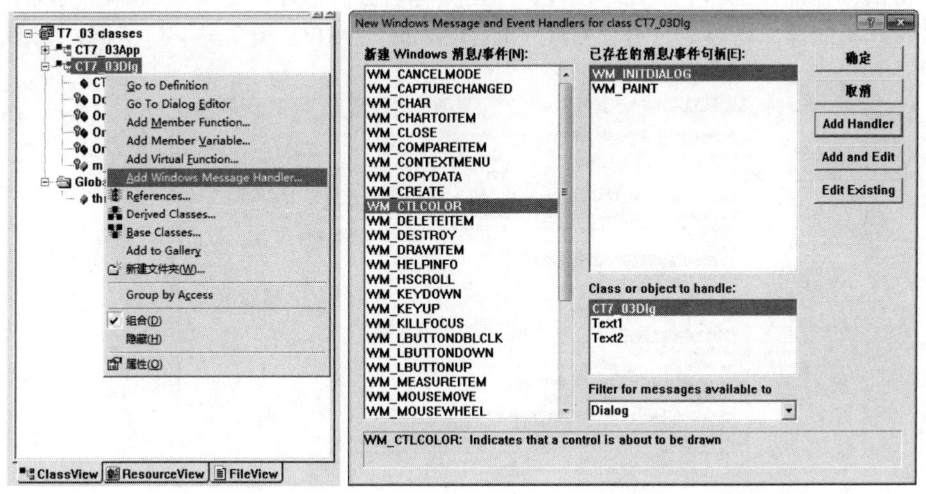

图 7-36　　　　图 7-37

在“新建 Windows 消息/事件”列表框中选择“WM_CTLCOLOR”选项，单击“Add and Edit”按钮，显示“T7_03Dlg.cpp”编辑窗口，并定位到 OnCtlColor()函数，如图 7-38 所示。

```
HBRUSH CT7_03Dlg::OnCtlColor(CDC* pDC, CWnd* pWnd, UINT nCtlColor)
{
    HBRUSH hbr = CDialog::OnCtlColor(pDC, pWnd, nCtlColor);

    // TODO: Change any attributes of the DC here

    // TODO: Return a different brush if the default is not desired
    return hbr;
}
```

图 7-38

（13）在“// TODO: Change any attributes of the DC here”的下一行添加如下代码：

```
if (nCtlColor==CTLCOLOR_STATIC)             //如果控件的类型是静态控件
    pDC->SetTextColor(RGB(0,128,0));        //将字体的颜色设置为深绿色
```

（14）运行程序，对话框的效果如图 7-39 所示。

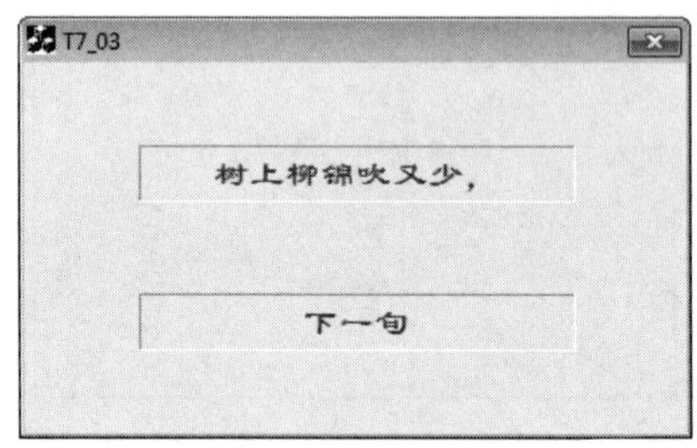

图 7-39

（15）关闭程序。双击 ResourceView 页面中的“IDD_T7_03_DIALOG”选项，打开“T7_03”对话框。

将鼠标指针移至“下一句”控件，单击鼠标右键，打开快捷菜单。单击快捷菜单中的“建立类向导”命令，打开“MFC ClassWizard”（MFC 类向导）对话框，如图 7-40 所示。

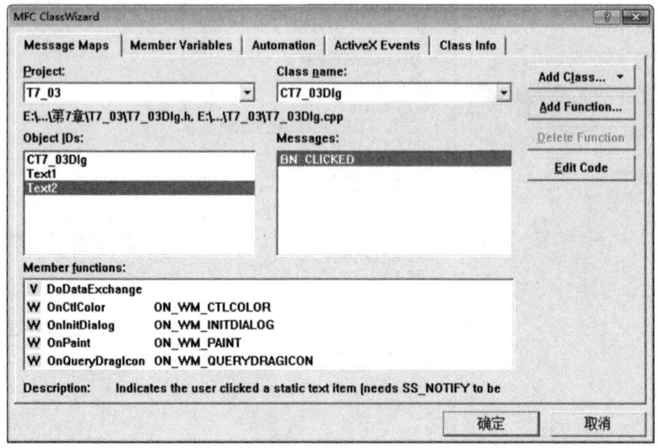

图 7-40

（16）选择“Object IDs”列表框中的“Text2”选项，选择“Messages”列表框中的“BN_CLICKED”选项；单击“Add Function”按钮，打开“Add Member Function”（增加成员函数）对话框，如图 7-41 所示。

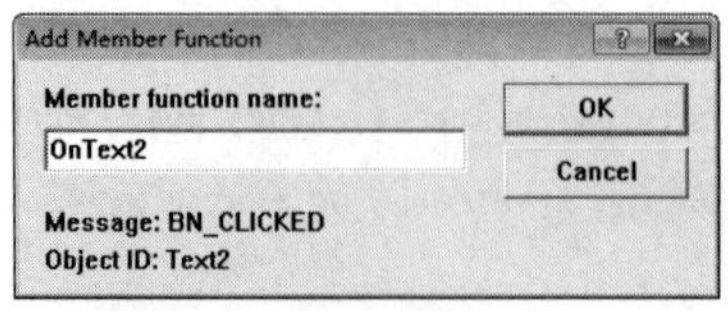

图 7-41

对话框中显示“Member function name”（成员函数名），默认的函数名为：OnText2。

对话框下方显示“Message: BN_CLICKEN”（消息：BN_CLICKEN），BN_CLICKEN

消息即 BN_CLICKEN 事件（使用鼠标单击静态文本控件）触发的消息。

对话框下方还显示“Object ID:Text2”（对象 ID：Text2），所有的窗口、控件都属于对象，“Text2”是第二个静态文本控件的 ID。

（17）单击“OK”按钮，返回“MFC ClassWizard”对话框，单击“Edit Code”按钮，进入代码编辑窗口，如图 7-42 所示。

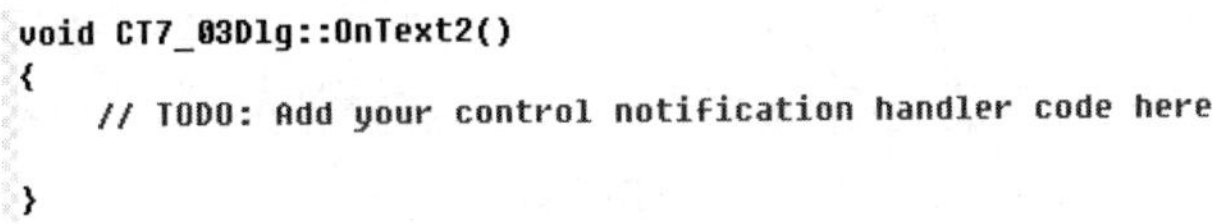

```
void CT7_03Dlg::OnText2()
{
    // TODO: Add your control notification handler code here

}
```

图 7-42

（18）在“// TODO: Add your control notification handler code here”的下一行添加如下代码：

```
CWnd *pWnd1=GetDlgItem(Text2);                    //将“Text2”的句柄赋给指针变量 pWnd1
pWnd1->SetWindowText("天涯何处无芳草。");           //改写“Text2”的文本
```

（19）运行程序，效果如图 7-39 所示；单击“下一句”按钮，效果如图 7-43 所示。

图 7-43

程序分析：

为函数添加代码是本例的难点，下面对函数中的代码逐行加以说明。

（1）if (nCtlColor==CTLCOLOR_STATIC)　　　//如果控件的类型是静态控件

① 参数 nCtlColor 是 OnCtlColor()函数的形参，数据类型是 UINT。它的值可以是 CTLCOLOR_BTN（按钮控件）、CTLCOLOR_DLG（对话框）、CTLCOLOR_STATIC（静态控件）等。

② 本行代码的作用为判断指定的控件是否是静态控件。除了静态文件控件，单选按钮和复选框也是静态控件。

（2）pDC->SetTextColor(RGB(0,128,0));　　　//将字体的颜色设置为深绿色

① 函数 SetTextColor()的功能是设置指定设备环境 pDC 的字体颜色。

② OnCtlColor()函数是为类 CT7_03Dlg 新增的成员函数，pDC 指向的设备环境即 T7_03 对话框的环境。

每个控件开始绘制之前，都会向其父窗口（T7_03 对话框）发送 WM_CTLCOLOR 通告消息。OnCtlColor()函数就是响应该消息的处理函数，该函数返回一个画刷的句柄，用于擦除控件上显示的内容。

③ 本行代码的作用是将 T7_03 对话框中静态控件的字体设置为深绿色。

（3）CWnd *pWnd1=GetDlgItem(Text2); //将“Text2”的句柄赋给指针变量 pWnd1

① 函数 GetDlgItem(Text)的功能是获得 ID 为“Text2”的控件的指针。

② CWnd *pWnd1 是定义变量 pWnd1 为指向 CWnd 类的指针，CWnd 是 MFC 中窗口的基类。

③ 本行代码的作用是将指向 ID 为“Text2”的控件的指针赋给变量 pWnd1。

（4）pWnd1->SetWindowText("天涯何处无芳草。"); //改写“Text2”的文本

① SetWindowText()函数的功能是改写指定窗口或控件的文本（标题）。

② pWnd1 是指向 ID 为“Text2”控件的指针。

③ 本行代码的作用是用字符串"天涯何处无芳草。"改写 ID 号为“Text2”控件的文本，即将该控件的 Caption 属性值改为“天涯何处无芳草。”。

7.3.2 按钮控件

几乎所有的对话框应用程序都需要使用按钮。通常，按钮控件被按下时会立即执行某个命令，所以按钮控件也称为命令按钮。

与静态文本控件相似，按钮控件的主要事件也是“BN_CLICKED”。该事件在单击一个按钮时产生。按钮的父窗口通过 WM_COMMAND 消息接收按钮控件发出的通知。

【例 7-4】在对话框中添加 3 个按钮控件和 1 个静态文本控件，控件的 ID 分别设置为“BUTTON1”、“BUTTON2”、“BUTTON3”和“Text”，标题分别设置为“名人名言”、“禁用 Button1”、“启用 Button1”和“名　　言”。单击“BUTTON1”，弹出消息窗口，显示一句名人名言，关闭消息窗口后，用 Text 显示这一句名人名言；单击“BUTTON2”，禁用“BUTTON1”；单击“BUTTON3”，重新启用“BUTTON1”。

操作步骤：

（1）参考例 7-1 创建一个空的对话框应用程序，工程名称为“T7_04”。

（2）删除对话框中原有的按钮和静态文本控件。

（3）在对话框中添加 3 个按钮控件和 1 个静态文本控件，并调整好控件的大小和位置，如图 7-44 所示。

（4）将鼠标指针移至上方的“Button1”控件，单击鼠标右键，打开快捷菜单，单击快捷菜单中的“属性”命令，打开“Push Button 属性”对话框，如图 7-45 所示。将“常规”选项卡中的“ID”改为“Button1”，“标题”改为“名人名言”，关闭窗口。

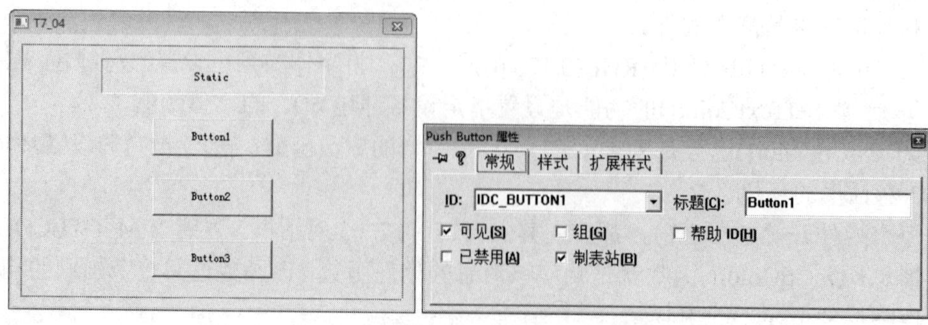

图 7-44　　　　图 7-45

（5）将“Button2”控件的“ID”改为“Button2”，“标题”改为“禁用 Button1”；将“Button3”控件“ID”改为“Button3”，“标题”改为“启用 Button1”。

将“Static”控件的“ID”改为“Text”，“标题”改为“名　　言”，如图 7-46 所示。

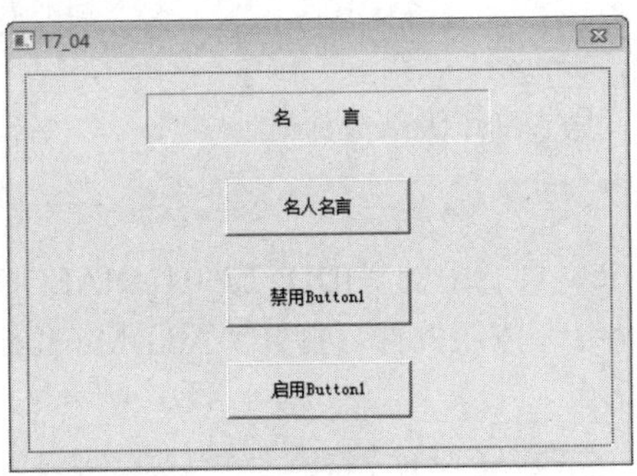

图 7-46

（6）将鼠标指针移至“名人名言”按钮控件，单击鼠标右键，打开快捷菜单。单击快捷菜单中的“建立类向导”命令，打开“MFC ClassWizard”（MFC 类向导）对话框，如图 7-47 所示。

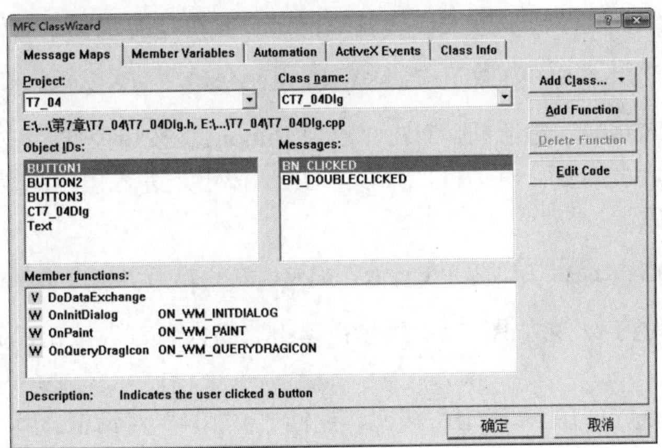

图 7-47

（7）选择“Object IDs”列表框中的“BUTTON1”选项，选择“Messages”列表框中的“BN_CLICKED”选项；单击“Add Function”按钮，打开“Add Member Function”（增加成员函数）对话框，如图 7-48 所示。

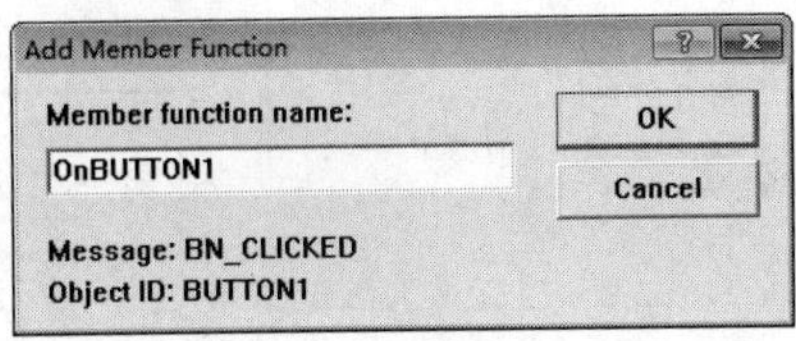

图 7-48

（8）单击“OK”按钮，返回“MFC ClassWizard”对话框，单击“Edit Code”按钮，进入代码编辑窗口，并定位到“void CT7_04Dlg::OnButton1()”函数。

在“// TODO: Add your control notification handler code here”的下一行添加如下代码：

```
CString text_str="路漫漫其修远兮，吾将上下而求索。";    //初始化字符串变量
MessageBox(text_str,"名人名言");                    //显示消息窗口
CWnd *pWnd1=GetDlgItem(Text);                       //将“Text”的句柄赋给指针变量 pWnd1
pWnd1->SetWindowText(text_str);                     //改写“Text”控件的文本
```

（9）在 T7_04Dlg.cpp 程序的开头部分添加：

```
#include "string.h"
```

（10）双击 ResourceView 页面中的“IDD_T7_04_DIALOG”选项，打开“T7_04”对话框。双击“禁用 Button1”按钮控件，打开“Add Member Function”（增加成员函数）对话框，如图 7-49 所示。

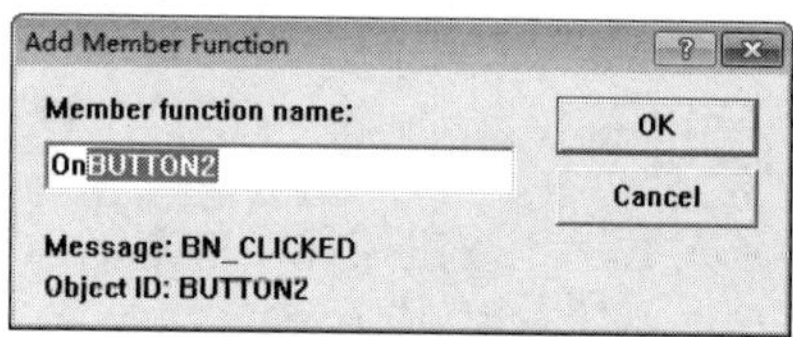

图 7-49

（11）单击“OK”按钮，进入代码编辑窗口。在指定的位置添加如下代码：

```
(CButton*)GetDlgItem(BUTTON1)->EnableWindow(FALSE);    //禁用 Button1
```

（12）返回“T7_04”对话框，双击“启用 Button1”按钮控件，弹出“Add Member Function”（增加成员函数）对话框，单击“OK”按钮，进入代码编辑窗口。在指定的位置添加如下代码：

```
(CButton*)GetDlgItem(BUTTON1)->EnableWindow(TRUE);     //启用 Button1
```

（13）运行程序，效果如图 7-50 所示；单击“名人名言”按钮，显示如图 7-51 所示的消息窗口。

（14）单击消息窗口的“确定”按钮，返回“T7_04”对话框。

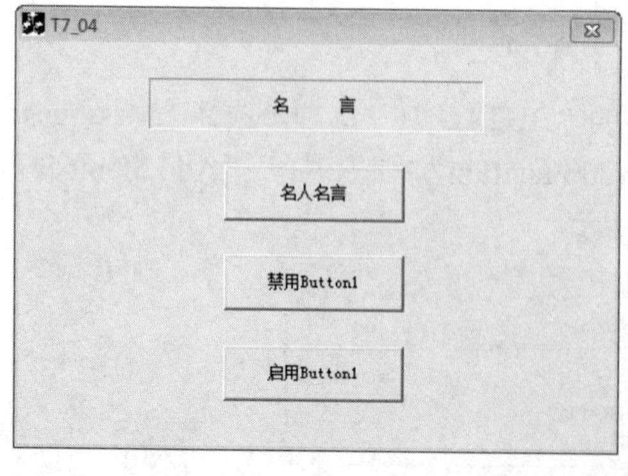

图 7-50

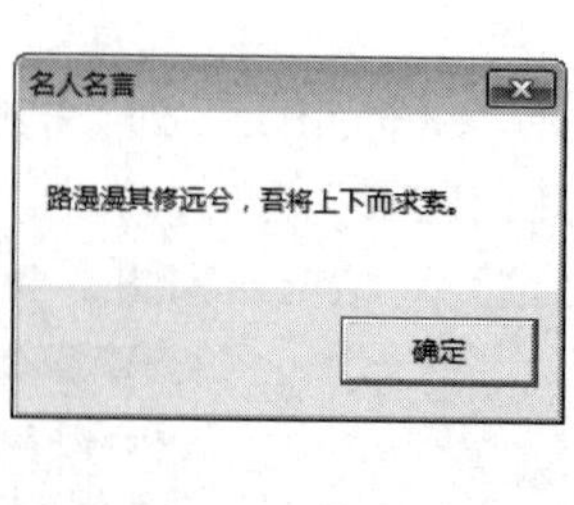

图 7-51

（15）单击“禁用 Button1”按钮，“名人名言”按钮变成灰色，不可用，效果如图 7-52 所示。

再单击“启用 Button1”按钮，“名人名言”按钮恢复成可用状态，效果如图 7-53 所示。

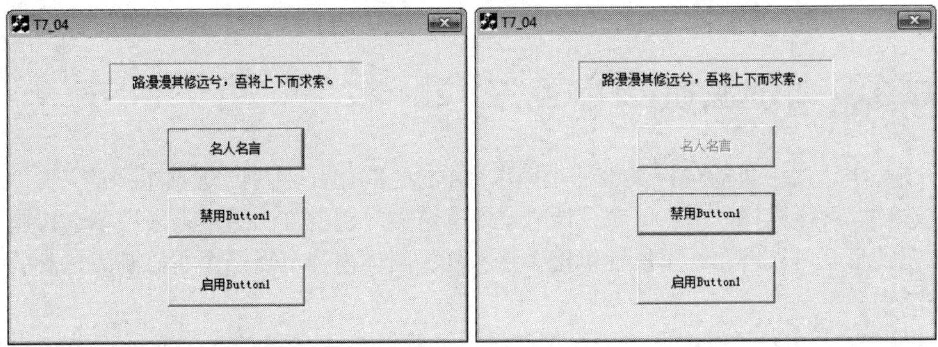

图 7-52　　　　图 7-53

程序分析：

为函数添加代码是本例的难点，下面对函数中的代码逐行加以说明。

（1）CString text_str="路漫漫其修远兮，吾将上下而求索。";

定义字符串类型的变量 text_str，并给变量 text_str 赋值。因为使用了 CString 类型，所以需要在程序的开头部分添加预处理命令 #include　"string.h"。

（2）MessageBox(text_str,"名人名言");　　//显示消息窗口

将字符串变量 text_str 作为第一个实参；将字符串"名人名言"作为第二个实参，调用 MessageBox()函数。效果是显示消息窗口，字符串变量 text_str 的值是窗口的文本，"名人名言"是窗口的标题。

（3）CWnd *pWnd1=GetDlgItem(Text);　　//将“Text”的句柄赋给指针变量 pWnd1

① 函数 GetDlgItem(Text)的功能是获得 ID 为“Text”的对象的句柄。

② CWnd *pWnd1 是定义变量 pWnd1 为指向 CWnd 类的指针，CWnd 是 MFC 中的窗口基类。

③ 本行代码的作用是将 ID 为“Text”的对象的句柄赋值给变量 pWnd1。

（4）pWnd1->SetWindowText(text_str);　　//改写“Text”的文本

① SetWindowText(text_str)函数的功能是改写指定窗口或控件的文本。

② pWnd1 是 ID 为“Text”的控件的句柄。

③ 本行代码的作用是将“Text”控件的标题改写为“路漫漫其修远兮，吾将上下而求索。”。

（5）(CButton*)GetDlgItem(BUTTON1)->EnableWindow(FALSE);

① 函数 GetDlgItem(BUTTON1)的功能是获得 ID 为“BUTTON1”的对象的句柄。

② (CButton*)GetDlgItem(BUTTON1)是将对象的句柄强制转换成指向 CButton 类的指针。

③ EnableWindow()是 CButton 类的成员函数，参数为“FALSE”时，禁用控件；参数为“TRUE”时，启用控件。

④ 本行代码的作用是禁用 ID 为“BUTTON1”的按钮，即禁用“名人名言”（BUTTON1）按钮。

（6）(CButton*)GetDlgItem(BUTTON1)->EnableWindow(TRUE);

本行代码的作用是启用 ID 为“BUTTON1”的按钮，即启用“名人名言”（BUTTON1）按钮。

7.3.3 单选按钮控件

在一组选项中只能选择其中一个，称为单选。例如，“性别”选项组中的“男”“女”两个选项，只能选择一个。程序设计时，处理这类问题的方法通常是采用单选按钮。单选按钮的形状是圆环形，用鼠标单击单选按钮，圆环内会出现一个实心圆点，表示该选项被选中。

【例 7-5】在对话框中添加两组单选按钮，每组 3 个单选按钮；第 1 组单选按钮的标题分别是“借问酒家何处有，”、“咬定青山不放松，”和“日啖荔枝三百颗，”；第 2 组单选按钮的标题分别是“不辞长作岭南人。”、“牧童遥指杏花村。”和“立根原在破岩中。”。再添加 1 个按钮控件，标题为“确 定”。单击“确定”按钮，弹出消息窗口，显示所选中的两个单选按钮的标题。

操作步骤：

（1）参考例 7-1 创建一个空的对话框应用程序，工程名称为“T7_05”。

（2）删除对话框中原有的按钮和静态文本控件。

（3）在对话框中添加两组共 6 个单选按钮控件、2 个组框和 1 个按钮控件，调整好控件的大小和位置，并按题目要求设置按钮的标题，如图 7-54 所示。

（4）单击主菜单“布局”→“Tab 顺序”命令，如图 7-55 所示。对话框窗口中显示各控件的 Tab 顺序。数字即控件的 Tab 序号，如图 7-56 所示。

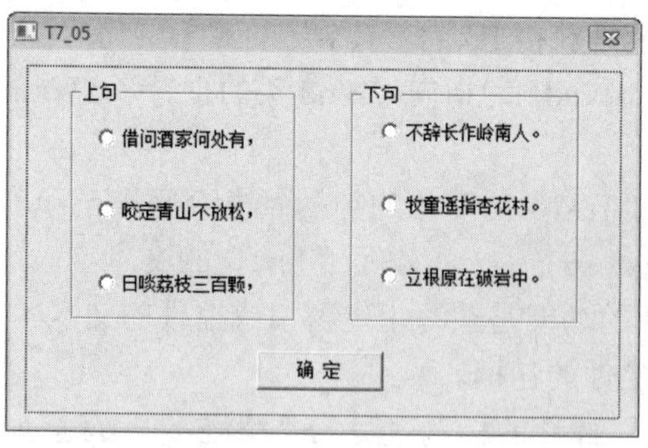

图 7-54

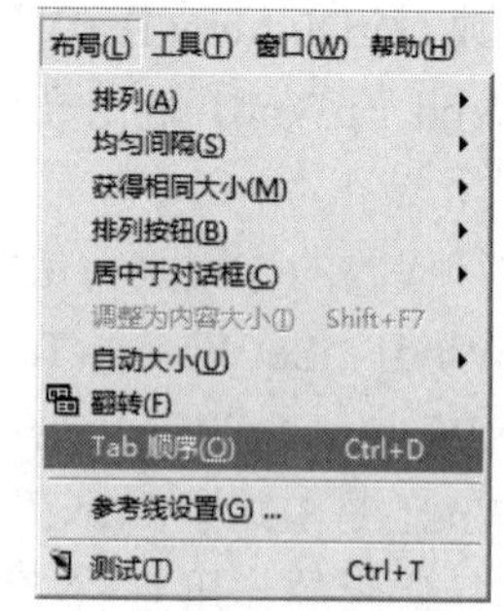

图 7-55

（5）单击对话框中的控件，单击的顺序决定控件的 Tab 顺序。按图 7-56 所示设置控件的 Tab 顺序。

（6）将鼠标指针移至“借问酒家何处有，”单选按钮，单击鼠标右键，打开快捷菜单，单击快捷菜单中的“属性”命令，打开“Radio Button 属性”对话框，如图 7-57 所示。勾选“常规”选项卡中的“组”复选框，关闭窗口。

“常规”选项页中的“组”的作用是从单选按钮“IDC_RADIO1”开始编组。

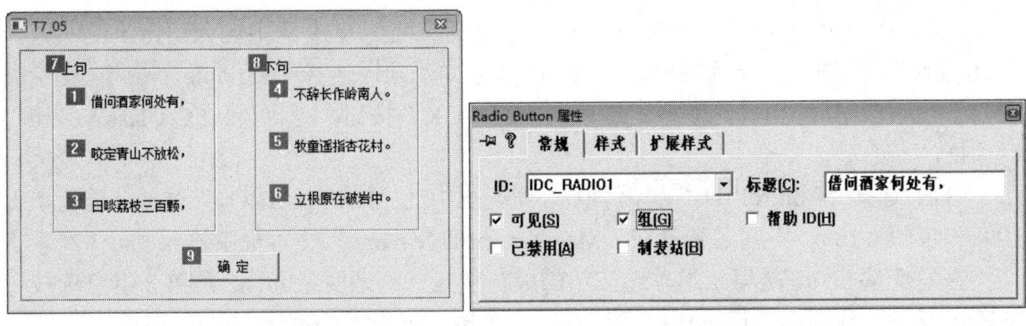

图 7-56　　　　图 7-57

（7）将鼠标指针移至“不辞长作岭南人。”单选按钮，单击鼠标右键，打开快捷菜单，单击快捷菜单中的“属性”命令，打开“Radio Button 属性”对话框，如图 7-58 所示。勾选“常规”选项页中的“组”复选框，关闭窗口。

此处“常规”选项页中的“组”的作用是从单选按钮“IDC_RADIO4”开始又编一组。

经两次编组：

IDC_RADIO1 到 IDC_RADIO3 为一组；

IDC_RADIO4 到 IDC_RADIO6 为一组。

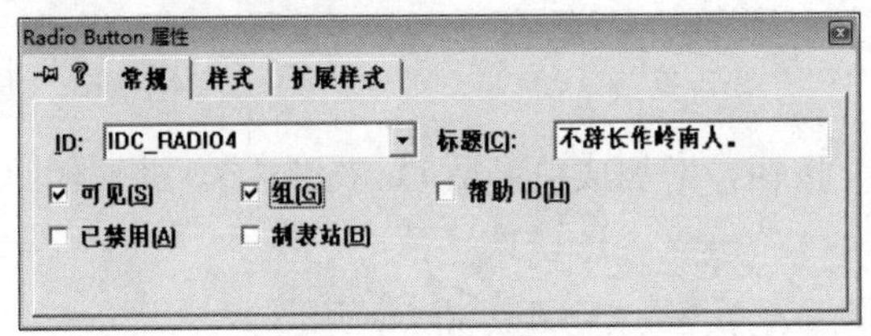

图 7-58

（8）将鼠标指针移至“借问酒家何处有，”按钮控件，单击鼠标右键，打开快捷菜单。单击快捷菜单中的“建立类向导”命令，打开“MFC ClassWizard”（MFC 类向导）对话框，选择“Member Variables”（成员变量）选项卡，如图 7-59 所示。

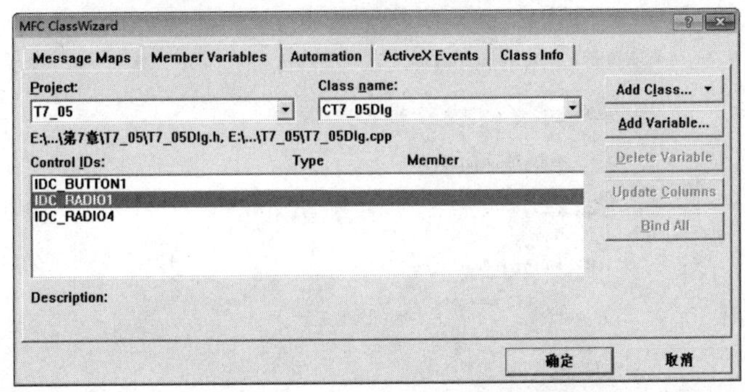

图 7-59

（9）选择“Control IDs”（控件 ID）列表框中的“IDC_RADIO1”选项，单击“Add Variable”（增加变量）按钮，打开“Add Member Variable”（增加成员变量）对话框，如图 7-60 所示。

（10）在“Member variable name”（成员变量名）文本框中输入“m_n1”，选择“Category”（类别）下拉列表中的“Value”（值）选项，选择“Variable type”（变量类型）下拉列表中的“int”（整型）选项，单击“OK”按钮，返回“MFC ClassWizard”对话框。

（11）选择“Control IDs”（控件 ID）列表框中的“IDC_RADIO4”选项，重复步骤（9）和步骤（10），不同之处是在“Member variable name”文本框中输入“m_n2”。

整型变量 m_n1 是第 1 组单选按钮的成员变量，整型变量 m_n2 是第 2 组单选按钮的成员变量，分别用于记录程序运行时用户单击了本组中的哪一个单选按钮。

（12）双击“借问酒家何处有，”单选按钮，打开“Add Member Function”（增加成员函数）对话框，如图 7-61 所示。

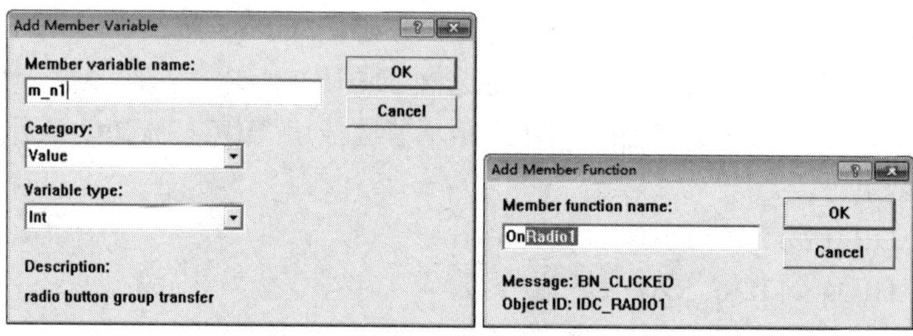

图 7-60　　图 7-61

（13）单击“OK”按钮，增加成员函数 OnRadio1()，进入代码编辑窗口。在指定的位置添加 1 行代码：

```
m_n1=1;          //将 0 赋值给成员变量 m_n1
```

程序运行时，如果用户单击了 ID 为“IDC_RADIO1”的单选按钮，则 m_n1=1。

（14）返回“T7_05”对话框，依次双击其他单选按钮，分别为它们增加成员函数。完成后，6 个单选按钮的成员函数如图 7-62 所示。

```
void CT7_05Dlg::OnRadio1()
{
    // TODO: Add your control notification handler code here
    m_n1=1;                 // 将1赋值给变量m_n1
}

void CT7_05Dlg::OnRadio2()
{
    // TODO: Add your control notification handler code here
    m_n1=2;                 // 将2赋值给变量m_n1
}

void CT7_05Dlg::OnRadio3()
{
    // TODO: Add your control notification handler code here
    m_n1=3;                 // 将3赋值给变量m_n1
}

void CT7_05Dlg::OnRadio4()
{
    // TODO: Add your control notification handler code here
    m_n2=1;                 // 将1赋值给变量m_n2
}

void CT7_05Dlg::OnRadio5()
{
    // TODO: Add your control notification handler code here
    m_n2=2;                 // 将2赋值给变量m_n2
}

void CT7_05Dlg::OnRadio6()
{
    // TODO: Add your control notification handler code here
    m_n2=3;                 // 将3赋值给变量m_n2
}
```

图 7-62

（15）在程序开头部分添加预处理命令：

```
#include "string.h"
```

（16）返回“T7_05”对话框，双击“确定”按钮，打开“Add Member Function”（增加成员函数）对话框，单击“OK”按钮，进入代码编辑窗口。在指定的位置为 OnButton1()函数添加如下代码：

```
CString str1,str2;
CButton* Radiob1 = (CButton*)GetDlgItem(IDC_RADIO1 + m_n1 - 1);
Radiob1->GetWindowText(str1);
CButton* Radiob2 = (CButton*)GetDlgItem(IDC_RADIO4 + m_n2 - 1);
Radiob2->GetWindowText(str2);
MessageBox(str1+" "+str2,"上下句配对");
```

（17）运行程序，效果如图 7-63 所示。

（18）在两组单选按钮中各选一个后，单击“确定”按钮，弹出消息窗口，效果如图 7-64 所示。

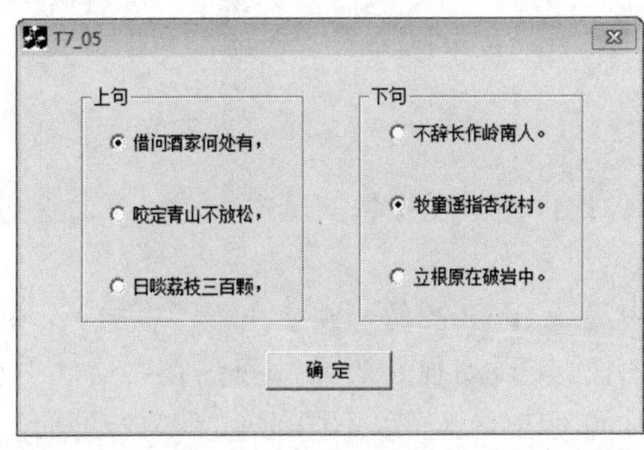

图 7-63

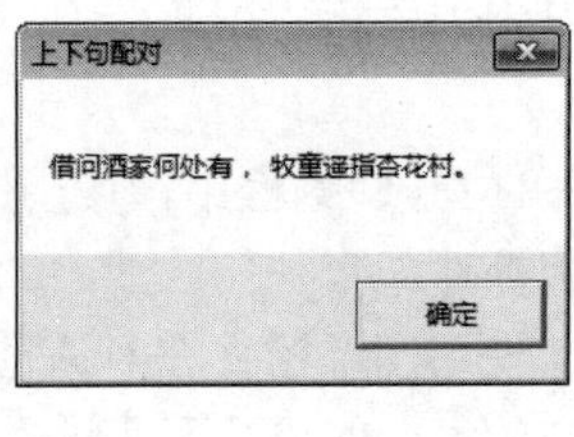

图 7-64

程序分析：

（1）CString str1, str2;

声明字符串类型的变量 str1 和 str2，用来保存单选按钮的标题（文本）。

（2）CButton* Radiob1 = (CButton*)GetDlgItem(IDC_RADIO1 + m_n1 - 1);

① 函数 GetDlgItem(IDC_N)是获得 ID 为“IDC_N”的按钮的句柄。

② 单击 IDC_RADIO1 按钮，m_n1=1，则 IDC_RADIO1 + m_n1 - 1= IDC_RADIO1。所以 GetDlgItem(IDC_RADIO1 + m_n1 - 1)等价于 GetDlgItem(IDC_RADIO1)，函数返回 IDC_RADIO1 按钮的句柄。

单击 IDC_RADIO2 按钮，m_n1=2，而 IDC_RADIO2 = IDC_RADIO1 + 1，所以 GetDlgItem(IDC_RADIO1 + m_n1 - 1)等价于 GetDlgItem(IDC_RADIO2)，函数返回 IDC_RADIO2 按钮的句柄。

以此类推，程序运行时单击了哪个单选按钮，即获得该按钮的句柄。

③ (CButton*)GetDlgItem(IDC_RADIO1 + m_n1 - 1)是将获得的句柄强制转换为指向 CButton 类的指针。

④ CButton* Radiob1 是定义变量 Radiob1 为指向 CButton 类的指针，所以这条语句的作用是将第 1 组中被选中的单选按钮的句柄转换为指针赋给变量 Radiob1。

（3）Radiob1->GetWindowText(str1);

① GetWindowText(str1)是 CButton 类的成员函数，函数的功能是将 CButton 类对象的文本赋给字符串变量 str1。

② 单选按钮是 CButton 类的实例，即 CButton 类的对象。

③ 变量 Radiob1 是指向单选按钮的指针，所以这条语句的作用是将第 1 组被选中的单选按钮的文本赋给变量 str1。

（4）CButton* Radiob2 = (CButton*)GetDlgItem(IDC_RADIO4 + m_n2 - 1);

将第 2 组被选中的单选按钮的句柄转换为指针赋给变量 Radiob2。

（5）Radiob2->GetWindowText(str2);

将第 2 组被选中的单选按钮的文本赋给变量 str2。

（6）MessageBox(str1+" "+str2,"上下句配对");

将第 1 组被选中的单选按钮的文本 str1 加上一个空格，再加上第 2 组被选中的单选按钮的文本 str2，作为第一个实参；再将字符串"上下句配对"作为第二个实参，调用 MessageBox()函数。第一个实参是消息窗口中的文本，第二个实参是消息窗口中的标题。

7.3.4 图像控件

在 VC++的 MFC 编程中，使用图像控件是显示图像的基本方法。下面通过实例来学习使用图像控件。

【例 7-6】使用图像控件在对话框中显示 BMP 图像，并且在程序中加入定时器，根据定时器设定的时间间隔显示不同的图像，实现动画的效果。同时，在对话框中加入“加速”和“减速”按钮，改变定时器的时间间隔，从而以不同的速度播放动画。

操作步骤：

（1）参考例 7-1 创建一个空的对话框应用程序，工程名称为“T7_06”。

（2）删除对话框中原有的按钮和静态文本控件。

（3）在对话框中添加 1 个图像控件、1 个静态文本控件和 5 个按钮控件，调整控件的大小和位置，设置静态文本控件和按钮控件的属性（包括标题），如图 7-65 所示。

（4）单击主菜单“插入”→“资源”命令，打开“插入资源”对话框，如图 7-66 所示。

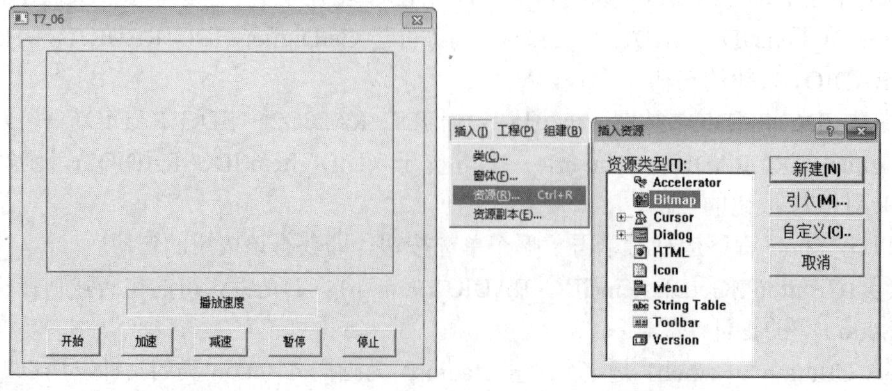

图 7-65　　　　图 7-66

（5）选择“资源类型”列表框中的“Bitmap”选项，单击“引入”按钮，打开“引入资源”对话框。选择文件夹，选择已经准备好的图像（BMP 格式的文件），单击“引入”按钮，将指定的图像文件引入本工程，如图 7-67 所示。

（6）重复步骤（5），将所需的图像文件全部引入本工程。

或者打开 ResourceView 页面，将鼠标指针移动至“Bitmap”处，单击鼠标右键，打开快捷菜单；单击快捷菜单中的“引入”命令，如图 7-68 所示，也可打开“引入资源”对话框。

图 7-67

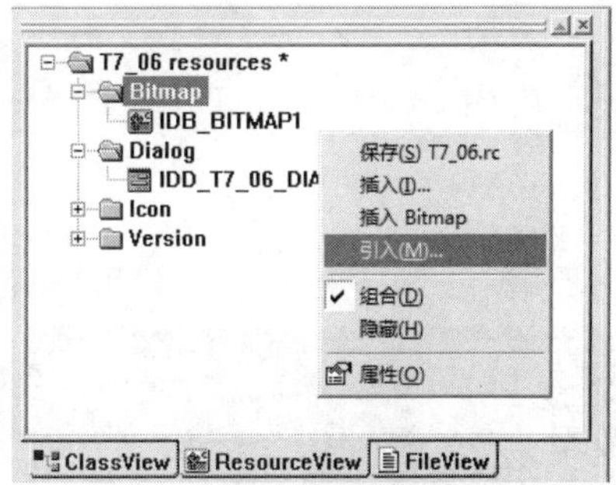

图 7-68

（7）本例共引入了 12 幅图像，图像的 ID 如图 7-69 所示。

图 7-69

（8）双击 ResourceView 页面中的“IDD_T7_06_DIALOG”选项，打开“T7_06”对话框。将鼠标指针移至图像控件，单击鼠标右键，打开快捷菜单。单击快捷菜单中的“属性”命令，打开“Picture 属性”对话框，如图 7-70 所示。

在“常规”选项卡中将“ID”改为“IDC_BMP”，在“类型”下拉列表中选择“位图”选项，在“图像”下拉列表中选择“IDB_BITMAP12”选项；

在“样式”选项卡中勾选“图像居中”和“真实大小图像”复选框。

（9）设置“加速”、“减速”、“暂停”和“停止”按钮的属性。勾选“已禁用”复选框，如图 7-71 所示。

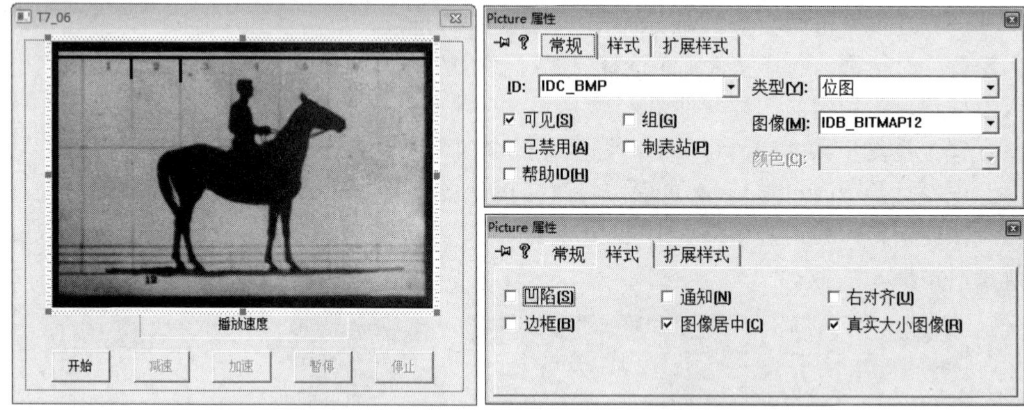

图 7-70

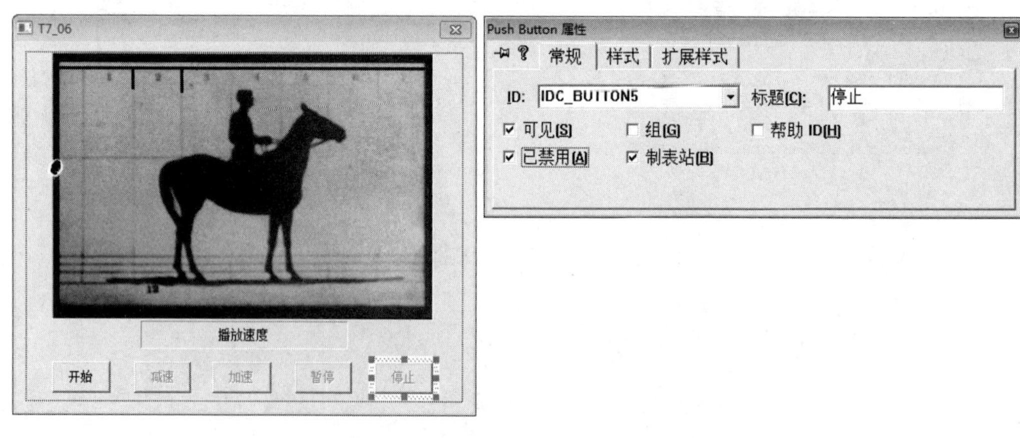

图 7-71

（10）在“T7_06”对话框中，双击“开始”按钮，在指定位置添加如下代码：

```
CString strTmp="";
float s_Speed=(float)1000/m_Speed;
strTmp.Format("%3.1f 帧/秒      1 帧 %d 毫秒 ",s_Speed,m_Speed);
    //将定时器的数据转换成字符串
CWnd *pWnd=GetDlgItem(IDC_STATIC);  // IDC_STATIC 是静态文本控件的 ID
pWnd->SetWindowText(strTmp);          //在静态文本控件中显示定时器的数据
SetTimer(1,m_Speed,NULL);             //启动定时器 1，m_Speed 是时间间隔
//启用其他 4 个按钮
(CButton*)GetDlgItem(IDC_BUTTON2)->EnableWindow(TRUE);
(CButton*)GetDlgItem(IDC_BUTTON3)->EnableWindow(TRUE);
(CButton*)GetDlgItem(IDC_BUTTON4)->EnableWindow(TRUE);
(CButton*)GetDlgItem(IDC_BUTTON5)->EnableWindow(TRUE);
```

（11）在程序开头部分添加如下代码：

```
int m_Speed=100;                    //初始化定时器时间间隔变量为 100 毫秒
```

（12）返回“T7_06”对话框，双击“减速”按钮，在指定位置添加如下代码：

```
if (m_Speed<5)
```

```
        m_Speed=m_Speed + 3;
    else if(m_Speed<10)
        m_Speed=m_Speed + 5;
    else
        m_Speed=m_Speed + 10;
    CString strTmp="";
    float s_Speed = (float)1000/m_Speed;
    strTmp.Format("%3.1f 帧/秒    1 帧 %d 毫秒 ",s_Speed,m_Speed);
        //将定时器的计时数转换成字符串
    CWnd *pWnd=GetDlgItem(IDC_STATIC);
    pWnd->SetWindowText(strTmp);
    SetTimer(1,m_Speed,NULL);
```

（13）返回“T7_06”对话框，双击“加速”按钮，在指定位置添加如下代码：

```
    if (m_Speed>10)
        m_Speed=m_Speed - 10;
    else if (m_Speed>5)
        m_Speed=m_Speed - 5;
    else if (m_Speed>3)
        m_Speed=m_Speed - 3;
    CString strTmp="";
    float s_Speed=(float)1000/m_Speed;
    strTmp.Format("%3.1f 帧/秒    1 帧 %d 毫秒 ",s_Speed,m_Speed);
        //将定时器的数据转换成字符串
    CWnd *pWnd=GetDlgItem(IDC_STATIC);
    pWnd->SetWindowText(strTmp);
    SetTimer(1,m_Speed,NULL);
```

（14）返回“T7_06”对话框，双击“暂停”按钮，在指定位置添加如下代码：

```
    KillTimer(1);     //关闭定时器
```

（15）返回“T7_06”对话框，双击“停止”按钮，在指定位置添加如下代码：

```
    KillTimer(1);     //关闭定时器
    CStatic *st=(CStatic*)GetDlgItem(IDC_BMP);     // IDC_BMP 是图像控件的 ID
    HBITMAP
hBitmap=LoadBitmap(AfxGetInstanceHandle(),MAKEINTRESOURCE(IDB_BITMAP12));
    st->SetBitmap(hBitmap);                        //加载 IDB_BITMAP12 到图像控件
    CString strTmp="0 帧/秒    0 帧 0 毫秒";
    CWnd *pWnd=GetDlgItem(IDC_STATIC);
    pWnd->SetWindowText(strTmp);                   //在文本中显示定时器的计时数
    //禁用“减速”、“加速”和“暂停”按钮
    (CButton*)GetDlgItem(IDC_BUTTON2)->EnableWindow(FALSE);
    (CButton*)GetDlgItem(IDC_BUTTON3)->EnableWindow(FALSE);
    (CButton*)GetDlgItem(IDC_BUTTON4)->EnableWindow(FALSE);
```

（16）在“T7_06”对话框中的空白处，单击鼠标右键，打开快捷菜单；再单击快捷菜单中的“建立类向导”命令，打开“MFC ClassWizard”（MFC 类向导）对话框，如图 7-72 所示。

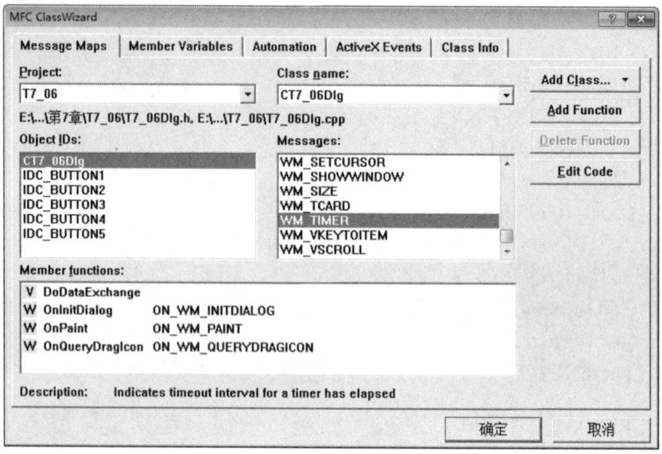

图 7-72

（17）选择“Object IDs”（对象 ID）列表框中的“CT7_06Dlg”选项，选择“Mcssages”（消息）列表框中的“WM_TIMER”选项，单击“Add Function”（增加函数）按钮，为本工程增加 1 个名为“OnTimer”的成员函数，如图 7-73 所示。

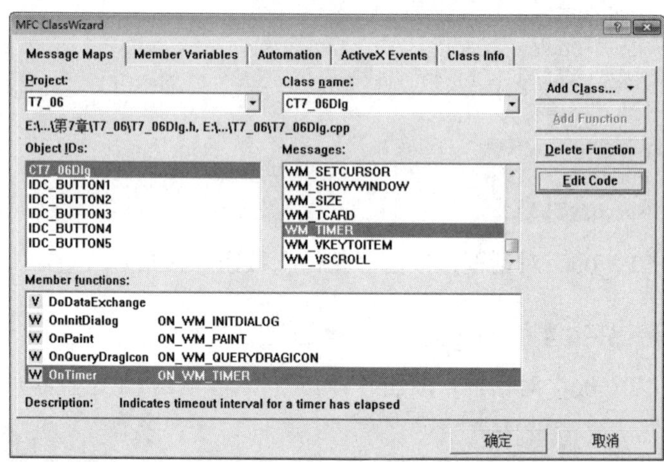

图 7-73

（18）单击“Edit Code”（编辑代码）按钮，打开“CT7_06Dlg.cpp”编辑窗口，在指定的位置添加如下代码：

```
int i;
unsigned short str;
static int nTimer=0;
nTimer++;
i=nTimer%11;                          //定时器中计时数的十一分之一，切换图像
switch(i)
{
    case 0:    str=IDB_BITMAP1;       //加载 IDB_BITMAP1
        break;
    case 1:    str=IDB_BITMAP2;       //加载 IDB_BITMAP2
        break;
```

```
    case 2:    str=IDB_BITMAP3;        //加载 IDB_BITMAP3
        break;
    case 3:    str=IDB_BITMAP4;        //加载 IDB_BITMAP4
        break;
    case 4:    str=IDB_BITMAP5;        //加载 IDB_BITMAP5
        break;
    case 5:    str=IDB_BITMAP6;        //加载 IDB_BITMAP6
        break;
    case 6:    str=IDB_BITMAP7;        //加载 IDB_BITMAP7
        break;
    case 7:    str=IDB_BITMAP8;        //加载 IDB_BITMAP8
        break;
    case 8:    str=IDB_BITMAP9;        //加载 IDB_BITMAP9
        break;
    case 9:    str=IDB_BITMAP10;       //加载 IDB_BITMAP10
        break;
    case 10:   str=IDB_BITMAP11;       //加载 IDB_BITMAP11
        break;
    default:   str=IDB_BITMAP11;       //加载 IDB_BITMAP11
}
CStatic *st=(CStatic*)GetDlgItem(IDC_BMP);            //IDC_BMP 是图像控件的 ID
HBITMAP hBitmap=LoadBitmap(AfxGetInstanceHandle(),MAKEINTRESOURCE(str));
st->SetBitmap(hBitmap);                                //加载指定的图像到图像控件
```

（19）程序运行效果如图 7-74 所示。

图 7-74

左上为单击“开始”按钮后的效果。

右上为多次单击“加速”按钮后的效果。

左下为多次单击“减速”按钮后的效果。

右下为单击“停止”按钮后的效果。

程序分析：

本例将 12 幅图像作为资源全部引入工程，这是在图像数量不太多的情况下的处理方法。如果图像数量较多，则可以直接引用图像文件。由于篇幅所限，本书不介绍这部分内容，读者可从其他资料查阅相关的编程方法。

*7.4 创意编程实例——诗词汇

本节设计一款学习古诗词的小游戏——“诗词汇”。本例综合了书中的大部分知识，通过这个实例的学习，可以加深对相关知识的理解，从而掌握程序设计的基本原理和方法。

7.4.1 游戏规则

“诗词汇”是在对话框中显示 1 句诗词和 4 个诗人的名字，用户在 4 个选项中选择这句诗词的作者。

具体的游戏规则如下。

（1）游戏开始后，在界面上显示 1 句诗词和 4 个诗人的名字。

（2）在 4 个诗人中选择这句诗词的作者，如果选对了，做下一题；如果选错了，继续选择，直到选对为止。

（3）一道题第 1 次选择就选对，加 10 分；其他情况不加分，也不减分。

（4）每 3 个题为 1 组，完成 1 组题后，用户可以选择继续做下一组题，也可以选择结束游戏。

7.4.2 游戏设计

1．总体设计

（1）开发工具。

开发工具采用 VC++ 6.0。

（2）数据的存储方式。

数据以文本文件的形式存储在硬盘中。

题目的内容（诗词、正确答案号和诗人名字等）存储在题库文件中，每 1 个题目存储为 1 个文本文件。程序的配置信息（题库中题目的数量）存储在配置文件中。

（3）程序的框架。

采用“MFC 应用程序”中的基本对话框作为游戏的操作界面，程序的框架由“MFC 应用程序向导”自动生成。

2. 游戏界面设计

游戏界面应简单明了，如图 7-75 所示。

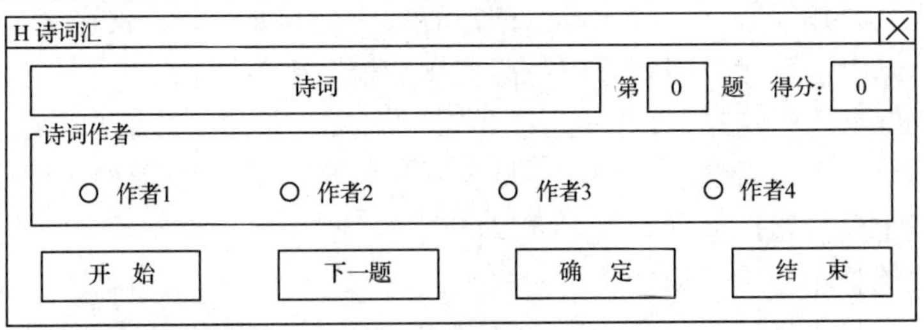

图 7-75

（1）界面中显示 1 句诗词、4 个诗人的名字、题数和得分，以及“开始”、“下一题”、“确定”和“结束”等 4 个操作按钮。

（2）保留对话框右上角的关闭按钮“×”，以便用户随时关闭对话框，结束游戏。

3. 游戏逻辑设计

本游戏是单选题，用 4 个单选按钮控件显示 4 个诗人的名字。用户通过单击单选按钮及“开始”、“下一题”、“确定”和“结束”4 个按钮来完成答题等操作。游戏的逻辑流程图如图 7-76 所示。

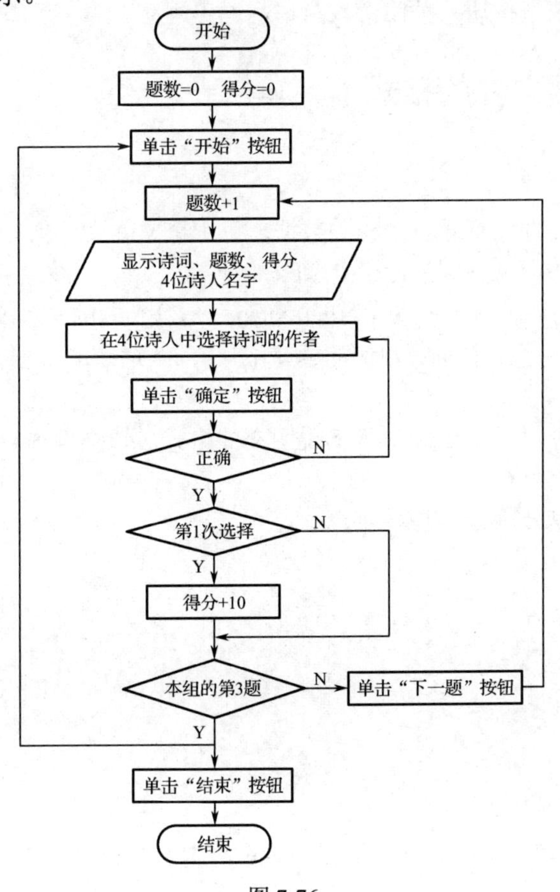

图 7-76

（1）游戏程序开始时，只有“开始”按钮可用，其他操控按钮被禁用。在游戏进程中适时地禁用或启用相关的操作按钮，可以引导用户无师自通地玩游戏。

（2）单击“开始”按钮，显示题目的内容（诗词和4个诗人的名字），以及题数和得分。此时，只有“确定”按钮可用，其他操控按钮被禁用。

（3）在4位诗人中选择诗词的作者，单击“确定”按钮。如果选择正确，则弹出消息窗口，显示诗词的作者名和标题；否则，弹出消息窗口，显示“回答错误”。单击消息窗口的“确定”按钮，返回游戏主窗口。

（4）如果选择不正确，返回第（3）步。

（5）如果选择正确，且是第1次选择，加10分；如果选择正确，但不是第1次选择，不加分。

（6）如果是一组题中的第3题，弹出消息窗口，显示提示信息“已完成一组练习”，单击消息窗口的“确定”按钮，返回游戏主窗口，启用“开始”和“结束”按钮，禁用其他操控按钮；否则，启用“下一题”按钮，禁用其他操控按钮。

在进行下一步操作之前，题目内容仍然保持原状，用户可以再次看一看题目的内容和自己的选择，以便记忆更准确、更牢固。如果直接显示下一步操作的效果，用户可能会忘记自己刚才选择的正确答案。

（7）单击“开始”或“下一题”按钮，返回到第（2）步。

（8）单击“结束”按钮，关闭游戏窗口，退出程序。

7.4.3 数据文件的格式

1．题库文件

（1）采用文本文件保存题目的相关数据，每1个文本文件保存1道题的内容。

（2）文本文件的命名规则为：file???.txt

“???”为题号的通配符，例如，“file000.txt”是第1题的文本文件名，“file011.txt”是第12题的文本文件名。目前，本例的题库中只有30道题的数据文件，读者可以自行扩充。

（3）以文本文件“file005.txt”为例说明文件格式。该文件内容共7行，用加粗的斜体字显示如下：

此情可待成追忆，只是当时已惘然。

0

李商隐

苏轼

李白

王勃

李商隐 《锦瑟》

说明：

① 第1行的诗句是本题的诗句，即显示在静态文本控件“诗词”中的文本。

② 第 2 行的数字是正确答案，即诗词作者的编号，编号范围为整数 0～3。

③ 第 3～6 行是题目的选项（诗人的名字），共 4 个作者，依次对应游戏界面上的 4 个单选按钮，即单选按钮的标题。

④ 第 7 行是诗词的作者名字和标题，如果用户选择了正确的答案，这行文本将显示在消息窗口中。

2．配置文件

（1）采用文本文件保存题目的数量。目前，本例的题库中只有 30 道题，因此配置文件的内容为“30”。如果扩充或缩减了题库，就要及时更新配置文件，以保证程序正常运行。

（2）配置文件名为：file_num.txt。

7.4.4 创建游戏的步骤和运行结果

本例除 VC++生成的应用程序框架（系统主控模块）、类、资源和源程序等外，还要新增 7 个功能模块。这 7 个功能模块分别是：选择答案模块、“开始”模块、“下一题”模块、“确定”模块、“结束”模块、随机出题模块和读取题目内容模块。

前 5 个模块需要添加相应的控件，并为这些控件增加成员变量和成员函数，后 2 个模块是自定义的外部函数。本例的功能模块如图 7-77 所示。

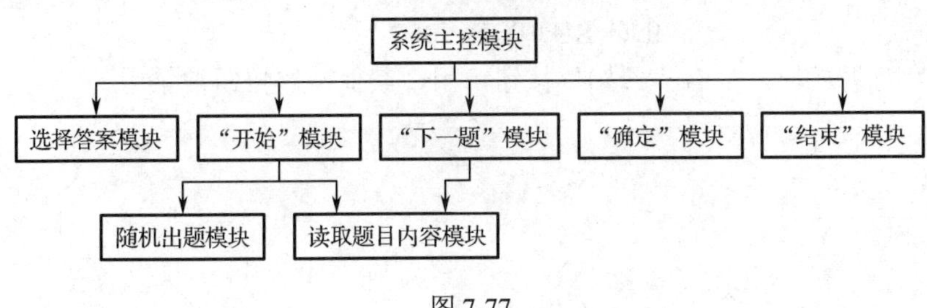

图 7-77

1．创建游戏的工程项目

操作步骤：

（1）创建文件夹，保存数据文件和工程文件。数据文件包括 30 个题库文件和 1 个配置文件。工程文件由步骤（2）创建。

（2）参考例 7-1 创建一个空的对话框应用程序，工程名称为“T7_07”。删除对话框中原有的按钮和静态文本控件。

（3）将对话框的标题设置为“诗　词　汇”，对话框的字体设置为“华文新魏”，字号为“三号”。设置对话框标题和字体的方法参见例 7-2。

（4）对话框的图标采用标准的 32×32 像素格式，如图 7-78 所示。

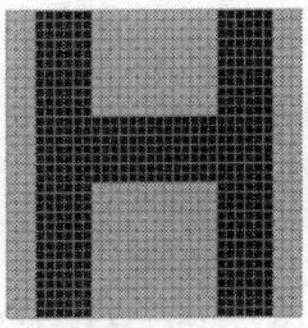

字母“H”是“诗词汇”中“汇”字拼音的首字母。修改图标的方法参见例 7-2。

图 7-78

（5）在对话框中添加静态文本控件、组框控件、单选按钮控件和按钮控件，并调整控件的大小和位置，设置控件的属性（ID 和标题），如图 7-79 所示。操作方法和步骤参见例 7-3、例 7-4 和例 7-5。

① 第一行中的静态文本控件分别显示 1 句诗词、第几题和得分情况，静态文本控件的 ID 和标题如下：

IDC_STATIC_TXT　　诗　词
IDC_STATIC_TS　　0
IDC_STATIC_DF　　0

② 第一行中另有两个静态文本控件分别显示“第”和“题　　得分：”，这两个静态文本控件只需修改标题即可。

③ 第二行创建一个组框控件，将组框控件的标题设置为“诗词的作者：”。

④ 在组框“诗词的作者：”内有 4 个单选按钮，单选按钮的 ID 和标题如下：

IDC_RADIO1　　作 者 1
IDC_RADIO2　　作 者 2
IDC_RADIO3　　作 者 3
IDC_RADIO4　　作 者 4

⑤ 第三行是 4 个操控按钮，按钮的 ID 和标题如下：

IDC_BUTTON_START　　开　始
IDC_BUTTON_NEXT　　下一题
IDC_BUTTON_OK　　确　定
IDC_BUTTON_END　　结　束

游戏程序开始时，只有“开始”按钮可用，其他操控按钮被禁用。

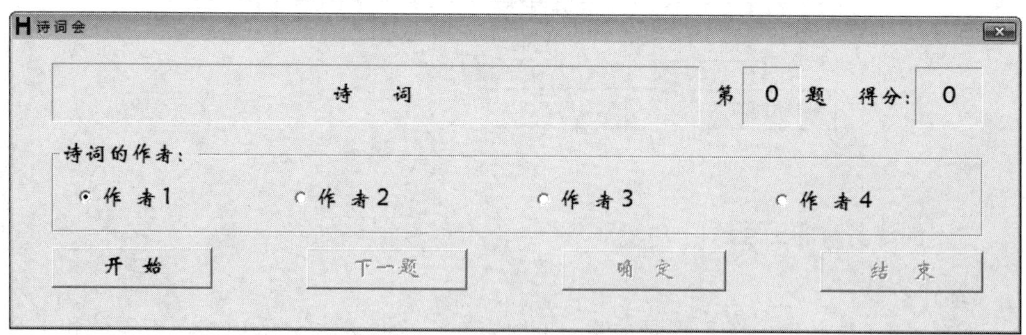

图 7-79

（6）在程序 CT7_07Dlg.cpp 的开头部分（预处理命令后）定义或初始化如下全局变量。

```
int   ALL_FILE_N;                 //题库的题目数
char  TEST_Q[7][52];              //每一道题的内容及答案
char  FILE_NAME [3][20];          //每一组题的 TXT 文件名（3 个）
int   OK_N = 0;                   //每一道题单击“确定”按钮的次数
int   GROUP_N=0;                  //每一组题中的第几题
int   ALL_S=0;                    //累计得分
int   ALL_N=0;                    //累计题数
```

（7）为单选按钮增加成员变量和成员函数。

① 为单选按钮增加成员变量“Radio_N”，变量类型为“int”（整型），用于记录程序运行时用户单击了哪一个单选按钮。变量“Radio_N”的值表示选择了答案中的第几个选项，参见例 7-5。

② 为单选按钮增加成员函数，操作方法参见例 7-5。完成后，4 个单选按钮的成员函数如下：

```
void CGetRadioDlg::OnRadio1()                    //单击第 1 个单选按钮
{
    // TODO: Add your control notification handler code here
    Radio_N =0;                                  //将 0 赋给变量 Radio_N
}
void CGetRadioDlg::OnRadio2()                    //单击第 2 个单选按钮
{
    // TODO: Add your control notification handler code here
    Radio_N = 1;                                 //将 1 赋给变量 Radio_N
}
void CGetRadioDlg::OnRadio3()                    //单击第 3 个单选按钮
{
    // TODO: Add your control notification handler code here
    Radio_N = 2;                                 //将 2 赋给变量 Radio_N
}
void CGetRadioDlg::OnRadio4()                    //单击第 4 个单选按钮
{
    // TODO: Add your control notification handler code here
    Radio_N = 3;                                 //将 3 赋给变量 Radio_N
}
```

（8）为“开始”按钮增加成员函数，操作方法参见例 7-4。完成后，成员函数如下：

```
void CGetRadioDlg::OnButtonSTART()          //单击“开始”按钮
{
  // TODO: Add your control notification handler code here
  CString   STR_T;          //定义临时字符串变量
  TXT_NAME();               //将选中题目的文件名存入数组 FILE_NAME[3][20]
  GROUP_N=0;                //将本组题号设置为 0
  READ_TXT();               //读取 TXT 文件中的数据并存入 TEST_Q[7][52]数组
    //以下 3 行，显示累计题数
  STR_T.Format("%d",ALL_N);
  CWnd *pWnd=GetDlgItem(IDC_STATIC_TS);
  pWnd->SetWindowText(STR_T);
    //以下 2 行，显示题目（诗词）
  CWnd *pWnd1=GetDlgItem(IDC_STATIC_TXT);
  pWnd1->SetWindowText(TEST_Q[0]);
    //以下 8 行在单选按钮控件中显示作者名字
  CButton* Radiobutton1 = (CButton*)GetDlgItem(IDC_RADIO1);
  Radiobutton1->SetWindowText(TEST_Q[2]);
  CButton* Radiobutton2 = (CButton*)GetDlgItem(IDC_RADIO2);
  Radiobutton2->SetWindowText(TEST_Q[3]);
  CButton* Radiobutton3 = (CButton*)GetDlgItem(IDC_RADIO3);
```

```
    Radiobutton3->SetWindowText(TEST_Q[4]);
    CButton* Radiobutton4 = (CButton*)GetDlgItem(IDC_RADIO4);
    Radiobutton4->SetWindowText(TEST_Q[5]);
    //以下 4 行，启用“确定”按钮，禁用“下一题”、“开始”和“结束”按钮
    (CButton*)GetDlgItem(IDC_BUTTON_OK)->EnableWindow(TRUE);
    (CButton*)GetDlgItem(IDC_BUTTON_NEXT)->EnableWindow(FALSE);
    (CButton*)GetDlgItem(IDC_BUTTON_START)->EnableWindow(FALSE);
    (CButton*)GetDlgItem(IDC_BUTTON_END)->EnableWindow(FALSE);
}
```

（9）为“下一题”按钮增加成员函数。完成后，成员函数如下：

```
void CGetRadioDlg::OnButtonNext()                    //单击“下一题”按钮
{
    // TODO: Add your control notification handler code here
    CString STR_T;                                   //定义临时字符串变量
    READ_TXT();     //读取 TXT 文件里的数据并存入 TEST_Q[7][52]数组
    //以下 3 行，显示累计题数
    STR_T.Format("%d",ALL_N);
    CWnd *pWnd=GetDlgItem(IDC_STATIC_TS);
    pWnd->SetWindowText(STR_T);
    //以下 2 行，显示题目（诗词）
    CWnd *pWnd1=GetDlgItem(IDC_STATIC_TXT);
    pWnd1->SetWindowText(TEST_Q[0]);
    //以下 8 行在单选按钮控件中显示作者名字
    CButton* Radiobutton1 = (CButton*)GetDlgItem(IDC_RADIO1);
    Radiobutton1->SetWindowText(TEST_Q[2]);
    CButton* Radiobutton2 = (CButton*)GetDlgItem(IDC_RADIO2);
    Radiobutton2->SetWindowText(TEST_Q[3]);
    CButton* Radiobutton3 = (CButton*)GetDlgItem(IDC_RADIO3);
    Radiobutton3->SetWindowText(TEST_Q[4]);
    CButton* Radiobutton4 = (CButton*)GetDlgItem(IDC_RADIO4);
    Radiobutton4->SetWindowText(TEST_Q[5]);
    //以下 4 行，启用“确定”按钮，禁用“下一题”按钮
    (CButton*)GetDlgItem(IDC_BUTTON_OK)->EnableWindow(TRUE);
    (CButton*)GetDlgItem(IDC_BUTTON_NEXT)->EnableWindow(FALSE);
}
```

（10）为“确定”按钮增加成员函数。完成后，成员函数如下：

```
void CGetRadioDlg::OnButtonok()              //单击“确定”按钮
{
    // TODO: Add your control notification handler code here
    CString STR_T="";                        //单选按钮的编号
    CButton* Radiobutton = (CButton*)GetDlgItem(IDC_RADIO1 + Radio_N);
    STR_T.Format("%d",Radio_N);              //将单选按钮的编号转换成字符串
    OK_N++;                                  //单击“确定”按钮的次数自增 1
    if (STR_T==TEST_Q[1][0])
    {
        MessageBox(TEST_Q[6],"答案");
        if (OK_N==1)                         //是否第一次单击“确定”按钮
        {
```

```
            ALL_S=ALL_S+10;
            STR_T.Format("%d",ALL_S);
            CWnd *pWnd=GetDlgItem(IDC_STATIC_DF);
            pWnd->SetWindowText(STR_T);
        }
        (CButton*)GetDlgItem(IDC_BUTTON_OK)->EnableWindow(FALSE);
        if (GROUP_N==3)                     //是否是本组的第 3 题
        {
            MessageBox("已完成一组练习","消息");
            //以下 2 行启用“结束”和“开始”按钮
            (CButton*)GetDlgItem(IDC_BUTTON_END)->EnableWindow(TRUE);
            (CButton*)GetDlgItem(IDC_BUTTON_START)->EnableWindow(TRUE);
        }
        else
            //以下 1 行启用“下一题”按钮
            (CButton*)GetDlgItem(IDC_BUTTON_NEXT)->EnableWindow(TRUE);
    }
    else
        MessageBox("回答错误","提示");
}
```

（11）为“结束”按钮增加成员函数。完成后，成员函数如下：

```
void CGetRadioDlg::OnButtonEnd()
{
    // TODO: Add your control notification handler code here
    PostQuitMessage(0);    //退出程序
}
```

（12）在程序 CT7_07Dlg.cpp 中的上述功能模块（函数）之前，添加随机出题模块和读取题目内容模块（自定义外部函数）。编写这两个函数是为了减少前述功能模块中代码的行数，降低阅读代码的难度。随机出题模块 TXT_NAME()是从题库中随机选择 3 个题目，然后将这 3 个题目对应的 TXT 文件名存入全局变量 FILE_NAME[3][20]数组中。

TXT_NAME()函数的源代码如下：

```
void TXT_NAME()
{
    CString STR_T;                              //文件编号的字符串
    CString STR[3];                             //文件名数组
    int i,j,k,n=3,t[3];                         //循环变量和文件编号
    char file_num[4];                           //存放配置文件中的数据
    if (ALL_N==0)                               //是否第 1 次单击“开始”按钮
    {                                           //是。打开配置文件，读取题库的题数
        FILE *fp;
        if((fp=fopen("file_num.txt","r"))==NULL)    //以“读”的方式打开文件
        {
            AfxMessageBox("文件不存在");
            PostQuitMessage(0);
        }
        fgets(file_num,10,fp);                  //读取配置文件中的数据（题库中的题目数）
```

```
            ALL_FILE_N = atoi(file_num);              //转换成 int 型后赋给全局变量
            fclose(fp);
        }
        srand((unsigned int)time(NULL));              //激活随机数
        for(i=0;i<n;i++)
        {
            t[i] = rand() % ALL_FILE_N;"file";        //生成 0 到 ALL_FILE_N 范围内的随机整数
            k=0;                                      //重复的标志
            for(j=0;j<i;j++)                          //排除重复的随机数
            {
                if(t[j]==t[i])                        //如果重复
                {
                    k=1;                              //重复的标志设置为 1
                    i--;                              //循环变量 i 减 1
                    break;                            //跳出 j 循环
                }
            }
            if (k)                                    //如果重复
                continue;                             //重新选题
            STR_T.Format("%03d", t[i]);
            STR[i]="file"+STR_T+".txt";
            strcpy(FILE_NAME[i],STR[i]);              //将选中的文件名存入全局变量
        }
    }
```

（13）读取题目内容模块 READ_TXT()的功能是从题库数据文件中读取数据，并将这些数据存入全局变量 TEST_Q[7][52]数组中。函数的源代码如下：

```
    void READ_TXT()
    {
        CString STR_T;
        FILE *fp;
        int i=0;
        if((fp=fopen(FILE_NAME[GROUP_N],"r"))==NULL)  //以“读”的方式打开文件
        {
            AfxMessageBox("文件不存在");
            PostQuitMessage(0);
        }
        for(i=0;i<7;i++)
        {
            fgets(TEST_Q[i],50,fp);                   //读取文件中的数据存入全局变量
        }
        fclose(fp);
        ALL_N++;                                      //全局变量，总题数自增 1
        GROUP_N++;                                    //全局变量，本组题数自增 1
        OK_N=0;                                       //全局变量，单击“确定”按钮的次数设置为 0
    }
```

2．调试、编译和运行程序

如果编译出错，根据编译时显示的提示信息修改代码或控件属性。

编译完成后，单击“组建”→“全部重建”命令。

同时按“Ctrl”键和“F5”键，运行程序。

运行结果：

（1）显示游戏界面，如图 7-79 所示。

（2）单击“开始”按钮，如图 7-80 所示。

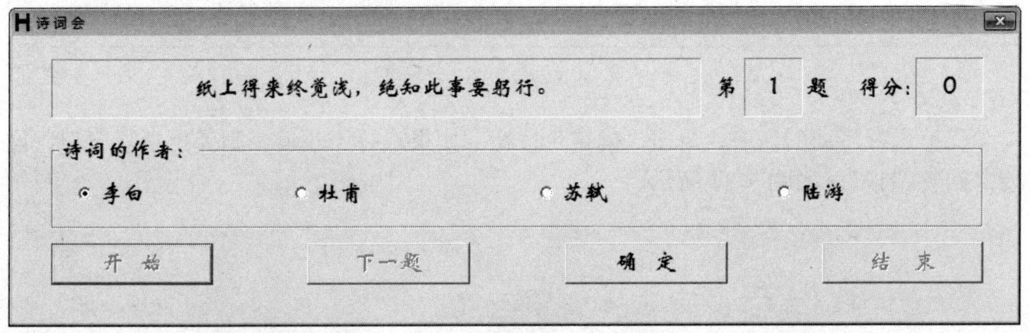

图 7-80

（3）选择诗词的作者，单击“确定”按钮。如果选择正确，则弹出消息窗口，显示诗词的作者和诗词的题名，如图 7-81 所示。

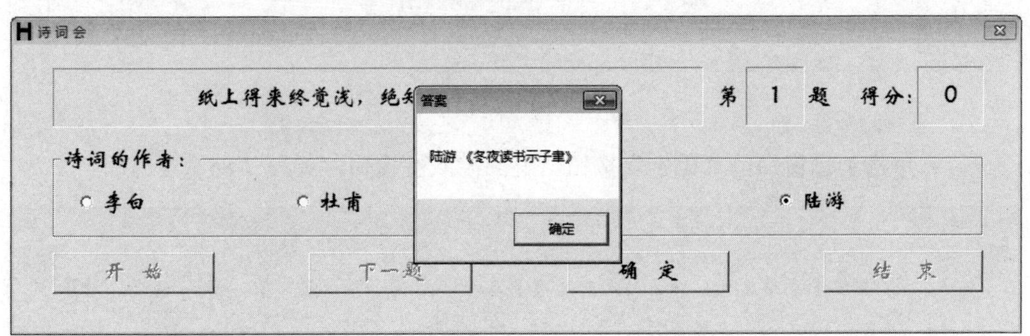

图 7-81

（4）单击消息窗口的“确定”按钮，返回游戏主窗口，如图 7-82 所示。

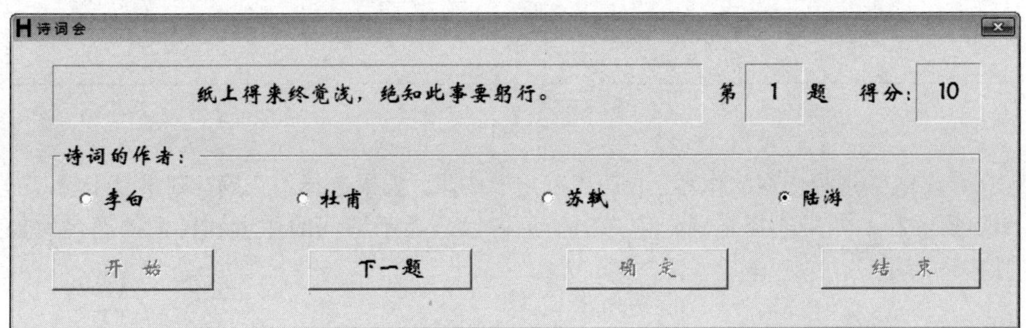

图 7-82

（5）单击“下一题”按钮，显示下一道题的内容，如图 7-83 所示。

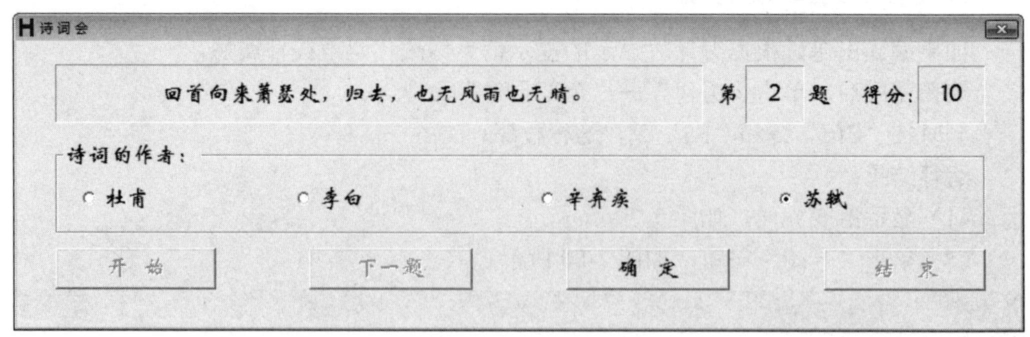

图 7-83

（6）选择诗词的作者，单击“确定”按钮。如果选择不正确，则弹出消息窗口，显示“回答错误”，如图 7-84 所示。

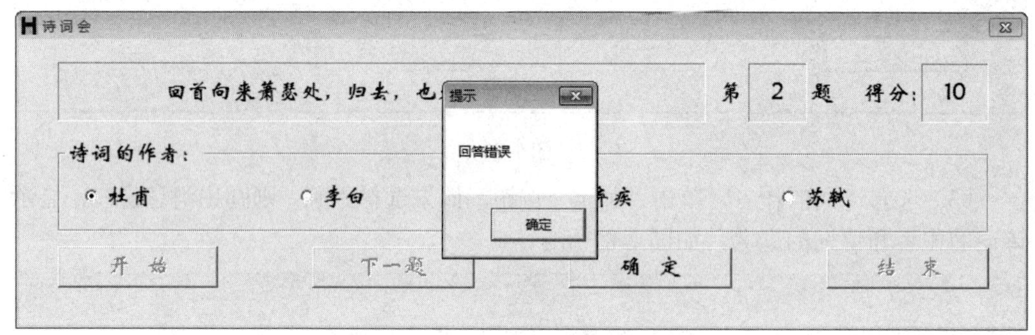

图 7-84

（7）单击消息窗口的“确定”按钮，返回游戏主窗口，如图 7-85 所示。

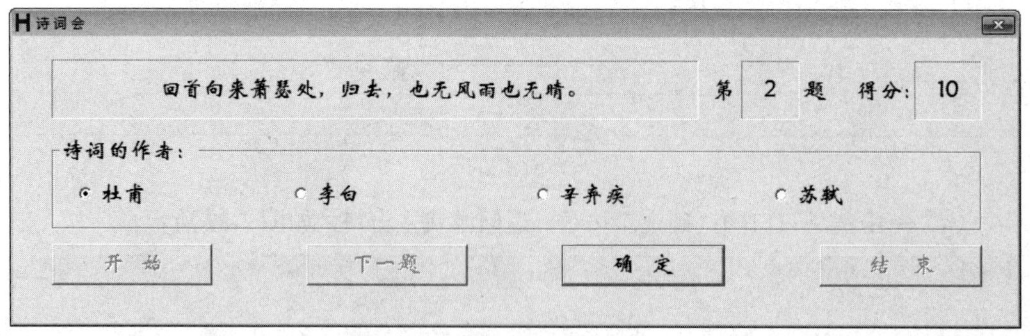

图 7-85

（8）继续选择诗词的作者，单击“确定”按钮。如果选择不正确，则重复步骤（6）和步骤（7）；如果选择正确，则弹出消息窗口，显示诗词的作者和诗词的题名，如图 7-86 所示。

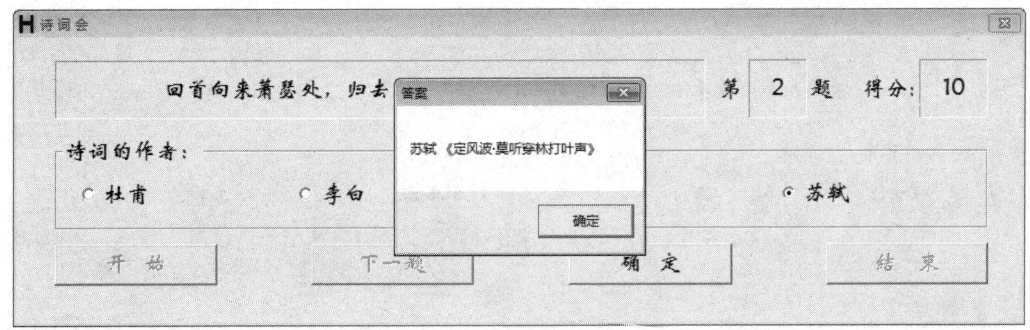

图 7-86

（9）单击消息窗口的“确定”按钮，返回游戏界面。因为不是第 1 次选择时选择了正确答案，所以不加分。

（10）单击“下一题”按钮，显示下一道题的内容，以及目前是第几题。

（11）选择诗词的作者，单击“确定”按钮。如果选择正确，则弹出消息窗口，显示诗词的作者和诗词的题名，如图 7-87 所示。

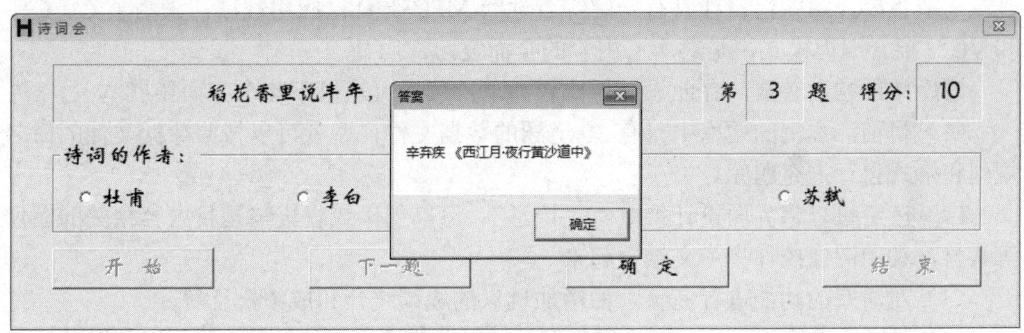

图 7-87

（12）单击消息窗口的“确定”按钮，弹出消息窗口，显示提示信息“已完成一组练习”，并刷新得分，如图 7-88 所示。

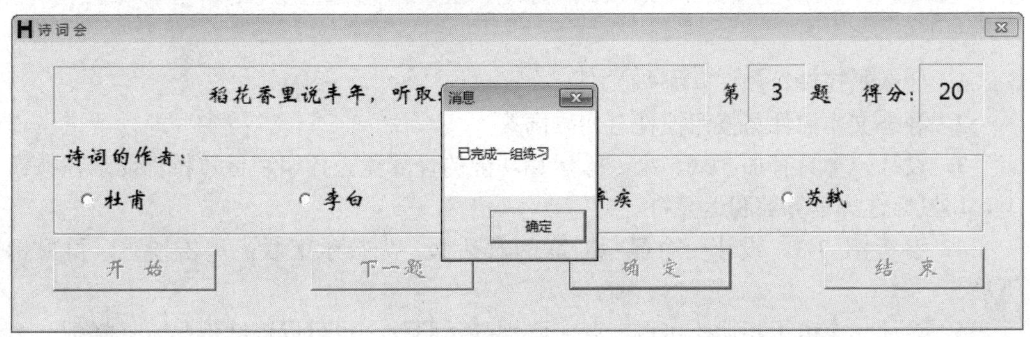

图 7-88

（13）单击消息窗口的“确定”按钮，返回游戏界面，启用“开始”按钮和“结束”按钮，禁用其他操控按钮，题目内容仍然保持原状，如图 7-89 所示。

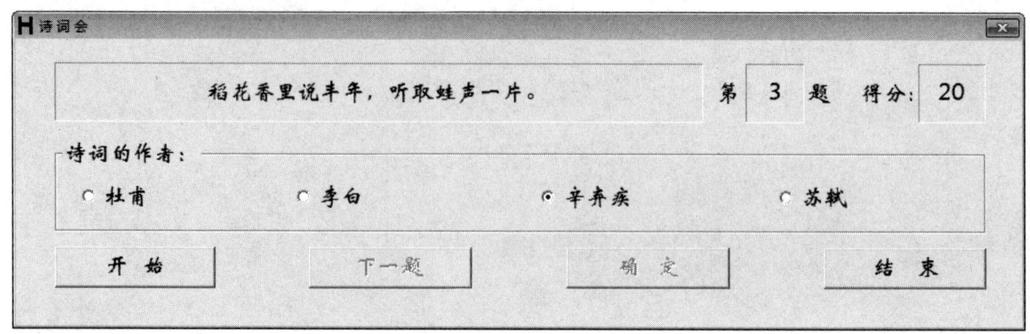

图 7-89

（14）如果单击“开始”按钮，则从步骤（2）重新开始；如果单击“结束”按钮，则关闭游戏窗口，退出程序。

7.4.5 小结

本节主要介绍如何设计具有一定综合性的 MFC 对话框应用程序，采用了 C、C++ 和 VC++混合编程模式，是对本书内容的全面复习。

题库中的题数有限，界面设计得比较简单。读者可从以下 4 个方面拓展本例。

（1）目前，本例的题库中只有 30 道题的数据文件，读者可以按照数据文件的命名规则和格式自行扩充题库。

（2）读者可以将界面设计得更有“诗意”。可以创作或收集与题目内容相关的图像等素材，利用图像控件将图文结合起来。

（3）对游戏的功能进行完善，如增加玩家的成绩统计和成绩排行等。

（4）更进一步的扩展是改进选题的算法，记录答题出错的题号，增加这些题被选中的概率，以增加游戏难度，提高学习效率。

7.5 习题

1．什么是控件？控件有哪些类型?

2．静态文本控件与按钮控件有何异同?

3．设计一个具有加、减、乘、除运算功能的计算器。数字和运算符都显示在按钮上，用鼠标选择运算数和运算符。

4．参考例 7-3，设计一个显示对联的对话框，先显示上联，单击按钮，再显示下联。

5．设计一个电子相册，可以一张一张地显示照片，也可以连续地显示（播放）多张照片。基本要求是使用图像软件将照片转换成 BMP 格式，作为图形资源引入工程，参考例 7-6。

*6．参考“诗词汇”，设计一个简单的英语单词学习机。

*7．设计一个电子相册，显示 JPG 格式的照片，并且直接读取外部存储设备中照片的图像文件。

*8．设计一个具有加、减、乘、除运算功能的计算器。在具备第 3 题所述功能的基础上，可以使用键盘直接在运算框中输入运算数和运算符。

提示：第 7、8 题需要用到本书未介绍的控件，读者可自行查找相关资料。

附录 A

常用字符与 ASCII 代码对照表

ASCII 代码	字符	ASCII 代码	字符	ASCII 代码	字符	ASCII 代码	字符
032		056	8	080	P	104	h
033	!	057	9	081	Q	105	i
034	"	058	:	082	R	106	j
035	#	059	;	083	S	107	k
036	$	060	<	084	T	108	l
037	%	061	=	085	U	109	m
038	&	062	>	086	V	110	n
039	'	063	?	087	W	111	o
040	(	064	@	088	X	112	p
041	)	065	A	089	Y	113	q
042	*	066	B	090	Z	114	r
043	+	067	C	091	[	115	s
044	,	068	D	092	\	116	t
045	-	069	E	093	]	117	u
046	.	070	F	094	^	118	v
047	/	071	G	095	_	119	w
048	0	072	H	096	`	120	x
049	1	073	I	097	a	121	y
050	2	074	J	098	b	122	z
051	3	075	K	099	c	123	{
052	4	076	L	100	d	124	|
053	5	077	M	101	e	125	}
054	6	078	N	102	f	126	~
055	7	079	O	103	g	127	DEL

说明：ASCII 代码 32～126 是打印字符（或称显示字符），即能在键盘上找到的字符。其中，032 代表空格，127 代表 Delete。0～31 是控制字符，用于控制打印机等一些外围设备。128～256 是扩展的 ASCII 字符。本表中只列出了打印字符。

附录 B

C 语言的关键字

关键字	作　用
auto	声明自动变量
break	跳出当前循环或开关语句（switch 语句）
case	开关语句（switch 语句）的分支
char	声明字符型变量或函数返回值类型
const	声明只读变量
continue	结束当前循环，开始下一轮循环
default	开关语句（switch 语句）中的“默认”分支
do	定义 do … while 循环语句
double	声明双精度浮点型变量或函数返回值类型
else	条件语句的否定分支（与 if 连用）
enum	声明枚举类型
extern	声明外部变量或函数
float	声明浮点型变量或函数返回值类型
for	定义 for 循环语句
goto	无条件跳转语句
if	定义 if 语句或 if … else 语句
int	声明整型变量或函数
long	声明长整型变量或函数返回值类型
register	声明寄存器变量
return	函数返回语句
short	声明短整型变量或函数
signed	声明有符号类型变量或函数
sizeof	计算数据类型或变量所占内存字节数的运算符
static	声明静态变量
struct	声明结构体类型
switch	定义开关语句
typedef	给数据类型取别名
unsigned	声明无符号类型变量或函数

续表

关键字	作　　用
union	声明共用体类型
void	声明空类型变量或空类型指针，或声明函数无返回值
while	定义 while 循环语句

附录 C 运算符和结合性

优先级	运算符	名称或含义	使用形式	结合方向	说明
1	()	圆括号	(表达式)函数名(形参表)	从左到右	
	[]	数组下标	数组名[常量表达式]		
	->	指向结构体成员	对象指针->成员名		
	.	引用结构体成员	对象.成员名		
2	!	逻辑非	!表达式	从右到左	单目运算符
	-	求负	-表达式		
	(类型)	强制类型转换	(数据类型)表达式		单目运算符
	++	自增 1	++变量名　或　变量名++		单目运算符
	--	自减 1	--变量名　或　变量名--		单目运算符
	*	间接引用	*指针变量		单目运算符
	&	取地址	&变量名		单目运算符
	~	按位取反	~表达式		单目运算符
	sizeof	计算字节数	sizeof (表达式)		
3	/	除	表达式/表达式	从左到右	双目运算符
	*	乘	表达式*表达式		双目运算符
	%	求余数	整型表达式%整型表达式		双目运算符
4	+	加	表达式+表达式	从左到右	双目运算符
	-	减	表达式-表达式		双目运算符
5	<<	左移	变量<<表达式	从左到右	双目运算符
	>>	右移	变量>>表达式		双目运算符
6	>	大于	表达式>表达式	从左到右	双目运算符
	>=	大于等于	表达式>=表达式		双目运算符
	<	小于	表达式<表达式		双目运算符
	<=	小于等于	表达式<=表达式		双目运算符
7	==	等于	表达式==表达式	从左到右	双目运算符
	!=	不等于	表达式!=表达式		双目运算符
8	&	按位与	表达式&表达式	从左到右	双目运算符
9	^	按位异或	表达式^表达式	从左到右	双目运算符

续表

<table>
<tr><th>优 先 级</th><th>运 算 符</th><th>名称或含义</th><th>使 用 形 式</th><th>结 合 方 向</th><th>说　明</th></tr>
<tr><td>10</td><td>|</td><td>按位或</td><td>表达式|表达式</td><td>从左到右</td><td>双目运算符</td></tr>
<tr><td>11</td><td>&&</td><td>逻辑与</td><td>表达式&&表达式</td><td>从左到右</td><td>双目运算符</td></tr>
<tr><td>12</td><td>||</td><td>逻辑或</td><td>表达式||表达式</td><td>从左到右</td><td>双目运算符</td></tr>
<tr><td>13</td><td>? :</td><td>条件运算符</td><td>表达式 1?表达式 2:表达式 3</td><td>从右到左</td><td>三目运算符</td></tr>
<tr><td rowspan="11">14</td><td>=</td><td>赋值运算符</td><td>变量=表达式</td><td rowspan="11">从右到左</td><td></td></tr>
<tr><td>/=</td><td>除后赋值</td><td>变量/=表达式</td><td></td></tr>
<tr><td>*=</td><td>乘后赋值</td><td>变量*=表达式</td><td></td></tr>
<tr><td>%=</td><td>取余数后赋值</td><td>变量%=表达式</td><td></td></tr>
<tr><td>+=</td><td>加后赋值</td><td>变量+=表达式</td><td></td></tr>
<tr><td>-=</td><td>减后赋值</td><td>变量-=表达式</td><td></td></tr>
<tr><td><<=</td><td>左移后赋值</td><td>变量<<=表达式</td><td></td></tr>
<tr><td>>>=</td><td>右移后赋值</td><td>变量>>=表达式</td><td></td></tr>
<tr><td>&=</td><td>按位与后赋值</td><td>变量&=表达式</td><td></td></tr>
<tr><td>^=</td><td>按位异或后赋值</td><td>变量^=表达式</td><td></td></tr>
<tr><td>|=</td><td>按位或后赋值</td><td>变量|=表达式</td><td></td></tr>
<tr><td>15</td><td>,</td><td>逗号运算符</td><td>表达式,表达式,…</td><td>从左到右</td><td></td></tr>
</table>

说明：优先级相同时，运算次序由结合方向决定。例如，*与/的优先级相同，结合方向是从左到右，因此，4*3/2 是先乘后除，运算结果是 6；-和++优先级相同，结合方向是从右到左，因此，-++a 是先自增 1 再求负，如果 a 的值为 8，则运算结果是-9。

附录 D

C 语言常用标准库函数

1．数学函数

使用数学函数时，需要在源文件中包含如下命令行：

```
#include <math.h>
```

函数原型说明	功　能	返 回 值	说　明
int abs(int x)	求整数 x 的绝对值	计算结果	
double cos(double x)	计算 cosx 的值	计算结果	x 的单位为弧度
double fabs(double x)	求双精度实数 x 的绝对值	计算结果	
double sin(double x)	计算 sinx 的值	计算结果	x 的单位为弧度
double sqrt(double x)	计算 x 的开方	计算结果	x≥0

2．字符函数

使用字符函数时，需要在源文件中包含如下命令行：

```
#include <ctype.h>
```

函数原型说明	功　能	返 回 值
int isalnum(int ch)	检查 ch 是否为字母或数字	是，返回 1；否则，返回 0
int isalpha(int ch)	检查 ch 是否为字母	是，返回 1；否则，返回 0
int isdigit(int ch)	检查 ch 是否为数字（0～9）	是，返回 1；否则，返回 0
int islower(int ch)	检查 ch 是否为小写字母（a～z）	是，返回 1；否则，返回 0
int isupper(int ch)	检查 ch 是否为大写字母（A～Z）	是，返回 1；否则，返回 0
int tolower(int ch)	把 ch 中的字母转换成小写字母	返回对应的小写字母
int toupper(int ch)	把 ch 中的字母转换成大写字母	返回对应的大写字母

3．字符串函数

使用字符串函数时，需要在源文件中包含如下命令行：

```
#include <string.h>
```

函数原型说明	功　能	返 回 值
char *strcat(char *s1,char *s2)	把字符串 s2 接到 s1 后面	s1 所指地址

续表

函数原型说明	功　　能	返　回　值
char *strchr(char *s,int ch)	在s所指字符串中，找出第一次出现字符ch的位置	返回找到的字符的地址，若找不到则返回NULL
int strcmp(char *s1,char *s2)	对s1和s2所指字符串进行比较	s1<s2，返回负数；s1= =s2，返回0；s1>s2，返回正数
char *strcpy(char *s1,char *s2)	把s2指向的字符串复制到s1指向的空间	s1所指地址
unsigned strlen(char *s)	求字符串s的长度	返回字符串中字符（不计最后的'\0'）个数

4．输入/输出函数

使用输入/输出函数时，需要在源文件中包含如下命令行：

```
#include <stdio.h>
```

函数原型说明	功　　能	返　回　值
void clearer(FILE *fp)	清除与文件指针fp有关的所有出错信息	无
int fclose(FILE *fp)	关闭fp所指的文件，释放文件缓冲区	出错返回非0，否则返回0
int feof (FILE *fp)	检查文件是否结束	遇文件结束返回非0，否则返回0
int fgetc (FILE *fp)	从fp所指的文件中取得下一个字符	出错返回EOF，否则返回所读字符
char *fgets(char *buf, int n, FILE *fp)	从fp所指的文件中读取一个长度为n-1的字符串，将其存入buf所指存储区	返回buf所指地址，若遇文件结束或出错返回NULL
FILE *fopen(char *filename, char *mode)	以mode指定的方式打开名为filename的文件	成功，返回文件指针（文件信息区的起始地址），否则返回NULL
int fprintf(FILE *fp, char *format, args,…)	把args,…的值以format指定的格式输出到fp指定的文件中	实际输出的字符数
int fputc(char ch, FILE *fp)	把ch中的字符输出到fp指定的文件中	成功返回该字符，否则返回EOF
int fputs(char *str, FILE *fp)	把str所指字符串输出到fp所指文件	成功返回非负整数，否则返回-1（EOF）
int fread(char *pt, unsigned size,unsigned n, FILE *fp)	从fp所指文件中读取长度size为n个数据项并存到pt所指文件	读取的数据项个数
int fscanf (FILE *fp, char *format,args,…)	从fp所指的文件中按format指定的格式把输入数据存入args,…所指的内存中	已输入的数据个数，遇文件结束或出错返回0
int fseek (FILE *fp,long offer,int base)	移动fp所指文件的位置指针	成功返回当前位置，否则返回非0
long ftell (FILE *fp)	求出fp所指文件当前的读写位置	读写位置，出错返回-1L
int fwrite(char *pt,unsigned size,unsigned n, FILE *fp)	把pt所指向的n*size字节输入fp所指文件中	输出的数据项个数
int getc (FILE *fp)	从fp所指文件中读取一个字符	返回所读字符，若出错或文件结束返回EOF

续表

函数原型说明	功　能	返 回 值
int getchar(void)	从标准输入设备读取下一个字符	返回所读字符，若出错或文件结束则返回-1
char *gets(char *s)	从标准设备读取一行字符串放入 s 所指存储区，用'\0'替换读入的换行符	返回 s，出错返回 NULL
int printf(char *format,args,…)	把 args,…的值以 format 指定的格式输出到标准输出设备	输出字符的个数
int fwrite(char *pt,unsigned size,unsigned n, FILE *fp)	把 pt 所指向的 n*size 字节输入 fp 所指文件中	输出数据项的个数
int putc (int ch, FILE *fp)	同 fputc	同 fputc
int putchar(char ch)	把 ch 输出到标准输出设备	返回输出的字符，若出错则返回 EOF
int puts(char *str)	把 str 所指字符串输出到标准设备，将'\0'转换成回车换行符	返回换行符，若出错则返回 EOF
int rename(char *oldname,char *newname)	把 oldname 所指文件名改为 newname 所指文件名	成功返回 0，出错返回-1
void rewind(FILE *fp)	将文件位置指针置于文件开头	无
int scanf(char *format, args,…)	从标准输入设备按 format 指定的格式把输入数据存入 args,…所指的内存中	已输入的数据的个数

5．动态内存分配函数

使用动态内存分配函数时，需要在源文件中包含如下命令行：

```
#include <stdlib.h>  或  #include <malloc.h>
```

函数原型说明	功　能	返 回 值
void *calloc(unsigned n,unsigned size)	分配 n 个数据项的内存空间，每个数据项的大小为 size 字节	分配内存单元的起始地址；若不成功，返回 0
void *free(void *p)	释放 p 所指的内存区	无
void *malloc(unsigned size)	分配 size 字节的存储空间	分配内存空间的地址；若不成功，返回 0
void *realloc(void *p,unsigned size)	把 p 所指内存区的大小改为 size 字节	新分配内存空间的地址；若不成功，返回 0

6．数据类型转换函数

使用数据类型转换函数时，需要在源文件中包含如下命令行：

```
#include <stdlib.h>
```

函数原型说明	功　能	返 回 值
double atof(const char *str)	把字符串 str 转换成双精度浮点值	转换后的双精度浮点值
int atoi(const char *str)	把字符串 str 转换成整数值	转换后的整数值
long atol(const char *str)	把字符串 str 转换成长整数值	转换后的长整数值

7．其他常用函数

函数原型说明	功　　能	返　回　值
#include <conio.h> int getch(void)	从控制台取得一个字符，无回显	返回所读字符
#include <conio.h> int getche(void)	从控制台取得一个字符，回显	返回所读字符
#include <stdlib.h> void exit(int code)	程序终止执行，清空和关闭打开的文件。code 为 0 表示正常终止，code 为非 0 表示非正常终止	无
#include <stdlib.h> int rand(void)	产生 0～32767 内的随机整数	返回一个随机整数
#include <stdlib.h> void srand(unsigned int seed)	用 seed 为其后 rand 函数生成起点种子值	

参 考 文 献

1．谭浩强．C 程序设计（第五版）[M]．北京：清华大学出版社，2017．

2．高巍，张丽秋，姜楠．C 语言程序设计[M]．北京：科学出版社，2014．

3．崔武子．C 程序设计教程[M]．北京：清华大学出版社，2015．

4．李帮庆．程序设计简明教程（C 语言版）[M]．北京：清华大学出版社，2016．

5．苏小红，赵玲玲，孙志岗．C 语言程序设计[M]．北京：高等教育出版社，2019．

6．谭浩强．C++程序设计（第 3 版）[M]．北京：清华大学出版社，2015．

7．陈刚．C++高级进阶教程[M]．武汉：武汉大学出版社，2008．

8．黄维通，解辉．Visual C++面向对象与可视化程序设计（第 4 版）[M]．北京：高等教育出版社，2016．

9．郑阿奇．Visual C++实用教程（第 5 版）[M]．北京：电子工业出版社，2017．